# 機械材料学

第2版

平川　賢爾
遠藤　正浩
駒崎　慎一　著
松永　久生
山辺純一郎

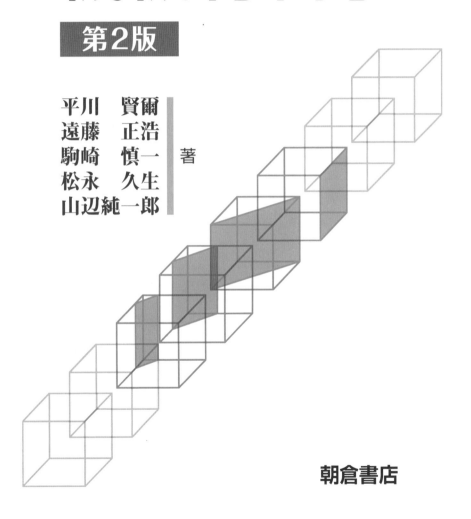

朝倉書店

# まえがき

　本書の旧版にあたる『機械材料学』を「基礎機械工学シリーズ」の中の一冊として世に出したのが1999年3月なので今年でちょうど20年目を迎える．その間旧版は好評を博し増刷を重ね累計17刷と大きな実績をあげることができ，同類の書物の中では異例の長寿となった．多くの読者から温かいご支持を賜ったことは望外のよろこびであり，またその厚い信頼と期待にはあらためて身が引き締まる思いである．

　旧版から引き継いだ本書の特徴は，単に材料の構造や特性を解説するハンドブックの役割にとどまらず，基本となる事項を系統的に学べるように工夫がなされている点にある．さらに，知識を応用する力を養うための良質な演習問題が多く掲載されている．このため，機械や構造物の設計，製造，保守，点検に携わる機械工学の技術者は，時代が変わっても使い続けられる本質的で有用な知識を獲得することができる．

　本書の大部分は普遍的な内容で占められており，そのスタイルは旧版で完成していた．しかし，20周年を機に気鋭の専門家を新たに執筆陣に迎えて内容を一新し，シリーズから独立した教科書として再スタートすることにした．旧版の長所を活かすために構成と内容の変更は最小限度にとどめたが，第1章については，時代の変化に合わせ新しい記事を入れて刷新した．また，より読みやすく，わかりやすい教科書にするために図と表をすべて作り直した．さらに，文章表現をやさしくして演習問題を追加した．したがって，一層の価値を有する教科書に生まれ変わったといえる．

　この新版が，機械材料を学ぶ機械工学の学生や若い技術者の理解を深める一助となり，今後も機械材料学の定番の教科書として多くの読者に愛用され続けることを心から願っている．

　旧版の執筆にご貢献いただいた住友金属工業（株）（当時）の大谷泰夫氏と高知工科大学（当時）の坂本東男氏には衷心から感謝の意を捧げる．また，図面と表

の作り直しと精緻な新しい図面の作成にご尽力いただいた福岡大学教育技術職員の國分清次氏に深い敬意を表する．さらに，有益なご意見をお寄せいただいた多くの方々に深甚なる謝意を示すとともに，本書作成において引用あるいは参考にさせていただいた貴重な資料の著者に心から敬意を表する．

　おわりに，本書の編集と校正にご尽力いただいた皆々様に感謝申し上げる．

2018 年 9 月

平 川 賢 爾

# 目　　次

**Tea Time**

# 1 機械材料と工学

　工学とは「数学や自然科学の知識を応用して，自然界に存在する材料とエネルギーを，人類の利益のために利用する方法を開発する専門分野である」と定義できる．その発展を機械材料の発見と改良が担ってきたといっても過言ではない．これは，各時代に人類が用いた道具や武器の材料が，石器時代，青銅器時代，鉄器時代のように時代名に用いられていることからも理解されよう．現在ではおよそ 45000 種類の金属材料が機械構造物から電子機器に至るまでさまざまな分野で使用されている．高分子材料は約 15000 種類，そのほか数百種類のセラミックス，木，半導体，繊維などに分類される材料が使用されている．とくに，最近ではセラミックスや半導体の品質が著しく向上し，情報産業をはじめとする各分野でその使用範囲が広がっている．歴史的にみれば，われわれはすでにセラミックス・半導体材料の時代に入っているのかもしれない．

　材料は，その性質を左右する原子の配列および結合の種類と強さの違いにより，金属，セラミックス，高分子材料（木やプラスチックなど）の 3 種類に分類される．この教科書では，まず各種材料が自動車や航空機などにどのように用いられているかを説明し，次にそれらの結合力，原子の配列および材料の構造と性質の関係について述べる．

## 1.1　機　械　材　料

　ここでは，機械材料が自動車，航空機，鉄道車両にどのように使用されているかを説明する．

### a.　自動車用材料

　自動車は数万点の部品から構成されており，使用される材料は多岐にわたっている．近年，自動車産業においても，二酸化炭素による地球温暖化などの環境問題が重要な課題となっている．そのため，車両の低燃費，軽量化，リサイクルに対応した材料が使用されるようになった．

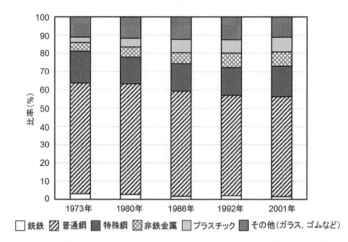

凡例: □ 銑鉄　▨ 普通鋼　▧ 特殊鋼　▨ 非鉄金属　□ プラスチック　▨ その他（ガラス，ゴムなど）

**図 1.1**　普通小型乗用車における原材料構成比の変化（日本自動車工業会）

　図 1.1 に自動車に用いられている材料の代表的な例を示す．これらの構成材料の比率は，鉄鋼材料が 70％，アルミニウム合金などの非鉄金属，ならびにプラスチックがともに 8％となっている．

　鉄鋼材料については，自動車の構成材料の約 40％を占める鋼板の板厚を低減させるための高強度化が行われ，高強度化された鋼板（高抗張力鋼板やハイテンと呼ばれる）は図 1.2 に示すように外板パネル類（引張強さ～370 MPa），足回り類（引張強さ～980 MPa），内板・構造部材・補強部材（引張強さ～1780 MPa）などに用いられている．図 1.3 は自動車用鋼板の引張強さと伸びの関係であり，強度-伸びバランスと呼ばれる．鋼板は引張強さのレベルに応じて異なる方法で強化される．主に，引張強さ 300～500 MPa においては焼付硬化（bake hardening：BH）鋼と固溶強化鋼，引張強さ 500～1000 MPa においては析出硬化鋼，DP（dual phase）鋼，および TRIP（transformation induced plasticity）鋼，引張強さ 1000 MPa 以上においてはマルテンサイト鋼が用いられている．また，エンジンの排気系部品，バルブなどのエンジン部品，そのほかワイパーなどの外装部品には，特殊鋼の中でも耐食性や高温強度に優れるステンレス鋼が用いられている．

　アルミニウムの比重は 2.71 で鉄の約 1/3 である．アルミニウム合金は鉄鋼材料に比べて軽量であり，リサイクル性に優れ，さらに加工法の選択肢も多い．そ

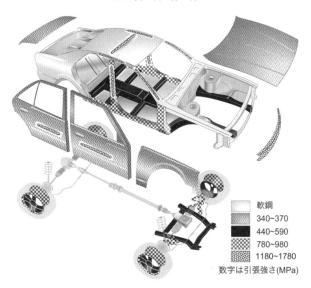

図 1.2　自動車用高強度鋼板（新日鉄住金ホームページより）

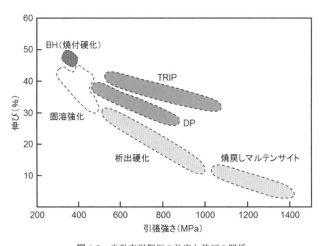

図 1.3　自動車用鋼板の強度と伸びの関係

のため，最近では軽量化のために鉄鋼材料の代替として採用されることも多く，主にピストン，シリンダーヘッドなどのエンジン部品や熱交換機，ホイール関係の部品に使用されている．アルミニウム合金の車両重量に占める割合は 7～9％

に達している．マグネシウムは比重1.74とアルミニウムの約2/3であり，さらなる軽量化を実現可能な材料であるが，その合金の利用はまだ限られている．比重4.51のチタニウムを主成分とするチタニウム合金は，軽量・高強度で耐食性にも優れており，一部でエンジンバルブやコネクティングロッドなどに採用されているが，高価であるため大幅な採用に至っていない．

プラスチック材料は，軽量化，高意匠化，防錆性と成形性に優れているために，外板，バンパー，エンジン部品，燃料タンクなどに採用され，車両重量に占める割合が7〜8％に達している．

セラミックスでは機能性セラミックスが，その電磁気的性質，光学的性質を利用して，各種センサー，ヒーターや表示装置などに用いられている．機械・構造物にその強度を生かして使用されるいわゆる構造用セラミックスは，耐熱性や耐摩耗性に優れていることから，エンジン部品への適用が進められている．しかし，量産化した場合の品質の信頼性とコストの点からまだ本格的な採用には至っていない．

図1.4に自動車の主要構成材料の推移を示す．図にみられるように軽量化の要求を満たすために，アルミニウムやプラスチックの使用割合が増大していることがわかる．しかし今後も，強度とコスト競争力のバランスにおいてほかの素材を圧倒する鉄鋼材料が主要構成材料の座を明け渡すことはないであろう．

### b. 航空機用材料

航空機においては，自動車よりも軽量化がさらに重要な課題となる．その理由は，図1.5に示すように，航空機により運搬可能な旅客の重量は全重量の15％に過ぎず，機体重量を軽くすればそれだけ多くの旅客を運ぶことができるからである．すなわち，軽量化の効果は自動車の場合と比較にならないほど大きく，それゆえに高価な材料の使用が許容される．

図1.6は米国・ボーイング社の大型旅客機B747（1969年初飛行），B777（1994年初飛行）およびB787（2009年初飛行）に用いられている材料の種類を示したものである．B747やB777の主要材料はアルミニウム合金である．航空機の機体構造用にもっとも多く用いられているアルミニウム合金は，2000番系のアルミニウム−銅合金および7000番系のアルミニウム−亜鉛−マグネシウム合金である．2000番系合金の代表は2024合金（超ジュラルミン）で，引張強さは400〜500MPa程度である．この合金は優れた耐熱性，耐食性と安定した疲労強度特性を示

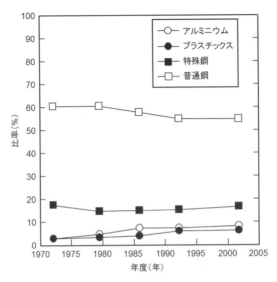

**図 1.4** 普通小型乗用車の主要材料の平均的構成比推移（日本自動車工業会）

**図 1.5** 航空機の重量配分（1000 マイル飛行距離の旅客機）

し, 広く用いられている. 7000 番系合金の代表は 7075 合金（超々ジュラルミン）で, 引張強さは 2024 合金よりも優れているが, 耐食性・耐熱性にやや劣る. アルミニウム–リチウム合金は, 従来のアルミニウム合金より約 10% 軽く, 強度も高い新しい合金であり, 近年徐々に使用が拡大している.

　チタニウム合金はアルミニウム合金よりも重いものの, 高い比強度（引張強さ／比重）と優れた耐高温性を有する. そのため, 超音速で飛行する戦闘機の外板

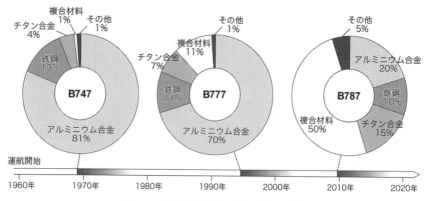

**図1.6** 航空機の構造材料（重量割合）の変遷

や機体構造にはチタニウム合金が用いられている．チタニウム合金の代表は，$\alpha$相（稠密六方晶）と$\beta$相（体心立方晶）の2相組織を有するTi-6Al-4Vである．この合金は，航空機に使われているガスタービンエンジンのファンや圧縮機の前段部分で多用されている．なお，さらに高温になる後段部分には耐熱ニッケル基合金が用いられている．

　航空機に使用される構造材料は，材料開発とともに変遷している．表1.1に，B747に用いられている主要な構造材料を示す．鉄鋼材料も脚用材料と一部構造用（全体の10〜20％程度）に使用されている．B747においては80％以上がアルミニウム合金で占められているのに対し，B777ではアルミニウム合金の割合

**表1.1** 最近の航空機（B747）に用いられた材料の種類

| 脚材料 | 窓ガラス | 床・壁材 | エンジン | 一次構造材 | 二次構造材 |
|---|---|---|---|---|---|
| 超高張力鋼 | ポリカーボネート | FRP（アラミド繊維／エポキシ）（アラミド・ハニカム・フェノール） | 一方向凝固精密鋳造材<br>単結晶精密鋳造材<br>新アルミニウム合金（粉末冶金，Al-Li）<br>FRM<br>FRP（炭素繊維／エポキシ）（炭素繊維／ポリイミド）<br>アルミニウム | CFRM<br>FRM<br>新アルミニウム合金<br>新チタニウム合金 | FRP（炭素繊維，アラミド繊維，ボロン繊維，ハイブリッド）<br>FRM（SiC，ボロン，アルミナ／アルミニウム，チタニウム，マグネシウム）<br>新アルミニウム合金<br>新チタニウム合金<br>傾斜機能材料 |

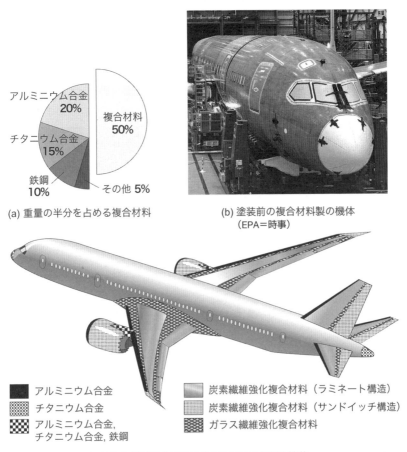

(a) 重量の半分を占める複合材料

(b) 塗装前の複合材料製の機体
（EPA＝時事）

アルミニウム合金
20%
チタニウム合金
15%
鉄鋼
10%
複合材料
50%
その他 5%

■ アルミニウム合金　　　　炭素繊維強化複合材料（ラミネート構造）
チタニウム合金　　　　　炭素繊維強化複合材料（サンドイッチ構造）
アルミニウム合金,　　　　ガラス繊維強化複合材料
チタニウム合金, 鉄鋼

(c) ほとんどが複合材料で作られている最新の機体

図 1.7　B787 旅客機に用いられている複合材料の例

は 70% となっている．B787 ではアルミニウム合金の割合は約 20% に低下し，繊維強化複合材料（fiber reinforced composite）の割合が 50% に増えている．このように，複合材料の使用は増加の一途を辿っており，航空機分野では金属材料を抜いてもっとも使用される構造材料に成長している．図 1.7 に，B787 を例に使用されている複合材料とそれが用いられている部材を示す．

**c. 鉄道車両用材料**

鉄道車両には，表 1.2 に示すように主に鉄鋼材料とアルミニウム合金が用いら

表 1.2  鉄道車両に用いられている材料

| 分 類 | | 使 用 材 料 |
|---|---|---|
| 車体 | 構体 | 炭素鋼, ステンレス鋼, アルミニウム合金 |
| | 内張 | FRP |
| | 車内設備 | 炭素鋼, プラスチック, ウレタンフォーム, ゴム, プラスチック, ガラス, FRP |
| | 窓, 扉 | FRP, ガラス |
| | 連結器 | ゴム |

| 分 類 | | 使 用 材 料 |
|---|---|---|
| 台車 | 台車枠組立 | 台車枠 | 炭素鋼 |
| | | 側受すり板 | |
| | 輪軸組立 | 車輪 | 炭素鋼 |
| | | 車軸 | 炭素鋼 |
| | | ブレーキディスク | 鋳鉄, 炭素鋼 |
| | 軸箱組立 | 軸箱体 | 炭素鋼 |
| | | 軸受 | 炭素鋼, 合金鋼, 銅合金 |
| | | 潤滑油 | 油 |
| | 軸箱支持装置 | ゴムブシュ | |
| | 軸バネ装置 | 軸バネ, 軸バネ座 | 炭素鋼, ゴム |
| | マクラバリ装置 | マクラバリ | 炭素鋼, アルミニウム合金 |
| | | ボルスタアンカ | |
| | ブレーキ装置 | 制輪子 | 炭素鋼, 合金鋼, プラスチック |
| | 駆動装置 | 継手 | |
| | | 歯車, 歯車箱 | 炭素鋼, 合金鋼 |
| | その他 | 空気バネ | 炭素鋼, ゴム |
| | | 車輪踏面清掃装置 | 合金鋼, 銅合金, アルミニウム合金, セラミックス |

図 1.8  鉄道車両用台車 (SS 形ボルスタレス台車) の構成材料

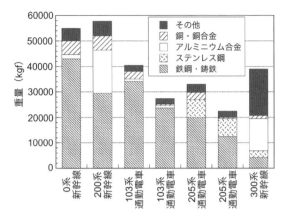

図 1.9　鉄道車両の質量比と構成材料別質量（鉄道総合技術研究所）

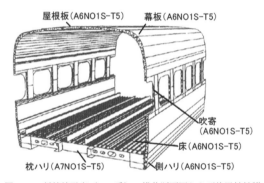

図 1.10　新幹線電車（700 系）の構体断面図および使用材料[26]

れている．近年では，軽量化や耐腐食性の観点から，構体に用いられる主要材料
は普通鋼からステンレス鋼やアルミニウム合金に移り変わっている．ステンレス
鋼では，準安定型のオーステナイト系ステンレス鋼（SUS301, SUS304）が主流
である．台車には，図 1.8 に示すようにアルミニウム合金や銅合金などの非鉄金
属も使用されているが，主要材料は鉄鋼材料である．図 1.9 に，新幹線車両と通
勤電車の構成材料を示す．200 系のひかり型新幹線では車体にアルミニウム合金
が採用されその割合が増加している．鉄道車両に使用されているアルミニウム合
金として 5083, 6061, 7N01, 7003, 6N01 があるが，図 1.10 に示すように最
新の新幹線（700 系）の構体の主要材料は 6N01 合金である．

# 1.2  材 料 の 種 類

## a.  金 属 材 料

　金属材料は金属元素と非金属元素により構成された無機材料である．機械材料
の主成分となる金属元素の代表例は鉄，銅，アルミニウム，ニッケル，チタニウ
ムなどである．非鉄金属は炭素，窒素などがあり，また酸素も金属材料に混入さ
れている．金属は原子が規則正しく配列された結晶構造を有しており，一般に熱
と電気の伝導性が高い．また，ほかの材料に比べて室温では強度と延性が高く，
高温においても比較的高い強度を有する．

　金属と合金（複数の金属あるいは金属と非金属より構成）は，その大部分が鉄
元素より構成される鉄鋼や鋳鉄などの鉄系金属・合金（ferrous metal and alloy）
と，鉄をほとんど含まない非鉄金属・合金（nonferrous metal and alloy）に分類
される．機械材料として使用される非鉄金属の例として，アルミニウム，銅，チ
タニウム，ニッケル，亜鉛などが挙げられる．

　非鉄金属は文字通り鉄鋼以外の金属材料を総称するので，その種類は非常に多
い．非鉄金属は一般に３つに分類される．その１つは銅，亜鉛，鉛などのベース
メタルといわれる重金属と，金，銀などの貴金属である．これらは生産の歴史が
もっとも古く，狭義には非鉄金属といえばこれらを指す．２つ目はアルミニウム，
マグネシウムなどの軽金属である．これらは19世紀に入ってから工業生産され
るようになり，今日では機械構造材料として広く使用されている．３つ目は第二
次世界大戦以後，新しい工業材料として生産されはじめた新金属と呼ばれるもの
である．新金属はチタニウム，コバルト，高純度シリコンなどが代表的で，最近
の新しい産業の出現にあわせてその用途や種類が増加している．表 1.3 に，最近
の非鉄金属の用途を利用分野別に示す．

　図 1.11 に旅客機のエンジンの外観を示す．そのほとんどの構成材料は金属・合
金である．その金属・合金はエンジン作動中の高温と高圧に耐える材料であるこ
とが必要で，材料の研究・開発に多くの年月が費やされてきた．図 1.12 に，ガス
タービンエンジンの性能を向上させるための材料とその製造方法の変遷を示す．
時代とともに新しい材料が開発され，飛躍的な性能の向上がもたらされている．

　近年，省エネ，エネルギー供給安定性の向上，環境負荷低減，ならびに産業振
興の観点から水素エネルギーが注目されている．国内では燃料電池自動車（fuel

表 1.3　非鉄金属の用途

| エネルギー | ニューフロンティア | 生活関連 | エレクトロニクス |
|---|---|---|---|
| 超伝導, 原子力, 太陽エネルギー, 水素利用等 | 大深度地下利用, 海洋開発, 宇宙開発等 | 医療, 娯楽, レジャー, 交通 | LSI, 光通信, レーザー, 磁性材料 |
| ニッケル：燃料電池<br>マンガン：水素吸蔵合金<br>アンチモン：蓄電池極板<br>ホウ素：核融合炉壁<br>ハフニウム：原子炉制御棒 | ニッケル：構造用合金<br>クロム：構造用合金,<br>　特殊鋼溶接<br>タングステン：耐熱,<br>　耐食材料<br>チタニウム：航空機用<br>　耐熱材料 | ストロンチウム：ブラウン管<br>リチウム：電池<br>ガリウム：歯科用合金<br>ルビジウム：医療<br>白金：医療（抗がん剤） | ガリウム：化合物半導体<br>ゲルマニウム：光通信用<br>　受光素子<br>インジウム：電子材料<br>ジルコニウム：電子材料<br>ニオブ：電子材料<br>パラジウム：電子材料 |

図 1.11　旅客機用エンジンの外観

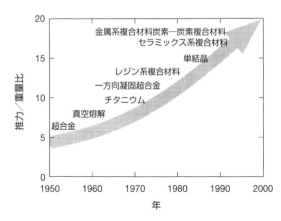

図 1.12　ガスタービンエンジン用材料と製造方法の変遷

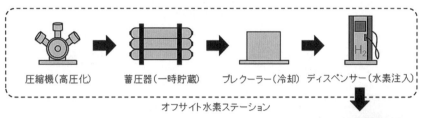

燃料電池自動車（FCV）

**図 1.13**　オフサイト水素ステーションの構成[29)]

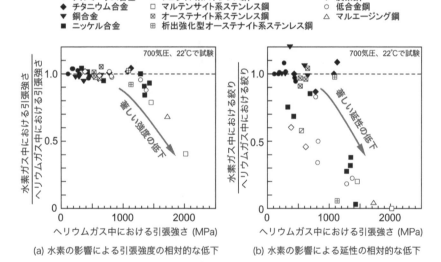

(a) 水素の影響による引張強度の相対的な低下　　(b) 水素の影響による延性の相対的な低下

**図 1.14**　金属材料の水素感受性（NASA データベース）[12)]

cell vehicle：FCV）が市販化され，関連する水素ステーションも整備されつつある．FCV の燃料は数百気圧の高圧水素ガスである．オフサイトの水素ステーションは，図 1.13 に示すように圧縮機，蓄圧器，プレクーラー，ディスペンサーから構成され，これらの水素機器には主として金属材料が使用されている．しかし，

水素機器の安全性を保証するためには，材料中に侵入した水素によって生じる延性低下（水素脆化）を的確に把握し，水素の影響を考慮した強度設計が不可欠である（図 1.14）．現在のところ，水素機器にはオーステナイト系ステンレス鋼 SUS316L やアルミニウム合金 6061-T6 といった水素の影響がきわめて少ない材料のみの使用が認められているが，水素エネルギーの普及・拡大には選択できる材料の種類の拡大が不可欠である．

**b. 高分子材料**（プラスチック）

多くの高分子材料は炭素を含む長い鎖状もしくは網状につながった分子よりなる有機物である．一般に高分子材料は非結晶質である．高分子材料の強度と靭性は広範囲に分布しており，その構造から電気伝導性はきわめて低い．したがって，優れた電気絶縁性のある材料であり，電子機器の絶縁物として応用されている．一般に，密度は低く軟化や分解する温度は低い．

**c. セラミック材料**（セラミックス）

セラミック材料は金属や非金属が化学的に結合した無機物であり，結晶質と非結晶質およびその両者より構成されている．多くのセラミックスは高い硬度を有し，高温での強度が高いが靭性に乏しい脆性材料である．しかし，セラミックスは高強度，高硬度に加えて，軽量，低摩擦係数，耐熱，耐摩耗性，断熱性に優れているため，最近ではエンジン材料への使用が広がりつつある．さらに，多くのセラミックスは高温度での耐摩耗性と断熱性に優れており，高温で溶解する鉄などの金属の炉壁にも用いられている．

**d. 複 合 材 料**

複合材料は複数の材料を組み合わせてつくられたものである．ほとんどの複合材料は，用途に応じて特別の性質をもつように，特殊な繊維または強化金属と結合材としての樹脂により構成されている．これらの要素は互いに溶解し合うことはなく，物理的に境界が明確である．複合材料には多くの種類があるが，その多くは母相中に粒子が分散したもの，あるいは繊維が分散したものに分類される．

最近，工業的に用いられている先端複合材料は，ポリエステルまたはエポキシ樹脂をガラス繊維で強化したもの，あるいは炭素繊維で強化されたエポキシ樹脂である．

**e. 電 子 材 料**

電子材料は構造材料に比べて量は少ないが，最近では情報化社会の形成にきわ

めて重要な役割を果たしている．もっとも重要な電子材料は高純度シリコンであり，さまざまな電気的性質を得るために改質が行われている．

## 演 習 問 題

**1.1**　自動車に使われる重要な部品を列挙し，金属，セラミックス，プラスチック，複合材料に分類せよ．たとえば，エンジンブロック，スパークプラグ，ボディー，窓など．

**1.2**　航空機に使われる重要な構造材料を列挙し，自動車材料と基本的に異なる点を説明せよ．

**1.3**　運動用具として使われている複合材料を列挙し，その特徴を述べよ．

**1.4**　鉄道車両に用いられている重要な部品を列挙し，鉄鋼材料，非鉄金属材料に分類せよ．

◇◇◇◇◇◇　**Tea Time**　◇◇◇◇◇◇

### 工学技術者のあるべき姿

　米国の大学の工学部を訪れると，多くの大学で掲示板に世界最大の航空機会社であるボーイング社が主張する望ましい技術者の資質が貼られている．これをみて，工学部の学生が，自分たちが何をどのように学ぶべきか知ることができる．

　ボーイング社の期待する工学技術者像

　以下のリストは，基本的でいつまでも変わらない技術者に必要とされる資質である．これには，われわれの専門的な職業に関連して技術環境が全体に拡大していることを反映して，特別な専門技術を網羅している．必要な資質（すなわち，望ましい教育の成果）を特定するのは，大学が企業のニーズにどのように合わせるかを主張するためではない．教育カリキュラムの決定は各大学がその地域の資源と制約を考慮しながら，顧客と共同で行うべき仕事である．企業はその重要な顧客として，カリキュラムの制作過程に積極的に参加すべきである．

1.　基礎科学をよく理解していること．
　　数学（統計を含む）
　　物理と生命科学
　　情報工学（コンピュータの能力をはるかに越えたもの）
2.　設計と製造プロセスをよく理解していること．
　　（エンジニアリングを理解していること）
3.　学際的で全体を把握する性格をもつこと．

4. エンジニアリングが関係する周辺状況を理解していること.
   経済. 歴史. 環境. 顧客と社会のニーズ.
5. 上手に情報伝達ができること.
   作文. 表現. グラフィック. 傾聴.
6. 高い倫理観をもつこと.
7. 批判的で独創的な個性と協調性の両者を兼ね備えた考え方ができる能力をもっていること.
8. 柔軟性. 直ちに主要な変化を受け入れる能力と自信をもっていること.
9. 生涯にわたって学ぼうとする好奇心と欲望をもち続けること.
10. チームワークに対する深い理解をもち, それに献身できること.

# 2　原子構造と結合

　材料は，鋼や銀などの金属，アルミナや陶器などのセラミックス，ポリエチレンやナイロンなどのプラスチックあるいはポリマー（高分子材料）の3種類に分類される．これらのすべての材料を理解するためには，材料の構造とそれが材料の性質，たとえば強度，靭性，電気伝導度，耐食性などにどのように関与しているかを理解する必要がある．また材料の構造を理解するためには，① どのような元素が存在しているか，② それがどのように配列しているかを知ることが基本となる．

　本章では，これらの材料の性質を理解するために，まず材料を構成している① 原子の構造と性質，② 構成の最小単位である単位格子（ポリマーの場合には分子）中の原子の配列と原子間の結合力について説明しよう．

## 2.1　原　子　構　造

　原子の構造は，正の電気を帯びた原子核と，その周囲に原子番号と同じ数の負の電気を帯びた電子から成り立っており，原子全体としては電気的に中性の状態である．電子は電気の最小単位（電気素量）$e^- = 1.602 \times 10^{-19}$ クーロンの陰電気を有している．原子核は原子番号と同じ数の陽子（proton）と陽子とほぼ同じ大きさと質量を有し，電気的に中性の中性子（neutron）から構成されている．陽子の質量は $1.672 \times 10^{-24}$ g であり，電子の質量の 1840 倍であるので，原子の質量はほぼ原子核の質量と考えてもよい．

　電子はそれぞれ異なったエネルギーをもっており，原子核から異なった距離（エネルギーレベルの異なった殻）の上にある．原子核からもっとも近い殻から K，L，M，N，O，P，Q 殻と呼ぶ．もっとも安定な原子の最外殻電子数は，K 殻 2，L 殻 8，M 殻 18，N 殻 32 などである．電子のうちで一番外側にある電子は，一番高いエネルギーをもつ電子（最外殻電子）である．この電子は，原子核からもっとも遠いので，原子核からの拘束力が弱く，エネルギー状態が変化しやすい．

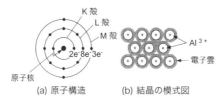

(a) 原子構造　　　　(b) 結晶の模式図

**図 2.1**　アルミニウム

すなわち，その原子の化学的性質にもっとも関係が深い電子群である．図 2.1(a) にアルミニウムの原子構造を示す．

## 2.2　原子間の結合力

金属，セラミックス，高分子材料の結合力と，それが性質に及ぼす影響を説明しよう．

### a. 金属結合

金属原子の結合は同種類の原子間に働く力によるもので，原子核と比較的ゆるやかに結合されている最外殻の遊離した電子を介して原子を結びつけている．共有結合と異なる点は電子が特定の 2 原子間に共有されるのではなく，その金属結晶を構成している原子全体に共有されている点である．金属原子は最外殻に 1〜3 個の電子をもっているのが特徴である．この最外殻から遊離した電子は負電荷の電子雲として存在し，原子は正電荷を帯びた金属イオンとなり，両者の相互作用によって各原子が互いに結びつけられている．金属原子がイオン化した場合は，$Na^+$，$Mg^{2+}$，$Al^{3+}$ のように 1〜3 価の正イオンとなる．図 2.1(b) にアルミニウムの原子結合の模式図を示す．これは同じ寸法の球をもっとも密に積み重ねたものと同じである．

この電子雲中の電子は結合がゆるいため結晶中を容易に移動しやすい．これが金属が高い電気伝導性や熱伝導性を示す理由である．また金属が容易に変形するのは原子が平面上に密につまっているからであり，せん断力が加わると原子がもっとも密に並んだ平面が互いにすべるために破断が生じにくい．なぜなら 1 原子間の距離を平面がすべっても，そこで容易に再結合でき，しかも原子間の結合力は変わらないからである．

そのほかにも，可視光線が金属に当たると電子雲で反射されて，金属光沢を示

すこともこの結合の特徴の1つである．金属原子の結合の相手が非金属である場合は，以下に述べるイオン結合か，共有結合になる場合が多い．

### b. イオン結合

　結合のなかで理解しやすいのは，原子どうしが電子をやりとりして正と負のイオンになったときに両イオン間に作用する静電気的な力によるイオン結合である．この結合は金属と非金属の間で多くみられる．非金属の最外殻電子は金属の最外殻の電子より数が多い．たとえば図 2.2 に示すようにナトリウム（1 原子価電子）が塩素（7 原子価電子）と反応すれば，ナトリウムはその電子を塩素の最外殻に与え安定になる．したがって $Na^+$ と $Cl^-$ ができ，それが正負の電荷をもつために互いに引力が働くことになる．この結合をイオン結合と呼ぶ．

　この結晶の電気伝導度は金属のそれに比較してきわめて小さい．その理由は，金属の電子雲の中の電子が比較的自由であるのに対して，イオン結晶の電子は互いに両イオンの間に強く固定されているからである．

　イオン結晶の水溶液は，溶液の中では導電性をもった電解質を示すことが多い．またこの結晶は，イオンの位置がずれると容易に反発力が発生するイオンの配置をとっているため結晶は脆く，へき開によって破壊しやすい．

**【例題 2.1】** $CO_3^{2-}$ イオンの原子価電子の構成を書け．

**[解]** C と O の原子価電子が共有されているとし，●と×をもとの原子に属する電子とする（C と O はそれぞれ最外殻に 4 個および 6 個の電子をもっている）（図 2.3）．○印の電子は 8 個の安定した構造をつくるために外部から導入される．たとえば，外部の $Ca^{2+}$ イオンと結合して $CaCO_3$（石灰）という化合物ができる．

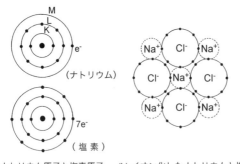

(a) ナトリウム原子と塩素原子　　(b) イオン化したナトリウムと塩素

**図 2.2** 塩化ナトリウムのイオン結合

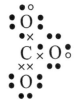

**図 2.3** $CO_3^{2-}$ イオン

○ ● 炭素原子

**図 2.4** ダイヤモンド
　　　の結晶構造

### c. 共 有 結 合

共有結合の代表的な例は図 2.4 に示すようにダイヤモンドであり，2 つの原子のおのおのの最外殻電子が両原子に等しく共有され，強く結合している．この結合にあずかる電子はどちらの原子にも属しているとはいえず，2 つの原子に共有された形になっているので，この種の結合を共有結合という．電子自身が結合力を生み出すという点では，イオン結合より共有結合の方が金属結合に近い．原子間の結合力が強いので，硬度は大であり融点が高い．結晶内全体を動きまわる電子がないので，電気の絶縁体または半導体である．

シリカ $SiO_2$ やアルミナ $Al_2O_3$，マグネシア $MgO$ のような多くのセラミック材料は共有結合または部分的に共有結合をしている．

### d. 分子結合（ファンデルワールス力）

分子結合は，金属結合，イオン結合，共有結合に比較して，弱い結合力である．これは分子間の静電相互作用に基づくもので，すべての材料でみられる．原子のまわりにある電子の分布が非対称であるために極性に差ができる結果である．

Ne や Ar の分子は最外殻が 8 個の電子で満たされ，ほかの原子と結合する力をほとんどもっていない．しかしこのような原子間でも時間的に正と負の各電荷の中心が分離し，その結果，隣接原子間に電気引力が発生する．結合力は電子の数で大きく異なり，He（電子数 2）の沸点は 4.2 K であるが Ne（電子数 10）は 27 K，Ar（電子数 18）は 87 K である．

もう 1 つは，分子の電荷に不平衡な部分が存在することである．水の分子においては，水素原子は酸素原子と 104.5 度の角度で結合している．したがって，水素の多い方は正の極性をもち，逆に少ない側は負の極性をもつので，水の分子は互いに引力をもつ．

酸素や水素などの非金属無機化合物や，ベンゼン，ナフタリン，プラスチックなどの炭素と水素，窒素，フッ素，硫黄，酸素と結合した有機化合物の多くは分子結合をしている．プラスチック（高分子化合物）は，分子量が大きくなるとファンデルワールス力も大きくなる．

たとえば，熱可塑性プラスチックは熱によって液状になり，冷却すると硬化する．熱による熱振動が分子間のファンデルワールス力に打ち勝って変形を可能に

するからで，射出成形により成形される．たとえば，エチレン $C_2H_4$ と同じ炭素と水素の比の材料であっても，分子の中の原子数が増加すると，パラフィンオイル $C_{10}H_{22}$，パラフィンワックス $C_{36}H_{74}$ に，さらに C の鎖が $10^2 \sim 10^4$ くらいになると固体のポリエチレンとなる．

【例題 2.2】　材料は結合力の差により融点や沸点が異なる．次の材料は共有結合をしており二次的にはファンデルワールス力もある．これらの原子価構造を書き，沸点が異なる理由を述べよ．(1) エチレン $C_2H_4$（沸点$-104$ ℃），(2) 塩化ビニル $C_2H_3Cl$（$-14$ ℃），(3) トリクロロエチレン $C_2HCl_3$（87 ℃）

[解]　分子量が大きいほど，また非対称性であるほど沸点は高い（図2.5）．

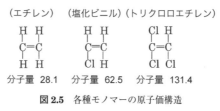

図2.5　各種モノマーの原子価構造

【例題 2.3】　鉄，シリカ，ポリエチレンにはどのような結合があるか，またこれらの材料の特徴を挙げよ．

[解]　鉄：金属結合がある．純鉄は鉄原子を取り囲む原子価電子があり，これらの移動しやすさから高い熱伝導性と電気伝導性を示す．

シリカ $SiO_2$：イオン結合と部分的に共有結合がある．シリコンの最外殻電子は4個であり，4個の酸素原子の最外殻電子の1個を共有し8個の安定な殻をつくる．したがってシリコン原子は4個の酸素原子の四面体に囲まれている．各酸素原子は2個のシリコンの間にあり1個の電子を共有している．この結合は部分的にイオン結合である．なぜなら酸素はシリコンより電気陰性度が高く，電子をよく引きつけやすいからである．シリカの1つの形態である水晶はこの結合をしており，硬度は高く，電気伝導度は低い．

ポリエチレン：$C_2H_4$ のエチレン分子が長い鎖状に結合して高分子になっている．この鎖は炭素の共有結合を骨格としている．この鎖と鎖の結合はファンデルワールス力と機械的に絡みあった結合による．対称性があるために，ファンデルワールス力は弱く，熱可塑性がある．

## 2.3 周 期 律 表

1865 年に英国のニューランスは元素を原子量の順に並べると 8 番目ごとに性質の非常に似た元素が現れることを知り，これを音階律と称した．その後ロシア

のメンデレエフとドイツのマイヤーが元素の周期律表を発表した．周期律表は単に元素の化学的性質のみならず，種々の物理的性質の周期性をも示すもので，金属や合金の研究には非常に重要である．

裏表紙の周期律表の縦の列（族）は化学的性質の似た元素で，そのうち右端の0族元素は，もっとも安定した性質を有する不活性ガスの元素である．この不活性ガスの沸点は，原子の有する電子数が多いほど高い．

第1列（Ia族）のリチウム，ナトリウム，カリウム，ルビジウム，セシウム，フランシウムは反応活性の高い金属である．この反応性は最外殻に比較的自由度の高い1個の電子をもつからである．すべて酸素（最外殻に電子を受け入れて8個の殻になりやすい）と速やかに反応する．そのためにLiは溶融した銅に添加して不純物酸素を除去し電気伝導度の高い純銅を得るのに用いられる．原子が電子を引きつける傾向の尺度を電気陰性度（electronegativity）といい，周期律表で右側にある元素ほど大きな電気陰性度を示す．活性金属の電気陰性度はもっとも低い．

第2列（IIa族）のベリリウム，マグネシウム，カルシウム，ストロンチウム，バリウム，ラジウムは2個の比較的自由な最外殻電子をもつ．これも高い電気的陽性を示すが，Ia族よりやや活性度は低い．たとえばマグネシウムは表面が不活性の酸化物で覆われるから，純金属の状態では活性が高いにもかかわらず，機械部品によく用いられる．自動車のエンジンブロックやホイールはその例である．また，カルシウムは鋼中では硫化物や酸化物をつくり，その介在物制御により被削性の向上や清浄鋼をつくるのに用いられる．

電子は原子核に近い軌道から遠い方に順次その軌道を満たしていくが，原子核に近い電子軌道が満たされないうちに，より外側の方が先に満たされる場合がある．遷移元素はSc（原子番号21）〜Ni（28），Y（39）〜Pd（46），希土類元素La（57）〜Lu（71），Hf（72）〜Pt（78），Ac（89）〜Lw（103）にみられる．すべて金属の性質をもっており用途が広がりつつある．希土類元素のユウロピウムはカラーテレビのブラウン管用の赤色蛍光体や磁性材料として用いられている．サマリウムとコバルトの合金は永久磁石として用いられている．

Ib族の銅，銀，金はIa族のアルカリ金属より安定である．いずれも軟らかく，展伸性に富み，電気伝導性がよい．

IIb族の亜鉛，カドミウム，水銀はIIa族のマグネシウムやカルシウムより安定

である．亜鉛は鋼板の上にめっきをして，建築材料や自動車用表面処理鋼板など
に耐食材料として用いられる．

Ⅲb 族にはボロン，アルミニウム，ガリウム，インジウムがある．アルミニウム
は活性が高いが表面に生成される酸化皮膜の保護性により，建築材料，自動車の
エンジンブロック，ホイールなどに用いられる．また溶鋼中に添加される重要な
脱酸元素である．ガリウムの合金は半導体材料として注目されている．

Ⅳb 族の鉛やスズは金属の性質を示すが，ゲルマニウムやシリコンは半導体の
性質を示す．

Ⅴb 族のアンチモンとビスマスは半金属の性質を示す．

Ⅵb 族のセレニウム，テルリウムは快削性元素として鋼に添加されることもあ
る．

周期律表のそのほかの元素は非金属である．

**【例題 2.4】** 次の元素を非金属，半導体，活性金属，耐食性金属に分類せよ．
① 酸素，② ナトリウム，③ アルミニウム，④ シリコン，⑤ 塩素，⑥ 鉄，⑦ 銅
[解]　(1)　非金属：　①酸素，⑤塩素．この元素は電子受容体であり（$O^{2-}$, $Cl^-$ とな
る）金属と酸化物，塩化物をつくる．

(2)　半導体：　④シリコン．最外殻に 4 個の電子があり，安定な 8 個の中間にあり
半導体の性質を示す．

(3)　活性金属：　②ナトリウム．外殻電子を放出しやすく活性が高い．水や空気に
触れると直ちに酸化物をつくる．

(4)　耐食性金属：　⑦銅，③アルミニウム．⑥鉄は酸化されるという点では，活性
金属といえる．耐食性は環境（酸，アルカリ，酸素，湿度など）によって評価は大きく
異なる．たとえば水中での耐食性は銅＞アルミニウム＞鉄の順番に耐食性はよい．アル
ミニウムは鉄より初期には溶出が速いが，安定な酸化皮膜が形成され，腐食を遅らせる．
鉄の皮膜は錆であり保護性が少ない．

### 演 習 問 題

**2.1**　$SO_4^{2-}$, $NO_3^-$ イオン原子価の構造を書け．

**2.2**　$CH_4$, $NH_3$ と $CCl_4$ の沸点はそれぞれ $-61.4\,℃$, $-33.4\,℃$, $+76.8\,℃$ であり，物
　　質によりかなり違う値をとる．その理由を説明せよ．

**2.3**　熱可塑性を有するプラスチックの構造の特徴を述べよ．

**2.4**　溶鋼にアルミニウムを添加し，鋼中の酸素を除去する（脱酸という）とき $Al_2O_3$ が
　　できる．(1) $Al_2O_3$ の反応形態は何か．(2) 鋼中で反応していない Al と Fe の原子の

形態は何か．（3）1 kg の溶鋼中 0.01% の酸素がすべて反応するとして，必要な Al の
重量はいくらか．

**2.5**　自動車用部材として用いられる金属材料，セラミックス，プラスチックの例を挙
げ，それらの材料の結合形態を述べよ．

# 3 結 晶 構 造

まず，単純な単位格子または単位胞（unit cell），たとえば立方格子や六方格子構造を用いて原子の配列を説明しよう．これらの単位胞が数百万個集まって結晶粒を形成している．結晶粒は光学顕微鏡でみることができる．

これらの要素の構造，すなわち原子の構造，単位格子の構造，微細組織を理解すれば，多くの材料は数個の代表的な構造とその組合せに分類することができる．以下，構造という言葉は多様な意味で使われる．たとえば，鉄の構造に及ぼすニッケルの影響といえば，原子の相互作用に及ぼす影響，単位格子の寸法に及ぼす影響，微細組織の変化などを意味する．これらの構造が応力，温度，電磁気に対してどのように反応するかを理解すれば，それぞれの材料の性質や特殊な環境下でどのような挙動を示すかを予測することができる．材料の構造を知ることと，単にその化学成分を知ることはまったく異なることである．これについては後に述べることにする．

さて，材料をその構造から理解すれば，たとえば鋼がさまざまに加工（溶接，圧延など）された場合に，その性質がどのように変化するかを予測することができる．さらに実際の使用中に起こる摩耗，衝撃，疲労などによる破壊が，使用中の構造の変化によってどのような影響を受けるかを評価するのに重要である．

## 3.1 空間格子と単位格子

結晶は原子が一定の周期で規則的に配列をして結晶格子を形成している．このような格子点からなる格子を空間格子（space lattice）という．$a$, $b$, $c$ を稜とする平行六面体を単位格子（unit lattice）または単位胞（unit cell）という．単位胞の稜 $a$, $b$, $c$ の方向を結晶（格子）軸といい，単位胞

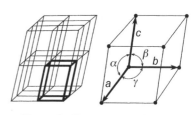

**図 3.1** 空間格子と単位格子（単位胞）

は $a$, $b$, $c$ とそれらのなす角 $\alpha$, $\beta$, $\gamma$ で決まる（図 3.1）.

## 3.2 金属の結晶構造

空間格子は一般にブラベ格子（Bravis lattice）と呼ばれ，表 3.1 に示す格子点が単位格子の角にある 7 組の単純結晶系に，体心格子，面心格子，底心格子が追加された 14 種類に分類されている.

表 3.1　7 組の結晶系と 14 種類のブラベ格子

| 結晶系 | 軸　長 | 軸　角 | ブラベ格子 |
|---|---|---|---|
| 三斜晶 | $a \neq b \neq c$ | $\alpha \neq \beta \neq \gamma \neq 90°$ | 単純 |
| 単斜晶 | $a \neq b \neq c$ | $\alpha = \gamma = 90° \neq \beta$ | 単純，底心 |
| 斜方晶 | $a \neq b \neq c$ | $\alpha = \beta = \gamma = 90°$ | 単純，底心，体心，面心 |
| 正方晶 | $a = b \neq c$ | $\alpha = \beta = \gamma = 90°$ | 単純，体心 |
| 立方晶 | $a = b = c$ | $\alpha = \beta = \gamma = 90°$ | 単純，体心，面心 |
| 六方晶 | $a = b \neq c$ | $\alpha = \beta = 90°$, $\gamma = 120°$ | 単純 |
| 菱面体晶 | $a = b = c$ | $\alpha = \beta = \gamma \neq 90°$ | 単純 |

しかし，金属のうち約 70% は 3 種類の単純な構造をもつことが知られている.すなわち体心立方格子（body centered cubic：BCC），面心立方格子（face centered cubic：FCC），稠密六方格子（hexagonal close packed：HCP）である.BCC の結晶構造をもつ金属としては $\alpha$-Fe, Cr, Mo, W, V などがあり，比較的変形しやすく FCC 金属より硬い. FCC 金属としては，Au, Ag, Cu, Pt, Al, Ni, Mn, $\gamma$-Fe などがあり，加工しやすく，展伸性に富む. HCP 金属としては，Mg, Zn, Zr, Co, Ti などがあり，FCC 金属より加工性が劣る. これらの格子構造を図 3.2 に示す.

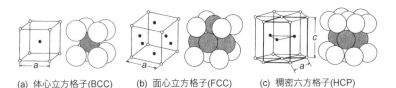

(a) 体心立方格子(BCC)　　(b) 面心立方格子(FCC)　　(c) 稠密六方格子(HCP)

図 3.2　BCC, FCC, HCP 格子構造

## 3.3 立方晶の結晶面と結晶方向

### a. 結晶方向

格子の方向を表すのには，原点よりその方向を示すベクトルを描きその各軸方向の成分をもっとも簡単な正数比で表す．図 3.3 に示す方向 A はしたがって［111］であり，B の座標は 1, 1/2, 0 であるが，正数比に直して［210］で表す．次に述べる結晶面の表示（ ）と区別するために，方向は［ ］で表す．なお，C の負の方向の表示 −1 は，$\bar{1}$ で表す．

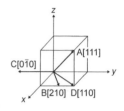

**図 3.3** 結晶方向の表示

立方格子の場合には，単位格子の 3 軸の長さが等しいので，［110］は $x$, $y$, $z$ 軸の取り方によって［101］，［011］にもなる．この方向は，いずれも立方格子面の対角線を示しており，まとめて〈110〉で表示する．すなわち，

$$\langle 110 \rangle = [110], [101], [011], [\bar{1}10], [10\bar{1}], [0\bar{1}1]$$

### b. 結晶面

結晶面はミラーの面指数で表示する．その方法は図 3.4 に示すような手順である．

① 原点を通らない面を単位格子内に描く．たとえば，(a) において面 A は原点を通るから代りに面 B を選ぶ（B 面は A 面と単位距離だけ離れた平行面で，同じ数の原子を含む）．

② 面 C の $x$, $y$, $z$ 軸との交点を $a_1$, $b_1$, $c_1$ とすれば $a_1 = l \cdot a$, $b_1 = m \cdot b$, $c_1 = n \cdot c$ となる $l$, $m$, $n$ を求める．

③ これの逆数比 $(1/l : 1/m : 1/n) = (h : k : l)$ を簡単な正数比に直す．こ

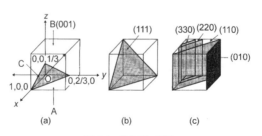

**図 3.4** 結晶面の表示

の $(hkl)$ をミラー面指数と呼び，この指数により面 C を表示する．たとえば (a)
の $x$, $y$, $z$ 軸の交点は $(1, 2/3, 1/3)$ であるから C 面の $(hkl) = (1/1, 3/2, 3/1)$
$= (236)$ となる．結晶方向では等価な [ ] 方向をまとめて ⟨ ⟩ で示したよう
に，結晶面では等価な ( ) 面をまとめて { } で表す．指数の整数倍の面，方
向はすべて平行であり，立方晶においては同じ指数で示される面と方向は直交す
る．

**【例題 3.1】** 次の結晶面を立方格子内に描け．(a) $(101)$，(b) $(1\bar{1}0)$，(c) $(221)$，(d)
BCC 構造の単位結晶において $(110)$ 面とその中心が交わる原子の座標
**[解]** 図 3.5

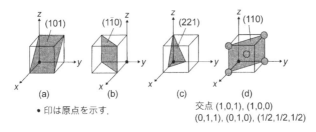

● 印は原点を示す． 交点 (1,0,1), (1,0,0)
(0,1,1), (0,1,0), (1/2,1/2,1/2)

**図 3.5** 立方格子内のさまざまな結晶面

**【例題 3.2】** 次の立方格子の方向を図示せよ．(a) $[100]$, $[110]$，(b) $[112]$，(c) $[\bar{1}10]$，
(d) $[\bar{3}2\bar{1}]$
**[解]** 図 3.6

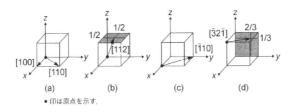

● 印は原点を示す．

**図 3.6** 立方格子内のさまざまな結晶方向

## 3.4 稠密六方格子の結晶面と結晶方向

六方格子を記述するためには，図 3.7 に示すように $x$, $y$, $z$ の 3 軸のかわりに
水平面 $x$-$y$ 面に互いに $120°$ の角度をなす $a_1$, $a_2$, $a_3$ と第 4 の軸として $z$ 方向に

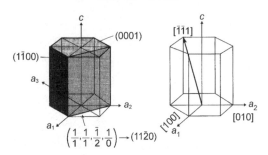

**図 3.7** 稠密六方格子の結晶面と結晶方向の表示

$c$ 軸をとる．この座標系により六方格子の面を記述することができる．

　HCP 格子でもっとも重要な面は底面である．いま底面の座標軸との交点を求めれば，$a_1 = \infty$，$a_2 = \infty$，$a_3 = \infty$，$c = 1$ であるからこれらの逆数をとり（0001）面となる．同様に（$1\bar{1}00$）面，（$11\bar{2}0$）面は図に示した通りである．

　このミラー指数 $h$, $k$, $i$, $l$ は互いに独立ではなく $i = -(h+k)$ となる．結晶の方向は 120° の角度をなす $a_1$, $a_2$ と $c$ の 3 つの座標で表すことができる．図 3.7 に示すように立方晶と同様の表示が可能である．

　HCP 格子では図 3.7 の座標の交点以外にも，単位格子の中に原子が存在するが，この面は上下の面と同じである．

## 3.5 面心立方格子と稠密六方格子の相互関係

　HCP 構造と FCC 構造は非常によく似ており，いずれも球をもっとも密に積重ねられている構造となっている．すなわち，FCC では図 3.8 において立方体の斜線を施した面（111）面を底面として，隅の○印の原子から（111）面に向かって垂直に見た場合，また HCP では六角柱の底面を真上から見下ろした場合の原子

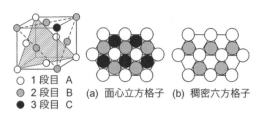

○ 1段目 A
● 2段目 B　(a) 面心立方格子　(b) 稠密六方格子
● 3段目 C

**図 3.8** 面心立方格子と稠密六方格子の相互関係

の積重ね方を考える．そうすると，両方の基底面における原子の配列は，いずれも球をもっとも密に並べた配列である．その模様は図 3.8(a) および (b) の○印の配列である．次にその上の B の球では，一段目にある 3 つの球の凹んだ位置に乗るように配列されており，ここまでは面心立方格子も稠密六方格子もまったく同じ球の積重ねである．

ただ，三段目の玉の位置はもっとも密に積重ねる方法が 2 つあり，球が一段目の玉の位置のちょうど真上にくるのが図 (b) の稠密六方格子で，違った位置にくるのが図 (a) の面心立方格子である．したがって FCC 結晶の積重ねは ABCABCABC…であり，HCP では ABABAB…である．

両者いずれも球をもっとも密に積重ねる配置にあることに変わりはなく，両者の原子密度が等しいのはこの理由による．

このように硬い球のモデルによれば，HCP の $c/a = 1.63$ となる．一辺の長さが $a$ の正四面体の高さは $0.816\,a$ であり，これは基準面からの密に積重ねられた原子の中心までの距離である．したがって，HCP の高さはこれの 2 倍であり，$1.63\,a$ となることがわかる．

原子の充填率（単位胞の体積に対する原子の体積で定義される）は FCC と HCP では 0.74 となる．多くの HCP 金属の $c/a$ の実測値は 1.63 ではなく Be（1.57），Ti（1.58），Mg（1.62），Zn（1.86），Cd（1.89）である．これは原子の挙動が前述のモデルのように完全な球とは異なり結合力に差があるためである．

## 3.6 原子半径，格子定数，面密度，線密度の計算

### a. 原子半径と格子定数

ある元素を添加して合金を設計する場合に，その原子が主要な原子と置換できるかどうかが問題となる．置換の程度は，2 つの元素の類似性の大小による．この類似性の 1 つは原子の半径であり，これは単位格子の大きさがわかれば計算できる．まず，原子を球と考え，しかも互いに接触しているものとする．単位格子に含まれる原子の数は図 3.9 に示されている．体心立方格子では格子内部に 1 個，角の原子数は $8 \times 1/8 = 1$ 個，合計 2 個である．同様に面心立方格子では 4 個，稠密六方格子では 6 個である．

次に図 3.10 に示すように，FCC, BCC, HCP の結晶構造に応じて原子半径 $R$，格子定数 $a$，単位格子の体積 $a^3$ などが計算できる．

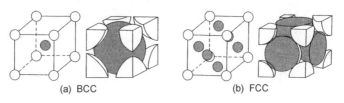

図 3.9 BCC，FCC の単位格子に含まれる原子の数

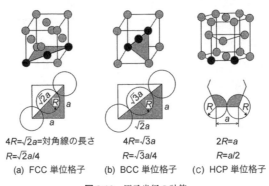

図 3.10 原子半径の計算

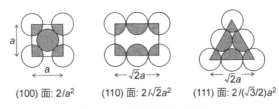

(100) 面: $2/a^2$  (110) 面: $2/\sqrt{2}a^2$  (111) 面: $2/(\sqrt{3}/2)a^2$

図 3.11 FCC 単位格子の面密度

## b. 面 密 度

面密度計算に当たっては，面が原子の中心を切る原子のみを数える．FCC の格子面の中央の原子はその面上で円と考える．図 3.11 より FCC の（100）面では面密度は $2/a^2$ である．

## c. 線 密 度

線密度の計算に当たっては，線が原子の直径を横切るものとする．FCC の対角線の方向〈110〉方向の線密度は図 3.12 のように $2/(\sqrt{2}a)$ となる．

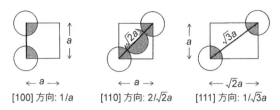

[100] 方向: 1/a        [110] 方向: 2/√2a        [111] 方向: 1/√3a

**図 3.12** FCC 単位格子の線密度

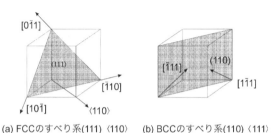

(a) FCCのすべり系(111)⟨110⟩        (b) BCCのすべり系(110)⟨111⟩

**図 3.13** FCC 結晶, BCC 結晶のすべり面とすべり方向

## d. すべり面とすべり方向

応力によってすべり（塑性変形）が生じる面および方向は，原子がもっとも充填された面である．

① FCC ではすべり面は ｛111｝ 面，すべり方向は ⟨110⟩ 方向である．

② BCC では最稠密方向は ⟨111⟩ であるが，すべり面は必ずしも特定しない．これは最稠密面がないからである．したがってすべり面は密に充填している ｛110｝ 面や ｛112｝ 面などである（図 3.13）．

**【例題 3.3】** 20 ℃ における鉄の結晶構造は BCC で，その原子半径は 0.124 nm である．(1) 単位格子の格子定数を求めよ．(2) 鉄の密度を計算せよ．

**[解]** (1) 図 3.10 より BCC 構造では原子が立方体の対角線上 ⟨111⟩ 方向で接しているから $4R = \sqrt{3}a$ より $a = 4 \times 0.124$ nm$/\sqrt{3} = 0.286$ nm $= 0.286 \times 10^{-7}$ cm

(2) 鉄の原子量（$^{12}$C $= 12.000$ と定めた原子の比較量）は 55.85 g であり，$6.02 \times 10^{23}$ 個（アボガドロ数）の原子をもっている．

密度 ＝ 重量/体積

$$= \frac{(2\,\text{原子/単位格子}) \times (55.85/6.02 \times 10^{23})}{(0.286 \times 10^{-7})^3} = 7.93\,\text{g/cm}^3$$

測定値は 7.87 g/cm$^3$ であるが，この差は原子を剛体の球と仮定したからである．

**【例題 3.4】**　体心立方格子の［100］，［110］，［111］方向の線密度を求め，すべり方向が［111］方向であることを示せ．

**［解］**　図 3.14

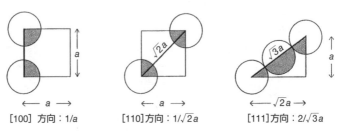

［100］方向：1/$a$　　　　［110］方向：1/$\sqrt{2}a$　　　　［111］方向：2/$\sqrt{3}a$

**図 3.14**　BCC 単位格子の線密度

## 3.7　同　　素　　体

　室温の鉄（BCC）と高温の鉄（FCC）とは結晶構造がまったく異なっており，したがって性質も著しく異なる．物質が原子配列を変化して，結晶構造の異なったものに変わることを変態（transformation）といい，その変化を起こす温度を変態点という．

　金属の場合には固体-液体間の変態のほかに，固体の中でも変態が起こる．同一元素が原子の配列や統合の仕方が異なる単体に変わる場合に，それらは互いに同素体（allotropy）という．この場合の変態を同素変態という．

　変態を知るには，金属を加熱または冷却しながら，性質の変化を測定すればよい．もっとも簡便な方法は図 3.15 に示すように熱膨張測定である．鉄は910 ℃を境にBCC⇄FCCの変態をする．この際に収縮（加熱時にBCC→FCC），膨張（冷却時にFCC→BCC）が起こるのは，BCCよりFCC構造の方が原子がより密につまっているから

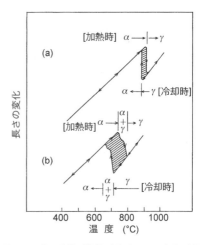

**図 3.15**　鉄の変態（純鉄（a）と Fe-C 合金（b））

である.

**【例題 3.5】** 鉄を加熱していくと, 910 °C で $\alpha$ 鉄（BCC）から $\gamma$ 鉄（FCC）に変態する. 910 °C において BCC の格子定数 = 2.87 Å, FCC の格子定数 = 3.60 Å である. このときの体積変化を求めよ.

**[解]** BCC は単位胞に 2 個の原子があり, その体積は $(2.87\,\text{Å})^3 = 23.54\,\text{Å}^3$ である. FCC は単位胞に 4 個の原子があり, その体積は $(3.59\,\text{Å})^3 = 46.27\,\text{Å}^3$ である. 原子 1 個当たりの密度を比較すると 11.77 Å³ (BCC)：11.58 (FCC) のように変化する. すなわち BCC から FCC へ変化することにより体積は 1.6% 縮む.

## 3.8 結晶構造の測定（X線回折）

単位格子の寸法を決定する方法として X 線が用いられる. X 線回折は原子面の距離を測定する方法である. X 線が表面下の原子と衝突すると, 同じ波長の X 線が放射される. この放射線が同位相（図 3.16 で 1′ と 2′ が同位相）の場合には回折現象が現れる. この回折線を得るためには波長 $\lambda$, 入射角 $\theta$, 結晶面間隔 $d$ の間には次の関係が必要である.

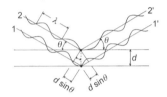

**図 3.16** X 線の回折条件 $(d_{100} = a,$ $d_{110} = a/\sqrt{2}, d_{111} = a/\sqrt{3})$

$$n\lambda = 2d \sin \theta \tag{3.1}$$

この関係式をブラッグ（Bragg）の式（または回折条件）という. したがって, $\lambda$ と $\theta$ がわかれば $d$ を求めることができる. 実際には既知の波長（面間隔と同じ Å オーダー）の X 線を用いて, 回折が生じる角度 $\theta$ を求めることにより結晶面間隔 $d$ を決定する. 立方晶においては次の関係が成立する.

$$d_{hkl} = \frac{a}{\sqrt{h^2+k^2+l^2}} \tag{3.2}$$

**【例題 3.6】** BCC 構造の鉄に X 線回折を行った. 用いた X 線の波長は $\lambda = 1.541$ Å である. 入射角 $2\theta = 44.704°$ において {110} 面が回折された. BCC 鉄の格子定数を求めよ. ただし, $n = 1$ とする.

**[解]** $\lambda = 2d_{hkl} \sin \theta, \quad a = d_{hkl}\sqrt{(h^2+k^2+l^2)}$

$$d_{110} = \frac{\lambda}{2 \sin \theta} = \frac{1.541\,\text{Å}}{2 \sin 22.35°} = 2.026\,\text{Å}$$

$$a = d_{110}\sqrt{2} = 2.87\,\text{Å}$$

## 演 習 問 題

**3.1** 晶帯軸 (zone axis) と呼ぶ 1 本の軸を含む面群を晶帯面 (plane of zone) という. 立方格子の (210), (100), (110), (310) を描き, これらの面は [001] を晶帯軸とする晶帯面に属することを示せ.

**3.2** BCC 構造の純鉄 ($a = 2.86 \text{Å}$) において (100), (110) 面の面密度 ($/\text{Å}^{-2}$) を求めよ.

**3.3** FCC 構造の銅 ($a = 3.62 \text{Å}$) において [112] 方向の原子の線密度 ($/\text{Å}^{-1}$) と (111) 面における原子の面密度 ($/\text{Å}^{-2}$) を求めよ.

**3.4** HCP 構造の亜鉛の (0001) 面と FCC 構造の銅の (111) 面の原子の面密度を求め, 両者が同じ理由を述べよ.

**3.5** FCC 結晶のすべり系は {111} 〈110〉 である. これらをすべて図示せよ.

**3.6** BCC 結晶のすべり系の 1 つは {110} 〈111〉 である. これらをすべて図示せよ.

**3.7** BCC 構造のタングステンの密度は 19.25 g/cm³, 原子量は 183.85 である. 格子定数 $a$ と原子半径 $R$ を求めよ.

**3.8** FCC 構造の白金は原子量 195.09, 密度 21.5 g/cm³ である. 格子定数 $a$ と原子半径 $R$ を求めよ.

## ∞∞∞∞ **Tea Time** ∞∞∞∞

### 疲労破壊の歴史

　材料は繰返し荷重の下では，静的に破断する強度よりもはるかに低い荷重で破壊することがある．このような現象を疲労という．それは，1985年に日本で520人の事故死をもたらした航空機の事故以来，金属疲労として一般にも知られるようになった．今日では，この疲労の重要性は広く認識されているが，疲労という現象の発見とそれに続く研究の歴史はそれほど昔のことではなく，約180年前のことに過ぎない．

　19世紀の初めには主要な交通機関であった鉄道馬車の車軸の破壊が繰返し荷重によるものであり，断面形状の急変する部分に破壊が生じやすいことが知られていた．1825年に英国のダーリントン―ストックトン間に鉄道馬車の軌道を使ってはじめて蒸気機関車による鉄道輸送が行われ，1830年にはリバプール―マンチェスターに蒸気機関車専用の鉄道が開通するとともに，数年を経ずして鉄道会社は車軸の突然の折損に悩まされるようになった．

　このような鉄道車両用車軸が突然に折損するという現象は，はじめて疲労という言葉を用いたフランスのポンセレ教授の"繰返し荷重により鉄の繊維状組織が結晶化して脆化するためである"という仮説により説明されてきた．1849年には英国の機械学会において，スチーブンソンを委員長とする調査委員会が開催された．委員のもっぱらの関心事は鉄の繊維状組織が突然に結晶状組織へ変化し，脆化するかということであった．この会議では何の結論も出ず，スチーブンソンは次のように述べている．

Robert Stephenson（The Science Museum, London）
https://commons.wikimedia.org/wiki/File:Robertstephenson.jpg

　「車軸が使用前に繊維状組織であり，折損時に結晶化している証拠は何もない．この議論はしばらく止めよう．委員諸君が鉄の構造変化という議論で満足しているときに，鉄道技術者の諸君が車軸の折損事故による殺人罪の評決を受けるかもしれないことに留意すべきだ．」

　いつの時代も研究者は，当面解決すべき課題から目をそらせて，いつか明らかとなるつまらぬことを議論して満足するものかもしれない．

# 4 結晶欠陥と拡散

　金属の結晶構造がまったく欠陥のない場合には，その理論強度はわれわれが通常経験するよりもはるかに高い値をとることになる．これを説明するために，格子欠陥と転位という概念が提案され，これによって実際の材料の強度に関してより深く理解できるようになった．また拡散とは原子の移動であり，拡散の速度は時間と温度の関数である．この拡散の概念を知ることは，金属の熱処理について理解するために重要である．この章では，結晶欠陥と拡散の概念について説明する．

## 4.1 結 晶 欠 陥

### a. 結晶欠陥の種類

　材料強度の理論値と実験値の違いは，材料中の微細な欠陥によるものと考えられている．この欠陥として，次のものがある．

① 点欠陥（原子空孔，格子間原子）

② 線欠陥（転位）

③ 面欠陥（結晶粒界，積層欠陥）

④ 空隙（cavity）などの体積状欠陥

　点欠陥は強度に関する限りそれほど重要でないが，拡散現象では重要である．

### b. 点 欠 陥

　点欠陥（vacancy, interstitial atom）としては，図 4.1 に示すように（a）規則正しい結晶格子から原子が 1 つ抜けてできた孔（原子空孔）と，（b）結晶格子の間に余分に原子が存在する場合（格子間原子）がある．格子間原子は一般にその濃度は原子空孔に比べて非常に小さい．原子空孔は温度が上昇すると熱振動がさかんになり，（4.1）式で示されるように，

(a) 原子空孔　　(b) 格子間原子

**図 4.1** 点欠陥

指数関数的に急増する.

$$N = A_0 \exp\frac{-E_f}{KT} \tag{4.1}$$

ここで $N$：原子空孔の平衡濃度, $A_0$：定数, $E_f$：空孔生成の活性化エネルギー, $K$：ボルツマン定数 ($1.38 \times 10^{-23}$ J/K), $T$：絶対温度である. このことから後に述べるように高温になれば拡散が容易に起こることが理解される.

**c. 転　　位**

**1) 刃状転位**　　転位 (dislocation) は実際の工業用材料の強度と理論強度の違いを理解する上で重要である. これを説明するために, 図 4.2(a) に金属の原子配列に途中まで入り込んだ原子面の断面を示す. 図の○で囲んだ5個の原子の並びは乱れており, この乱れは紙面に垂直に1本の線状を呈するわけで, これを転位線という. 図 4.2(b) の立体的に示した図からわかるように, 転位線は結晶の1つの面からほかの表面にまで線状に貫いているものであって結晶の中でその端をもつことはない. また転位線は必ずしも直線に限らず曲線であってもよい.

　図からわかるように, この場合の転位はあたかもたくさん並んだ原子面の中に, 原子面の刃物を上半分の位置まで1枚余分に切込んだものと考えられるので, これを刃状転位 (edge dislocation) と呼ぶ. 上半分の原子は圧縮され, 下半分の原

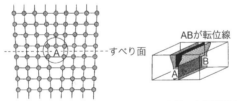

(a) 刃状転位近くの原子の並び方　　(b) 転位の立体模型図
　　　（転位ABを円で示す）

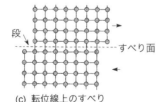

(c) 転位線上のすべり

**図 4.2**　刃状転位の説明

子は膨張し引張力を受けている．このような転位を正の転位と呼び，⊥の符号で表す．明らかに，この欠陥の原子の結合力は完全な原子配列のより小さい．負の転位は⊤の符号で示す．⊥と⊤の転位が同一面上で一緒になると転位は消滅する．刃状転位線とすべり方向は直角である．

　いま，図4.2(c)に示すようにせん断力が作用して塑性変形をさせるとすれば，完全な格子の場合には，すべり面を境にして上下の原子が全部同時に一緒に動く必要がある．この場合の理論的せん断応力 $\tau$ は，

$$\tau = \frac{b}{a}\frac{G}{2\pi} \cong \frac{G}{2\pi} \tag{4.2}$$

ここで，$a$ はすべり面の原子間距離，$b$ はすべり方向における原子間の距離，$G$ はその金属のせん断弾性係数である．

　(4.2)式による理論的限界せん断応力（すべりを起こさせる最小応力のすべり面方向の成分）は，表4.1に示すように非常に大きい値であり，実用金属の測定値はその数千分の1に過ぎない．しかし，転位が存在すれば結合力はそれほど大きくなくて，転位は容易に右の方へ移動する．これが実用金属の理論値よりも低い降伏点の説明である．

**表4.1**　限界せん断応力の理論値と実測値

| 金属名 | 理論的強さ A (MPa) | 実測した強さ B (MPa) | A/B |
|---|---|---|---|
| Cu | 6400 | 1.0 | 6400 |
| Ag | 4500 | 0.60 | 7500 |
| Au | 4500 | 0.92 | 4900 |
| Ni | 1100 | 5.8 | 1900 |
| Mg | 3000 | 0.83 | 3600 |
| Zn | 4800 | 0.94 | 5100 |

**2)　らせん転位**　転位にはほかにらせん転位（screw dislocation）があり，図4.3に立体的模型図を示す．すなわちAB線を中心にして1回転すると，1原子層だけ階段的にずれている場合がある．したがって，らせん転位は転位線とすべりの方向は平行である．

　実際の金属には，鋳造や圧延によってつくられた数百万個の転位が存在する．もちろん転位は原子の大きさのもの

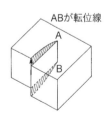

**図4.3**　らせん転位の立体的模型図

であり，その存在や移動は電子顕微鏡によって観察される．ウィスカー（whisker）という名で知られている極端に転位の少ない細線が，理論値に近い限界せん断応力を示す（たとえば，$7 \times 10^3$ MPa）ことが実験的に確かめられている．

### d．面　状　欠　陥

**1）　結晶粒界**　　結晶粒界（grain boundary）は転位や空孔の集まりであり，その厚さは数原子層程度の薄い領域である．結晶粒界には不純物元素が偏析したり，析出物の生成場所となりやすい．これらのことは，結晶粒界の移動を阻止したり，粒界の脆さや強さに大きな影響を与える．

**2）　積層欠陥**　　積層欠陥（stacking fault）は，主に面心立方格子にみられるものである．FCC の稠密面の原子配列は，ABCABCABC…であるが，C の原子が少しずれて A の位置にくると図 3.8 の ABAB の配列になる．これは，すでに述べた HCP の原子の並び方である．そうすると ABCABC<u>ABABAB</u>C…となり FCC の中に，HCP 構造の配列が存在することになる．この積層欠陥はとくに鋼の高温における強度に大きな影響を与える．

**【例題 4.1】**　結晶のすべりが起こった場合に，すべりの最小単位を示す大きさと方向をもつ量をバーガースベクトルといい $\boldsymbol{b}$ で示される．格子定数 $a$ の面心立方格子の $\boldsymbol{b}$ を示せ．

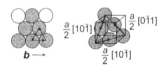

**図 4.4**　FCC のバーガースベクトル $\boldsymbol{b}$

**[解]**　面心立方格子のすべり面は（111），すべり方向は［101］であるから，$\boldsymbol{b}$ は $a/2$［101］であり，実際の長さは $\sqrt{2}a/2$ である．

## 4.2　固　　溶　　体

　食塩と水が完全に溶けあって水溶液ができるように，これと同じ現象が固体の中でも起こる．すなわち，1 つの固体の中にほかの固体が完全に溶けあって，全体に一様な固体が得られる場合がある．このような固体を固溶体（solid solution）という．すなわち，固溶体とは固体の中に他の固体が原子的に溶けあった状態にあるもので，単に機械的に混合したものでなく，通常用いられる電子顕微鏡でも固溶した固体を区別してその存在を認めることはできない．一般に，金属にほかの元素を添加して性質の改善をはかるのは，両者が固溶しあうのが基礎になっており，固溶しない合金元素は間接的な効果を与えるに過ぎない．

### a.　置換型固溶体

　いま，るつぼの中に銅とニッケルを入れ加熱すれば，完全に溶けあった銅とニッケルの固溶体が得られる．それを冷却して結晶を調べれば，FCC構造をしており，その単位胞の軸長 $a$ は銅とニッケルの間にあることがわかる．この構造では，FCCの銅原子とニッケル原子が一部置換（入れ替わる）された構造となっており，置換型固溶体（substitutional solid solution）という（図4.5）．

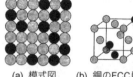

(a) 模式図　　(b) 銅のFCC単位格子への
　　　　　　　　　　ニッケル原子の置換

○ Cu
● Ni

**図4.5**　置換型固溶体

　この構造は原子の相互作用ですべりにくくなっており，純銅やニッケルよりも強度が高い．すなわち合金化により強化することができる．

　元素AにBを添加したとき置換型固溶体を形成するかどうかは，原子の大きさと化学的性質によるところが大きい．ヒューム–ロザリー（Hume-Rothery）の研究によれば，次の条件を満たす場合に固溶体をつくりやすい．

① 　原子半径比が ±15％以内
② 　周期律表で近い元素（電気陰性度が近い）
③ 　金属では同じ結晶構造をもつ

　全組成範囲にわたって，固溶体を形成するものを全率固溶体といい，Au-Ag系，Ni-Cu系などがある．固溶限を超えて添加されると別の相が現れる（析出という）．図4.6は実用材料に用いられる元素について，原子直径を原子番号順に並べたものである．鉄はニッケル，銅，クロム，コバルトなどとは広い固溶範囲をもつことがわかる．

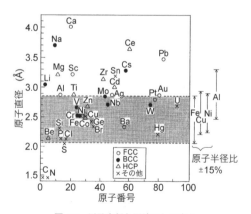

**図4.6**　原子直径と固溶のしやすさ

### b.　侵入型固溶体

　もう1つは侵入型固溶体（interstitial solid solution）（図4.7）と呼ばれるも

ので，母体金属格子の隙間に第二原子
が侵入した構造のものである．この侵
入型固溶体をつくる元素は比較的小さ
い原子半径をもつ元素，たとえば，水
素，炭素，ボロン，窒素などである．
炭素は鉄と侵入型固溶体をつくり，い
わゆる鋼として知られている．図 4.7

(a) 模式図　　　(b) 鉄のFCC単位格子への
　　　　　　　　　　　炭素原子の侵入

**図 4.7**　侵入型固溶体

(b) は，鉄の FCC 構造に侵入した炭素原子の位置が各辺の中点と体心の位置で
あることを示している．

**【例題 4.2】**　銅 Cu を母体（溶媒）として，アルミニウム Al，ニッケル Ni，クロム Cr
が置換型固溶体をつくるかどうか論ぜよ．各元素の性質は表 4.2 の通りである．

**表 4.2**　各種金属原子の大きさや電気陰性度

| 元素 | 原子半径（Å） | 結晶構造 | 原子量 | 電気陰性度 |
|------|------------|---------|-------|-----------|
| Cu | 1.28 | FCC | 63.54 | 1.9 |
| Al | 1.43 | FCC | 26.98 | 1.5 |
| Ni | 1.25 | FCC | 58.71 | 1.8 |
| Cr | 1.25 | BCC | 52.01 | 1.6 |
| Fe | 1.24 | BCC | 55.85 | 1.8 |

**［解］**　原子半径の差は次のようになる．

　Cu-Al＝＋11.7%，　Cu-Ni＝－2.3%，　Cu-Cr＝－2.3%，　Cu-Fe＝－3.1%．

　すべての元素の大きさの差は±15%以内にある．また電気陰極性も大きな差はない．
しかし，Cr は BCC 構造であり銅の FCC とは異なっているので，Cu-Cr の固溶はそれ
ほど期待できない．

　以上より予想されるように，実際の固溶の程度（atomic%）は Ni 100%，Al 17%，
Cr＜1%，Fe＜1%である．

　元素 A と B の wt%を $x(\%)$，$y(\%)$ $(x+y=100\%)$，at%を $a(\%)$，$b(\%)$ $(a+b=100\%)$，おのおのの原子量を $M_A$，$M_B$ とすれば，wt%と at%換算は次のように求められる．

$$a(\%) = \{(x/M_A)/(x/M_A+y/M_B)\} \times 100$$
$$x(\%) = \{aM_A/(aM_A+bM_B)\} \times 100$$

# 4.3　拡　　　　　　散

## a.　拡散の種類

拡散とは原子の移動であり，気体，液体，固体のいずれにも起こる．とくに固

体金属結晶中における他の元素の拡散移動は工業的にも重要であり，鋼の焼入れ・焼戻し，熱処理，浸炭，窒化，酸化などすべて固体金属中の元素の拡散に関係している．

固体金属中の元素の拡散には，図 4.8 に模式的に示すように，(a) 他の元素が金属の表面を拡散移動する場合，(b) 結晶の粒界を拡散する場合，(c) 結晶格子内を他の元素が拡散移動する場合がある．一般に金属の拡散とは (c) の格子内拡散をさす場合が多い．同種金属原子間でも原子の拡散は起こり，これを自己拡散という．

固溶体に置換型固溶体と侵入型固溶体があるように，固体金属中の拡散にも侵入型と置換型の 2 つの機構がある．侵入型拡散は水素，炭素，窒素などの原子の大きさの小さい非金属元素が関与したもので，これらの元素は侵入位置へ次から次へと移動していき拡散速度は著しく速い．置換型拡散は金属原子どうしの拡散であり，その機構は原子が互いに直接その位置を交換して移動するのではなく，結晶の中の格子欠陥とくに原子空孔を媒介とする拡散である．注意深くつくられた単一結晶内にも多数の空孔があり，その数は温度が高いほど多い．これは (4.1) 式で示したように高温ほど空孔の数が増加するからである．さらに結晶粒界や転位も拡散の経路となる．

### b. フィックの第一法則

固体金属中における他原子の拡散移動の基本的関係は，熱伝導の理論と同じである．いま図 4.9 に示すように，濃度の高い水素ガスが厚さ $x$ の鋼板を通り，濃度の低い側へ流れたとすると，$H_2$ の流速は $-D(\Delta C/\Delta x)$ で表される．ここで $\Delta C/\Delta x$ は濃度勾配で，$D$ は拡散係数と呼ばれる材料に依存したその温度での定数である．$D$ の単位は $cm^2/sec$，工業的には $cm^2/day$ が用いられている．なお，符号に

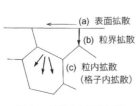

図 4.8   固体中の拡散経路

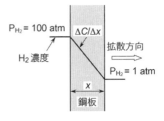

図 4.9   鋼板中を通る水素の流速

マイナスを付けるのは拡散は常に濃度勾配の負の方向に起こるからである．

　一般には上式を書き換えて，流束（拡散の方向に沿って単位断面積を単位時間に拡散する溶質の量）を $J$ として，

$$J = -D\frac{dc}{dx} \tag{4.3}$$

で表し，フィックの第一法則と呼んでいる．

**c. フィックの第二法則**

　フィックの第一法則は定常状態の関係を示すものであるが，流束 $J$ が時間によって変化することを考慮して次式で表す．これをフィックの第二法則という．

$$\frac{dc}{dt} = D\frac{d^2c}{dx^2} \tag{4.4}$$

この式を解いて，次式が得られる．

$$\frac{C_S - C_x}{C_S - C_0} = \mathrm{erf}\left[\frac{x}{2\sqrt{Dt}}\right] \tag{4.5}$$

$$\frac{C_x - C_0}{C_S - C_0} = 1 - \mathrm{erf}\left[\frac{x}{2\sqrt{Dt}}\right] \tag{4.6}$$

ここで，$C_S$ は表面における溶質の濃度，$C_x$ は表面から $x$ の距離の時間 $t$ における溶質の濃度，$C_0$ は溶質濃度の初期条件，$t$ は時間，$x$ は表面からの距離，$D$ は拡散係数である．erf は誤差関数と呼ばれるもので，表 4.3 に示すように $z = x/\{2\sqrt{Dt}\}$ が与えられれば求められる．

表 4.3　誤差関数表

| $z$ | $\mathrm{erf}(z)$ | $z$ | $\mathrm{erf}(z)$ | $z$ | $\mathrm{erf}(z)$ | $z$ | $\mathrm{erf}(z)$ |
|---|---|---|---|---|---|---|---|
| 0 | | 0.40 | 0.4284 | 0.85 | 0.7707 | 1.6 | 0.9763 |
| 0.025 | 0.0282 | 0.45 | 0.4755 | 0.90 | 0.7970 | 1.7 | 0.9838 |
| 0.05 | 0.0564 | 0.50 | 0.5205 | 0.95 | 0.8209 | 1.8 | 0.9391 |
| 0.10 | 0.1125 | 0.55 | 0.5633 | 1.0 | 0.8427 | 1.9 | 0.9928 |
| 0.15 | 0.1680 | 0.60 | 0.6039 | 1.1 | 0.8802 | 2.0 | 0.9953 |
| 0.20 | 0.2227 | 0.65 | 0.6420 | 1.2 | 0.9103 | 2.2 | 0.9981 |
| 0.25 | 0.2763 | 0.70 | 0.6778 | 1.3 | 0.9340 | 2.4 | 0.9993 |
| 0.30 | 0.3286 | 0.75 | 0.7112 | 1.4 | 0.9523 | 2.6 | 0.9998 |
| 0.35 | 0.3794 | 0.80 | 0.7421 | 1.5 | 0.9661 | 2.8 | 0.9999 |

**d. 拡 散 係 数**

フィックの法則から拡散速度は拡散係数 $D$ に比例することがわかるが，$D$ は温

表4.4 鉄における拡散の活性化エネルギー

| 鉄の状態 | 拡散する金属 | $A(\text{cm}^2/\text{sec})$ | $Q(\text{kcal/mol})$ |
|---|---|---|---|
| $\alpha$-Fe | Fe | 2.0 | 57.5 |
| $\gamma$-Fe | Fe | 0.49 | 67.9 |
| $\gamma$-Fe | Ni | 3.0 | 75.0 |
| $\gamma$-Fe | Cu | 9.8 | 76.3 |
| $\gamma$-Fe | C | 0.25 | 34.5 |
| $\gamma$-Fe | N | 0.2 | 36.0 |

度とともに大きくなる. これは当然, 温度が高いほど原子の動きは活発であり空孔の数が増えるからである. この関係式は次式で表される.

$$D = A \exp\left(\frac{-Q}{RT}\right) \tag{4.7}$$

ここで, $Q$ は拡散の活性化エネルギーといわれるもので, 拡散現象を起こさせるのに必要なエネルギーである. また, 温度に依存しない定数であり, 金属あるいは合金の種類によって異なる. $R$ はガス定数, $T$ は絶対温度, $A$ は温度に依存しない金属によって異なる定数である. この式は原子空孔の温度依存の (4.1) 式と同じ形をしている. (4.7) 式は対数をとれば,

$$\ln D = \ln A - \frac{Q}{RT} \tag{4.8}$$

となるから, $\ln D$ と $1/T$ は直線関係にある. この関係は重要で, 2 つの温度で $D$ を求めれば, 任意の温度での $A$ と $Q$ を求めることができる. 表4.4 に $A$ と $Q$ の例を示す.

図 4.10 は鉄中の元素の拡散係数を示す. 侵入型固溶体をつくる原子半径の小さい元素 (C, H, N, B) は拡散速度は大きいことがわかる.

### e. 拡散の工業的応用

拡散を工業的に応用しているいくつかの例を挙げる.

(1) 浸炭, 窒化, 浸硫などの表面硬

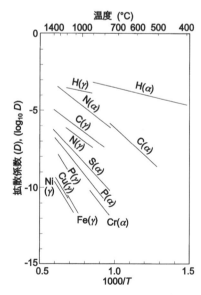

図 4.10 鉄中の元素の拡散係数 [17]

化がある．浸炭歯車では炭素濃度の高い雰囲気に歯車を入れて加熱することによって，表面は高い炭素の成分にし，耐摩耗性を高めたものである．拡散層の下は靭性の高い低炭素鋼であり，全体として優れた性能をもった歯車が得られる．

　（2）　クラッドは材料の特性を活用した複層材料である．たとえばニッケルと炭素鋼を重ね合わせて熱間圧延すれば，その境界の成分は図4.11に示すようになる．図にみられるように，異種金属の境界は機械的に結合されているのではなく，境界面の化学成分は徐々に変化しており，冶金的に結合されていることがわかる．また航空機用材料にアルミニウムクラッドが用いられているが，これは耐食性の劣る合金の表面に純アルミニウムをクラッドしたものであり，これも拡散の応用である．耐食性のよいステンレス鋼やチタニウムを強度の高い鋼材とクラッドして，ダムの水門，塗装しにくい橋梁の一部，化学工業装置に用いられている．ニッケルと銅をクラッドしたバイメタルは温度調整用接点として，アルミニウムや銅と鋼板をクラッドしたものは熱伝導性と電磁加熱性を兼ね備えた調理器具として広く用いられている．

　（3）　めっきも拡散を利用したものである．自動車用鋼板は溶融した亜鉛に鋼板を浸漬して亜鉛を付着したものであるが，さらに数百℃で加熱を行い鉄と合金化させ，耐食性のよい溶融亜鉛合金化めっき鋼板が車体に用いられている．そのほか，偏析を除去するための拡散焼なましや拡散を利用した変態・析出の制御など，拡散は幅広く用いられている．

**【例題 4.3】**　歯車のように接触して回転する機械部品は，靭性の高い材料を用いて，表

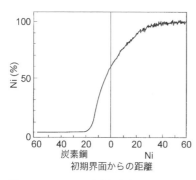

**図 4.11**　ニッケル−炭素鋼接合面の化学成分
　　　　の変化

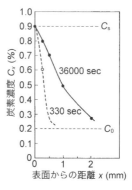

**図 4.12**　歯車の炭素濃度分布

面の硬度を高くして用いられる. これは $0.1 \sim 0.2\%$ C 鋼の表面から炭素を拡散させた後（浸炭という）, 焼入れを行う. (1) $\gamma$ 鉄中の炭素の拡散に関して, $A = 0.25$ cm$^2$/sec, $Q = 34.5$ kcal/mol である. 1000 ℃ における拡散係数 $D$ を求めよ. (2) $0.2\%$ C 鋼の歯車を高温の炭化水素雰囲気（$CH_4 \rightarrow C + 2\,H_2$）または $CO + CO_2$ 雰囲気（$2CO \rightarrow C + CO_2$）に置き, 表面の炭素濃度を $0.9\%$ に調整した熱処理を行った. 1000 ℃ で 10 時間後の表面下 0.025 cm, 0.05 cm, 0.1 cm, 0.2 cm の位置での炭素量を求めよ. (3) 深さ 0.025 cm の位置での炭素濃度を $0.60\%$ にするのに必要な時間を求めよ.

[解] (1) $D = A \exp(-Q/RT)$ から

$$D = 0.25 \text{ cm}^2/\text{sec} \times \exp \frac{-34500 \text{ cal/mol}}{1.987 \text{ cal/mol·K} \times 1273 \text{ K}}$$

$$= 0.30 \times 10^{-6} \text{ cm}^2/\text{sec}$$

(2) $$\frac{C_S - C_x}{C_S - C_0} = \text{erf} \frac{x}{2\sqrt{(Dt)}}$$

に $C_S = 0.9$, $C_0 = 0.2$, $D = 0.30 \times 10^{-6}$, $x = 0.025$ を代入して

$$\frac{x}{2\sqrt{Dt}} = \frac{0.025}{2\sqrt{0.30 \times 10^{-6} \times 36000}} = 0.1203$$

$z = 0.10$, $\text{erf}(z) = 0.1125$ と $z = 0.15$, $\text{erf}(z) = 0.1680$ の補間により

$$\text{erf}(0.1203) = 0.1125 + \frac{0.1680 - 0.1125}{0.15 - 0.10} \times (0.1203 - 0.10) = 0.1350$$

$$= \frac{0.9 - C_x}{0.9 - 0.2}$$

したがって $C = 0.8\%$. 同様に $C_{0.05} = 0.71\%$, $C_{0.1} = 0.50\%$, $C_{0.2} = 0.28\%$（図 4.12）.

(3) $$\frac{C_S - C_x}{C_S - C_0} = \frac{0.9 - 0.6}{0.9 - 0.2} = 0.4286 = \text{erf}(z)$$

$$\frac{x}{2\sqrt{Dt}} = \frac{0.025}{2\sqrt{0.30 \times 10^{-6} \times t}} = 0.40$$

$$t = 3.3 \times 10^2 \text{ sec}$$

## 演 習 問 題

**4.1** 同一すべり面に符号の異なる刃状転位があるとする. この結晶のすべり面に平行にせん断力が働くと転位はどのようになるか.

**4.2** 浸炭熱処理は通常 925 ℃ で行われる. 熱処理時間を短縮するために 1000 ℃ で浸炭を行いたい. (1) 925 ℃ と 1000 ℃ での拡散係数を求めよ. (2) $0.2\%$ C 鋼の表面炭素濃度を $0.9\%$ C に調整した場合, 925 ℃ で 10 時間後の表面下 0.025 cm の位置で

の炭素量を求めよ．(3) 同じ処理を 1000 ℃ で行った場合，表面下 0.025 cm の炭素濃度が同じになる時間はいくらか．(4) 925 ℃ の浸炭温度を 1000 ℃ に上げた場合に工業的に留意すべき事項は何が考えられるか．

**4.3** 拡散の活性化エネルギーを $Q = 40$ kcal/mol とすると，1000 K での拡散係数の 10 倍の拡散係数になる温度はいくらか．

**4.4** 偏析を減少させる熱処理を拡散焼なましという．位置 A の濃度を $C_S$，$x$ だけ距離の離れた位置 B の濃度はゼロの材料を考える．拡散焼なましにより位置 B の濃度を $0.5\,C_S$ としたい．この均質化のための熱処理時間 $t$ は，ほぼ $x^2/D$ であることを示せ．

--- **Tea Time** ---

### 高 速 鉄 道

　鉄道の高速化は誰しもが夢見るロマンあふれるテーマである．わが国においては 1964 年に最高速度 200 km/h を常時維持して，東京－大阪間を約 3 時間で結ぶ世界最速の新幹線が華々しくデビューした．以来，大事故もなく運転されているのは世界でも例がなく，わが国の鉄道技術，メンテナンス技術の高さを示している．

　世界の高速鉄道について，1998 年に発表されたデータからみてみよう．日本（広島～小倉間 192 km，列車「500 系のぞみ」，平均速度 $V_a$ 262 km/h，最高速度 $V_m$ 300 km/h），フランス（リール～ロワッシー間 203 km．「TGV－R」，$V_a$ 254 km/h，$V_m$ 300 km/h），スペイン（マドリード～セビリア間 471 km，「AVE」，$V_a$ 209 km/h，$V_m$ 300 km/h），ドイツ（ベルツブルグ～フルダ間 93 km，「ICE」，$V_a$ 200 km/h，$V_m$ 280 km/h）などが報告されている．営業運転の最高速度は 300km/h であるが，停車駅間の平均速度では「のぞみ」が世界最高速度である．この記録も技術の進歩とともにまもなく塗り替えられるであろう．

　このように鉄道の高速化と快適性の追求は，車両構造，材料，システムの進歩とともにこれから続いていくことであろう．同時に，環境問題や安全性に配慮した次世代の交通システムがますます重要になってくる．

# 5 状 態 図

いままでは純金属や固溶体などの単相金属について述べたが，実際の機械・構造物に用いられる材料は高い強度や耐摩耗性を与えるために，分散強化や析出硬化処理を行った多相金属である．これらの金属の微細構造は，鋳造されたままの組織とは異なり，その後の熱間加工や熱処理などの過程でつくられた構造である．単相合金の場合は，金属中の結晶は同じ構造をもち同じ性質を示すものであったが，多相合金の場合には複数の異なった相が存在する．1つの合金の中で異なった固相を $\alpha$ や $\beta$ などのギリシャ文字で表示し，異なった液相の場合には $L_1$，$L_2$ で表す．多相合金の構造を知るためには，合金の相や構造を化学成分と温度の関係として表示した状態図を理解することが基礎となる．

## 5.1 金属の凝固

### a. 凝固の状態

溶融した金属を鋳型に注入すると，図 5.1(a) に模式的に示したように，① 鋳型に接した部分では急速に冷却されるので，チル層と呼ばれる微細な結晶の層と

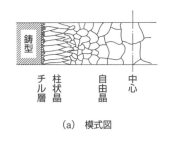

(a) 模式図

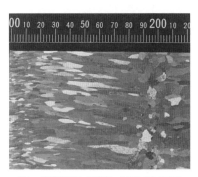

(b) 連続鋳造した鋳片（SUS430 の例）

図 5.1 凝固組織

なる．② その内部は，チル層の微細結晶を核として，鋳型の面に垂直に内部に向かって柱状晶ができる．③ さらに内部では自由晶と呼ばれる粒状組織となる．これは中心に向かうほど大きくなる．

### b. 凝 固 偏 析

溶融金属が鋳型の中で凝固する場合に，不純物は最後に固まる部分に集まる傾向がある．このような理由でできた濃度むらを偏析という．実際の偏析は非常に複雑であるが，大別するとマクロ偏析（macro segregation）とミクロ偏析（micro segregation）に分けられる．ミクロ偏析は結晶偏析，樹枝状偏析（dendritic segregation，図 5.2）ともいう．

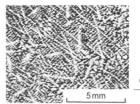

(a) 樹枝組織

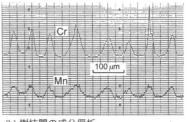

(b) 樹枝間の成分偏析

**図 5.2**　偏析部分の成分変化

たとえば溶鋼中のごく一部に着目した場合に，溶鋼が凝固点に達するとその中に小さな結晶（核）ができ，この結晶は特定の方向に成長して枝分かれして樹枝状になる．最後に樹枝間も凝固して1つの結晶粒ができる．そのために，はじめに固まった幹や枝の部分には不純物が少なく，後から固まった残りの部分には不純物が多くなる．このようにしてできた小範囲の偏析がミクロ偏析である．

偏析の現象を理解するためには，最初に晶出する結晶の成分が液相の成分と違うことを理解する必要がある．また，平衡状態を保つために最初に晶出した固体の成分が，凝固が進むとともに拡散によって変化することがある．しかし，固体中で拡散の時間が十分でない速度で冷却されれば，最初に生成した部分と後から生成した部分の濃度が異なる．これが偏析の原因である．

## 5.2　二元合金の平衡状態図

### a. 純金属および全率固溶型

平衡状態図は平衡状態，すなわちきわめてゆるやかに加熱・冷却が行われた場合における相の状態を示したもので，状態図に描かれている線は変態点の集まり

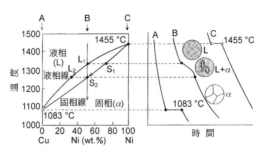

**図 5.3**　全率固溶型 Cu-Ni 平衡状態図

で，それを境にして相が変化する．

　図 5.3 は全組成範囲にわたって，互いに固溶しあう（全率固溶型）Cu-Ni 合金の平衡状態図を示したものである．この図の両端は Cu と Ni の純金属である．

　A，C を液体から冷却すると，おのおのの凝固点 1083 ℃，1455 ℃ までは単調な冷却曲線であるが，凝固が終了するまでは，凝固の潜熱のため温度が一定である．凝固が終了すると，再び単調な冷却曲線を示す．

　B の成分を冷却すると，$L_1$（$S_1$）の温度で固相（$\alpha$）が晶出しはじめる．このように最初に晶出する結晶を初晶（primary crystal）という．$L_1$（$S_1$）の温度までは単調な冷却曲線であるが，$L_1$（$S_1$）〜$L_2$（$S_2$）の間では固相 $\alpha$ の晶出による凝固潜熱のため冷却曲線はなだらかになる．凝固が完了すると再び単調な冷却曲線を描く．

　合金の場合の特徴は，液相とこの中に晶出する固相の組成が異なることである．B の組成をゆっくり凝固させると，液相中に晶出する固相は，液相 $L_1$ と平衡する固相 $S_1$ であり，冷却が進むにしたがって液相の組成は $L_1$→$L_2$ へと変化する．同様に，固相の組成は $S_1$→$S_2$ へと変化する．

　このようにすべて液相である境界線を液相線（liquidus line），すべて固相である境界線を固相線（solidus line）という．状態図は鋳造温度と熱処理温度を決めるのに重要である．鋳造温度が高すぎると鋳型との反応で表面が荒れるし，低すぎれば鋳型との間に隙間ができた不完全な形状となる．通常，鋳造温度は液相線より約 110 ℃ 高い温度が選ばれる．合金の凝固温度は，上昇（Cu に Ni 添加）または降下（Ni に Cu 添加）する．

　固相線は熱処理の最高加熱温度を示すもので，実際の作業では，この線より 20

℃以下の温度が選ばれている．これは不純物などが存在すると，溶融温度が低下するおそれがあるからである．

### b. 相の化学成分と量の計算

相の割合と化学成分は，平衡状態図を用いて求めることができる．全率固溶体の模式図（図5.4）を用いて説明しよう．いま A, B 二元合金において $c_0$ の化学成分の合金の $T$ の温度における相の割合を求めてみよう．

温度 $T$ において水平線を引き，各単相領域との境界の交点 a, b で垂直に線を引き横軸との交点 $a_0$, $b_0$ を求める．

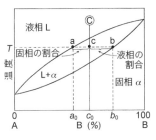

**図 5.4** 相の化学組成と量の求め方

(1)　L 相の組成は B 元素が $a_0$ （%），A 元素は $100-a_0$ （%）

$\alpha$ 相の組成は B 元素が $b_0$ （%），A 元素は $100-b_0$ （%）

(2)　L 相の割合は $(b_0-c_0)/(b_0-a_0)$

$\alpha$ 相の割合は $(c_0-a_0)/(b_0-a_0)$

これをてこの法則（lever rule）という．

(3)　100 g 中の L 相の重量を $X$(g) とすれば，$\alpha$ 相の重量は $100-X$(g) であるから，次の式により $X$(g) を求めることができる．

$$a_0X+b_0(100-X) = 100\,c_0, \quad X = \frac{b_0-c_0}{b_0-a_0}\times 100$$

(4)　各相の比重がわかれば，上式の重量を比重で割って各相の体積が求まる．

### c. 共晶型と共析型

共晶型の状態図の例として，図5.5に（a）Al-Si 系，（b）Fe-C 系，（c）Al-Si 系の拡大図を示す．液相 L からの冷却時における相の変化は全率固溶型と同じであるが，共晶型の特徴は共晶温度（Al-Si 系では 577 ℃）において，L, $\alpha$, $\beta$ の三相が平衡する．すなわち共晶温度においては

液相(L) ⟶ 固相($\alpha$)＋固相($\beta$)

の変化が進行する．このように液相から 2 種類の固相が同時に晶出する反応を共晶反応（eutectic reaction）という．図5.5(c) 中の a では共晶点（577 ℃）でこの反応が終了するまで温度は一定である．b では液相線と交わる温度 $T$ において $\alpha$ 相が晶出する．共晶温度まで $\alpha$ 相が増加しながら単調に冷却し，共晶温度にお

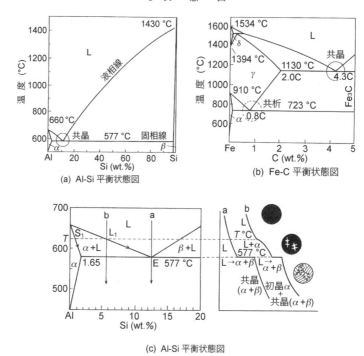

図 5.5  共晶型・共析型状態図

いて共晶反応が終了するまで温度が停留する．反応終了後は再び単調に冷却される．最終組織は初晶 $\alpha$＋共晶$(\alpha+\beta)$ である．

　共晶組成の合金は構成する金属の融点よりさらに低い融点をもつので，はんだやヒューズなど低溶融の合金をつくることができる．

　図 5.5(b) に示されているように，共晶と似た相変化が Fe-0.8% C 鋼の 723 ℃で起こる．この反応は液相からではなく，

　　固相 $\gamma$（オーステナイト）——→固相 $\alpha$（フェライト）＋固相 Fe$_3$C（セメンタイト）

の変化であり，共析反応（eutectoid reaction）と呼ばれる．共析組織はフェライト＋セメンタイトが層状に並んだ組織であり，パーライトと呼ばれる．鉄鋼材料では重要な強化組織である．

**【例題 5.1】** Al–Si の平衡状態図（図 5.6(a)）において，次の問に答えよ．
(1) Al-1.0% Si 合金を 700 ℃ から冷却していくとき，液相線と固相線の温度を示せ．
(2) この合金を 470 ℃ および 550 ℃ に再び加熱したときの組織はどのようなものか．

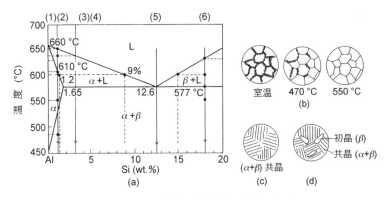

**図 5.6** Ai-Si 平衡状態図と加熱・冷却時の組織

(3) Al-3% Si 合金を 700 ℃ から 600 ℃ まで冷却した場合の液相と固相の割合を重量比で示せ．(4) この合金を 577 ℃ の共晶温度直下に保持した場合の組織の割合を示せ．(5) Al-12.6% Si の共晶合金を 650 ℃ から冷却した場合の組織は時間とともにどのように変化するか．(6) Al-18% Si 合金を 650 ℃ から冷却した場合に，600 ℃，577 ℃ の組織の割合を示せ．また 500 ℃ ではどのような組織になるか．ただし $\beta$ 相は 99% の Si を含むものとする．

[**解**] (1) 1% Si の縦の線と液相線および固相線の交点の温度を求め 650 ℃ と 610 ℃ を得る．650 ℃ 以上ではすべて液相 L，610 ℃ 以下ではすべて固相 $\alpha$，この間の温度では L+$\alpha$ 二相状態である．

(2) 常温では $\alpha$ 相の粒界に $\beta$ 相が析出している．470 ℃ になると $\alpha$ 相の粒界に析出する $\beta$ 相が減少する．550 ℃ では $\alpha$ 相単独となる（図 5.6(b)）．

(3) 600 ℃ の水平線と固相線の交点は 1.2 wt% Si，液相線 9.0 wt% Si である．したがって，

$\alpha$ 相の割合は $(9-3)/(9-1.2)\times100 = 76.9$ wt%

L 相の割合は $(3-1.2)/(9-1.2)\times100 = 23.1$ wt%

(4) 577 ℃ においては組織は初晶の $\alpha$ と共晶 ($\alpha+\beta$) である．

$\alpha$ 相の割合は $(12.6-3)/(12.6-1.65)\times100 = 87.4$ wt%

$\alpha+\beta$ 相の割合は $(3-1.65)/(12.6-1.65)\times100 = 12.3$ wt%

別の見方として共晶組織 ($\alpha+\beta$) は $\alpha$ 相と $\beta$ 相からなるので，$\beta$ 相の Si の固溶限を 99% とすれば，

全 $\alpha$ 相の割合は $(99-3)/(99-1.65)\times100 = 98.6$ wt%

全 $\beta$ 相の割合は $(3-1.65)/(99-1.65)\times100 = 1.4$ wt%

(5) 577 ℃ までは液相 L である．577 ℃ の共晶温度において，液相から ($\alpha+\beta$) の

共晶組織が晶出しはじめ，共晶反応が終了すると温度は単調に低下する．常温では（$\alpha$ ＋$\beta$）の層状の共晶組織である（図5.6(c)）．

（6） 600℃で水平に引いた液相線との交点は15% Siであり，この温度ではL+$\beta$二相である．

   L相の割合 ＝ $(99-18)/(99-15) \times 100 = 96.4$ wt%

   $\beta$相の割合 ＝ $(18-15)/(99-15) \times 100 = 3.6$ wt%

577℃ではL相が（$\alpha+\beta$）の共晶組織となる．

   $\beta$相の割合 ＝ $(18-12.6)/(99-12.6) \times 100 = 6.2$ wt%

   （$\alpha+\beta$） 相の割合 ＝ $(99-18)/(99-12.6) \times 100 = 93.8$ wt%

500℃においても $\beta$ 相の Si 濃度が変わらないとすれば，この組織は変化なく，（$\alpha+\beta$） 共晶組織に初晶の $\beta$ が6.2%分散した組織である（図5.6(d)）．

### d. 偏晶型（monolectic reaction）

金属間で Fe と Pb のように相互にまったく溶け合わないものもあるが，図5.7に示す Cu-Pb 系のように液体状態で一部溶け合うものもある．この系の相変化はa成分においては固相（純 Cu）を晶出しながら，液相線に沿って冷却される．954℃の偏晶温度では液相 $L_1$ から Cu が晶出するとともに，$L_1$ は Cu 濃度の低い $L_2$ に変わる．bの偏晶成分においても Cu と $L_2$ に変わる．cの成分においては，液相 $L_1$ と $L_2$ が平衡しながら冷却され，

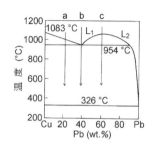

**図 5.7** 偏晶型 Cu-Pb 状態図

954℃では a，b の場合と同じ反応が起こる．すなわち，偏晶反応は

   液相($L_1$) ⟶ 固相($\alpha$)＋液相($L_2$)

のように変化する．

### e. 包晶型と包析型

包晶反応（peritectic reaction）は，晶出した固相がその融点以下で液相と反応して，新しい別の固相を生じる反応である．図5.8に Fe-C 状態図を示す．0.09% C 以下および0.53% C 以上の組成の鋼の液体からの冷却については，これまで述べてきた通りである．

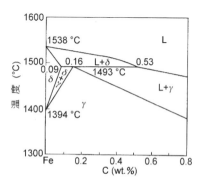

**図 5.8** 包晶型 Fe-C 状態図

　0.09% C と 0.53% C の間による鋼の冷却時の変化をみてみよう．包晶温度
（1493℃）までは，固相（δフェライト）が液相から晶出しながら冷却される．こ
の温度においては，すでに晶出しているδフェライト（0.09% C）と残りの液相
（0.53% C）が反応して新しい固溶体γ（オーステナイト）が生成する．すなわち，
包晶反応は，

　　　　固相(δ)＋液相──→固相(γ)

のように変化する．この場合，液相中に晶出したδの表面ではγが容易に生成さ
れるが，δ内部まで反応が進行するのは容易ではない．これはあたかもγがδの
表面を包んでいるような型をしているので包晶と名づけられた．
　包晶温度以下の相の変化についてもすでに説明したものの応用で理解されよ
う．包晶反応と同じ反応が固相間でも起こる．固相(α)＋固相(β)→固相(γ)の反
応を包析反応（peritectoid reaction）という．

## 5.3　中間固溶体と金属間化合物

　複数の金属を合金化した場合に，その中間に現れる相で成分金属とは異なった
結晶構造をもつ固溶体を中間固溶体（intermediate solid solution）という．この
ような中間相のうち化合物となっているものを金属間化合物（intermetallic
compound）という．金属間化合物は組成範囲が狭く，金属的性質の少ないもの
が多い金属元素間，あるいは金属元素と非金属元素，半金属とで構成され，その
他化合物相の種類は数多い．金属間化合物は一般に硬くて脆い．近年の研究によ
り従来の材料にみられない特徴がみつかり，新材料として脚光をあびている．図

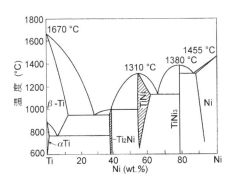

**図 5.9**　Ti-Ni 合金中の金属間化合物

5.9 に示した Ti-Ni 状態図で示される TiNi は形状記憶合金として用いられる. 耐熱材料や高強度鋼中の析出物として $Ni_3Al$, $Ni_3Ti$, $NiAl$, $TiAl$, 水素吸蔵合金として FeTi, $LaNi_5$, $Mg_2Cu$, $Mg_2Al_3$, 磁性材料として $SmCo_5$, FeCo, MnAl, $Nd_2Fe_{14}B$, 超電導材料として $Nb_3Sn$, $Nb_3Ge$, 半導体材料として GaAs, InSb, CdSe など将来の材料として注目されている.

## 5.4　三 元 状 態 図

多くの合金は二成分系ではなく多成分系である. たとえば, SUS 304 は Fe-18

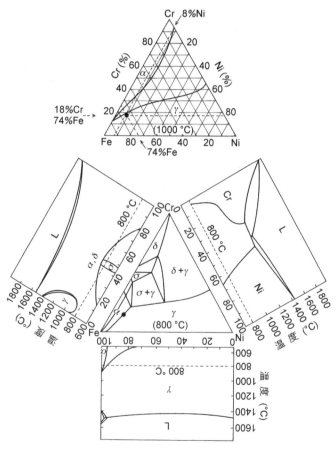

図 5.10　Fe-Ni-Cr 三元系の等温状態図および二元状態図

Cr-8 Ni が主成分のオーステナイト系ステンレス鋼である．このような三元系の状態の表示を図 5.10 に示す．三角形の頂点がそれぞれ 100% Fe, 100% Ni, 100% Cr をとり，図のような座標で成分を表す．この三角形で表示された状態図は等温におけるものであり，温度については各温度における状態図を調べ，垂直方向に温度軸をとった三角柱の立体的表示が必要となる．

　三元状態図は合金の設計にきわめて重要なものである．第三元素の添加は合金の融点を下げる．たとえば，51% ビスマス，40% 鉛，9% カドミニウムの合金は 100 ℃ の沸騰水の温度で融解するが，それぞれの融点は 271，327，320 ℃ である．このタイプの合金は，火災時のスプリンクラーの栓に用いられている．

## 演 習 問 題

例題 5.1 に示した Al-Si 二元状態図（図 5.6）をもとに次の問に答えよ．

**5.1** Al-1% Si 合金を 550 ℃ より徐冷した場合と急冷した場合の組織にはどのような違いがあるか，定量的に説明せよ．

**5.2** Al-5% Si 合金を 650 ℃ から冷却する．
(1) 固相 $\alpha$ が晶出しはじめる温度を求めよ．
(2) 600 ℃ において液相 L と初晶 $\alpha$ の wt% を求めよ．
(3) 600 ℃ 中の $\alpha$ 相中の Si の wt% を求めよ．
(4) 600 ℃ 中の L 相中の Si の wt% を求めよ．
(5) 577 ℃ において共晶反応が完了したときの初晶 $\alpha$ と共晶（$\alpha+\beta$）の wt% を求めよ．
(6) 共晶反応でできた $\alpha$ と $\beta$ の wt% を求めよ．

**5.3** (1) Al-Si 合金が 577 ℃ の共晶温度において，68% の初晶と 32% の共晶（$\alpha+\beta$）が生成した．この合金の組成を求めよ．(2) この場合の全 $\alpha$ 量はいくらか．

# 6 　金属の強化法

　金属の塑性変形は金属原子間のすべりであり，このすべりには転位が大きな影響を及ぼすことをすでに述べた．金属の強化はこの転位を制御することによって行われている．この章では，金属の強化方法の概念について説明する．

## 6.1 　金属の強化法

　金属の強さは格子欠陥（とくに転位）の挙動に左右される．実用金属では転位をなくすことは不可能であるので，転位が動きにくくする方法によって強化を図っている．
　強化法としては，① 固溶強化，② 結晶粒微細化，③ 変態強化，④ 析出硬化，⑤ 加工硬化がある．

### a. 固溶強化

　4.2 節で固溶体には置換型固溶体と侵入型固溶体があることを説明した．金属原子の大きさは原子によって大きく異なっている．したがって，母体となる元素に大きさの異なる元素を固溶させると，溶質原子はその周囲の結晶格子をひずませる．このような格子ひずみをもった格子面は，同じ大きさの原子が並んでいる場合よりも転位が動くためにより大きなエネルギーを要し，強度が上昇する．図6.1 は，極軟鋼に元素を添加した際の強度の上昇を示したものである．固溶強化には原子間の結合力も考慮する必要があるが，原子の大きさの影響が大きいことがわかる．炭素や窒素は原子の直径がそれぞれ 1.54 Å, 1.50 Å と鉄原子と比較し

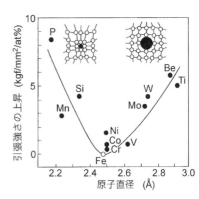

**図 6.1** 　極軟鋼の強度上昇に及ぼす固溶素の影響

てきわめて小さいので強化作用が大きいが，多量に固溶することができず，固溶限度を超えると析出が起こる．

**b. 結晶粒微細化による強化**

金属にはすべりやすい面と方向がある．多結晶体に引張力が加わるとこれと45°の方向のせん断応力が最大となるので，その方向にすべり面，すべり方向がある結晶粒はもっともすべりやすく，変形しようとする．しかし，隣接結晶粒は方位が異なるので，このすべりやすい結晶粒の変形を拘束することになる．このように粒界はすべりを阻害するので結晶粒の小さい（細粒の）材料は強度が高い．この関係は，ホール-ペッチ（Hall–Petch）の式として知られている．

$$\sigma = \sigma_0 + kd^{-1/2} \tag{6.1}$$

ここで，$\sigma$ は降伏応力，$d$ は結晶粒径，$\sigma_0$ と $k$ は材料によって決まる定数である．図 6.2 に鉄合金の結晶粒径と降伏応力の関係を示す．BCC 金属ではすべり系は $\{110\}\langle111\rangle$ であるので，粒界がすべりを阻止するには，隣接する結晶粒間での方位が少なくとも 10° 以上の差（大傾角粒界という）が必要である．

シャルピー衝撃試験における脆性破壊-延性破壊の遷移温度（transition temperature）が $d^{-1/2}$ に比例するという同様の関係が知られている．この場合も，$\alpha$ 鉄（BCC）の脆性破壊は $\{100\}$ 面で起こるので，正確には少なくとも 10°

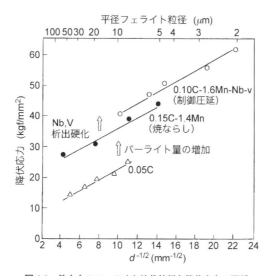

**図6.2** 鉄合金のフェライト結晶粒径と降伏応力の関係

以内で {100} 面を共有する大きさを $d$ の単位とする必要がある.

　結晶粒を微細化する方法は, ① 加工熱処理, ② 熱処理, ③ 冷間加工＋再結晶, ④ 合金元素や析出物利用などがあるが, これについては後で述べる.

### c. 変態強化

　鋼を高温のオーステナイト (γ) 領域から急冷すれば硬化することはよく知られている. これは γ 相がマルテンサイト相 ($\alpha'$) に変態したためである. マルテンサイト変態は炭素原子を固溶したオーステナイト (FCC) が冷却時に状態図にしたがってフェライト (BCC) とセメンタイト (Fe$_3$C) に拡散変態するのではなく, 無拡散変態を起こすものである. この変態は原子がごくわずかの距離をせん断的に変位して結晶格子が変わるだけなので格子変態とも呼ばれる.

　マルテンサイトが硬い理由は, せん断変形を緩和するために結晶内に多くの転位や双晶ができるためである. このことはすでにひずみ硬化を起こしているともいえる. もっとも重要なことは γ は炭素を多く固溶できる (2%) ことである. この炭素は変態の際のすべりを阻害し, いっそう転位を増殖する. また変態したマルテンサイトは体心正方の BCT であり, フェライト中の炭素の固溶限は 0.02% 以下である. したがって, 過飽和の炭素は転位の動きを阻止し変形が起こりにくい. 炭素の占める位置は図 6.3 に示した通りであり, 体心正方晶 BCT の格子定数は $a, a, c$ である.

　マルテンサイトの加熱 (焼戻し) を行うと, 過飽和の炭素は炭化物 Fe$_3$C として析出し, 母相は体心立方の BCC 構造になる. このような一連の熱処理を焼入れ・焼戻し (quench and temper) という. マルテンサイト組織を得るには, 冷

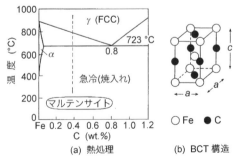

(a) 熱処理　　　(b) BCT 構造

**図 6.3**　マルテンサイト変態

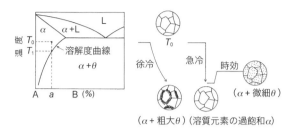

**図 6.4** 時効硬化熱処理

却途中に拡散変態が起こらない速い冷却か，合金元素の添加が必要である．焼入性（hardenability）とはマルテンサイトのできやすさを示し，容易にマルテンサイトを得ることができることを焼入性が大という．

　マルテンサイト変態は Cu や Ti などの非鉄合金や純金属でも起こることが知られている．同じような変態機構であっても鋼のように硬くならないものもある．

**d. 析出硬化**（precipitation hardening）**と時効硬化**

　時効とは，一般に時間とともに性質が変化する現象を指す．時間とともに硬化する時効硬化（age hardening）を図 6.4 を用いて説明しよう．

　組成 $a$ の合金を温度 $T_0$ の $\alpha$ 単相域に保持すれば，析出物 $\theta$ 相は $\alpha$ 相に固溶して均一 $\alpha$ 固溶体となる．この処理を溶体化処理（solution treatment）という．$T_0$ の温度から徐冷すれば平衡状態図に沿って主として $\alpha$ 粒界から $\theta$ 相が析出する．

　一方，$T_0$ の温度から急冷すれば，過飽和に溶質元素を固溶した準安定な単一相が得られる．この状態は熱力学的に安定な状態ではないので，たとえば $T_1$ の温度以下に加熱すると過飽和固溶体から $\theta$ 相を微細に析出して安定状態になろうとする．この処理を時効という．室温での平衡状態の $\theta$ の拡散は緩慢であるから，硬化する割合は低いが適当に温度を上げればより早く硬化する．しかし，かなり高い温度で時間をかければ析出物は粗くなり硬化しなくなる．これを過時効（overaging）と呼ぶ．析出物が時効によってこのような硬化をもたらす原因は，時効加熱によって過飽和固溶体内に微細析出物が存在する場合に，転位がそれを通過するときには何らかの抵抗を受け，通過するのにそれだけ余分のエネルギーを必要とするからである．言い換えれば，合金を変形するのにそれだけ大きな力を必要とする，すなわち強化されることになる．

　時効時間（温度一定）とともに，強度の変化を示したものが，図 6.5 に示す時

効曲線である．横軸に時効時間をとり縦軸
に強度（引張強さ）あるいは硬さを示した
ものである．時間がゼロのときは縦軸に過
飽和固溶体の強度を示し，時効時間が増加
するとともに析出物が形成されそれが粗大
化し，図に示すように時効時間とともに強
度は高くなるが一般に延性は低下する．時
効温度が十分に高い場合にはある時効時間

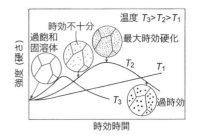

**図6.5** 析出硬化合金と時効時間の関係

で最大の強度が得られるが，この場合には準安定な析出物が生じておりその大き
さと分布が最適の状態になっている．さらに時効すれば，析出物は粗大化して強
度は低下する（過時効）．

**1）溶解度積**　固溶体から析出物が生成するか否かは，組成が溶解度曲線を
境にいずれの領域にあるかによってわかる．固溶体中に生成する炭化物，窒化物，
硫化物，酸化物の量を定量的に計算するには，溶解度積（solubility products）を
用いる．

Fe-C 合金中に Al = 0.03 wt%, N = 0.005 wt% が添加されている．オーステナ
イト中で次の反応が平衡状態に達している場合を考えよう．

$$\text{AlN(s)} \Longleftrightarrow [\text{Al}] + [\text{N}] \tag{6.2}$$

AlN(s) は固体の窒化アルミニウム，[Al]，[N] は $\gamma$ 中に固溶したアルミニウム
と窒素を示す．(6.2) 式の反応の平衡定数を $K_S$ とすると，AlN，[Al]，[N] の
活量をおのおの $a_{\text{AlN}}$，$a_{\text{Al}}$，$a_{\text{N}}$ として

$$K_S = \frac{a_{(\text{Al})} \cdot a_{(\text{N})}}{a_{(\text{AlN})}} \quad (a_{\text{AlN}} = 1)$$

$$= f_{(\text{Al})}[\% \text{Al}] \cdot f_{(\text{N})}[\% \text{N}]$$

$$= [\% \text{Al}] \cdot [\% \text{N}] \quad (\text{希薄溶体での活係量数} f = 1 \text{としてよい})$$

(6.3)

この反応の標準自由エネルギー $\Delta\text{G}°$，エンタルピー $\Delta\text{H}°$，エントロピー $\Delta\text{S}°$，平
衡定数 $K_S$ の間には熱力学的に次の式が成立する（$R = 1.987 \text{ cal/mol·K}$）．

$$\Delta\text{G}° = \Delta\text{H}° - T\Delta\text{S}° = -RT \ln K_S$$

$$\log K_S = \log[\% \text{Al}][\% \text{N}] = \frac{-A}{T} + B \tag{6.4}$$

このように $\log K_S$ は $1/T(\mathrm{K})$ と直線関係にある．ここで $A$, $B$ は定数である．$K_S$ を溶解度積という．[% Al] と [% N] は実験的に次のようにして求める．温度 $T_1$ において反応が平衡するまで保持し，急冷した試料中に析出した $\mathrm{AlN(s)}$ の量を分析する．これにより析出した Al と N の量が計算できる．おのおのの元素添加量が既知であるので，固溶している〔Al〕と〔N〕量は添加量から差し引いて求めればよい．温度 $T_2$ においても同様の方法により固溶している〔Al〕，〔N〕がわかる．いくつかの温度においてこの実験を行い，(6.4) 式を用いて定数 $A$, $B$ を決定する（熱力学的計算により求める方法もある）．

　実用鋼において用いられる代表的な元素（バナジウム，ニオブ，チタン，ジルコニウム）の炭化物，窒化物の溶解度積の例を図 6.6 に示す．これらの元素はマイクロアロイと呼ばれオーステナイト結晶粒の微細化，熱間圧延や冷間圧延の再結晶組織制御，微細析出物による析出強化などに活用されている．

**【例題 6.1】** Fe-C 合金中に 0.03 wt% Al と 0.005 wt% N が添加されている．(1) AlN がオーステナイト中に完全に固溶する温度はいくらか．(2) 1000 ℃ で析出する Al と N の量はいくらか．また析出した AlN の量はいくらか．(3) 900 ℃ で析出する Al と N の量はいくらか．また析出した AlN の量はいくらか．(4) 温度をパラメータとして，Al 量と N 量を縦軸と横軸にとった溶解度曲線を描け．溶解度積 $K_S = \log[\mathrm{Al}][\mathrm{N}] = -6700/T + 1.03$ とする．

**[解]**　(1)　AlN が完全に固溶する温度を $T(\mathrm{K})$ とする．0.03 wt% Al と 0.005 wt% N がすべて固溶しているので，次の式から $T$ を求めればよい．

$$\log(0.03 \times 0.005) = \frac{-6700}{T} + 1.03$$

$T = 1318\,\mathrm{K} = 1045\,\text{℃}$

　(2)　1000 ℃ で析出する Al の量を $\chi$ (wt%) とすると，析出する N は Al の原子量 27，N の原子量は 14 であるから次の式から $\chi$ を求めればよい．

$$\log(0.03 - \chi)\left[0.005 - \chi \times \frac{14}{27}\right] = \frac{-6700}{1000 + 273} + 1.03 = -4.23$$

$$(0.03 - \chi)\left[0.005 - \chi \times \frac{14}{27}\right] = 5.9 \times 10^{-5}$$

$\chi = 0.005\,\mathrm{wt\%}$，　　析出した N 量は $0.005 \times \dfrac{14}{27} = 0.003\,\mathrm{wt\%}$

析出した AlN の量は

$$0.005 \times \frac{14 + 27}{27} = 0.0076\,\mathrm{wt\%}$$

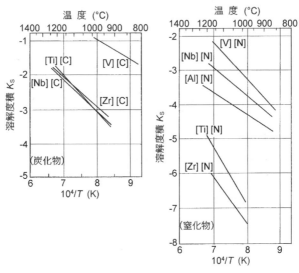

| 形　態 | | $\log K_S$ | 出　　典 |
|---|---|---|---|
| 炭化物 | [V][C] | $-9660/T+6.81$ | 大谷（1970） |
| | [Nb][C] | $-9290/T+4.37$ | T. H. Johansen 他（1967） |
| | [Ti][C] | $-10475/T+5.33$ | 平野，他（1958） |
| | [Zr][C] | $-8464/T+3.84$ | 成田（1960） |
| 窒化物 | [V][N] | $-10500/T+5.20$ | 大谷（1970） |
| | [Nb][N] | $-8500/T+2.89$ | 成田（1966） |
| | [Al][N] | $-6700/T+1.03$ | W. C. Leslie 他（1954） |
| | [Ti][N] | $-16170/T+4.72$ | 盛，他（1963） |
| | [Zr][N] | $-16007/T+4.26$ | 平野，他（1966） |

**図6.6**　オーステナイト中の炭化物，窒化物の溶解度積

（3）　（2）と同様にして析出する Al 量＝0.008 wt%，析出する N 量＝0.004 wt%（析出した AlN 量は 0.012 wt%）.

（4）　固溶した Al 量，N 量は対数目盛で直線で示される. N がきわめて低くなると温度を低くするか，または高温では Al 量を多量に添加しないと AlN の析出は起こらないことがわかる（図6.7）.

### e.　加工硬化

**1）　冷間加工**　　金属に冷間加工を加えることにより強化することができる. 図6.8 に示すように点 A まで引張強さ以下で降伏点以上の高い応力を加えたのち，除荷して再び引張試験を行うと，B 点のように高い降伏点が得られる. この

場合に，除荷した際には点 A→A′ 上を，再び負荷した場合に A′→A 上を通る．

降伏点以上の荷重を加えると，もっともすべりやすい面で転位の形成と移動が行われ，すべりが発生する．しかし，さらにすべりが発生すれば転位が蓄積し，その相互作用によってすべりは起こりにくくなる．図 6.8(a) の点 A では，すべてのすべりやすい面と転位は使いつくされており，除荷してもこの状況は変わらない．したがって，再び荷重を加えても応力が点 A になるまですべりは生じない．これが図 6.8(b) の B 点のように，最初の負荷時よりも高い降伏応力が得られる理由である．この現象を加工硬化（work hardening），またはひずみ硬化（strain hardening）という．

冷間加工の方法は，図 6.9 に示すように，圧延，鍛造，押出し，引抜きなどの方法がある．熱間加工も同じ方法で行われる．クッキングホイルに用いられるアルミ箔は，冷間圧延により 5 $\mu$m 程度まで薄くできる．図 6.10 は冷間鍛造によって製造された鋼の部品例を示す．

加工の程度を示す加工度は

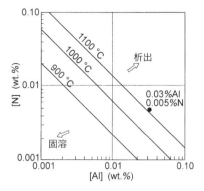

図 6.7　AlN の溶解度曲線

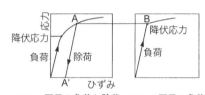

(a) 一回目の負荷と除荷　(b) 二回目の負荷

図 6.8　冷間加工による応力-ひずみ線図の変化

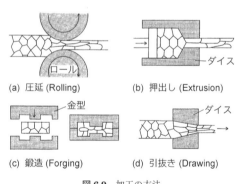

(a) 圧延 (Rolling)　(b) 押出し (Extrusion)

(c) 鍛造 (Forging)　(d) 引抜き (Drawing)

図 6.9　加工の方法

$$\frac{A_0 - A_F}{A_0} \tag{6.5}$$

**図 6.10** 冷間鍛造製品

で表される．ここで，$A_0$ は加工前の断面積，$A_F$ は加工後の断面積である．板圧
延においては，幅がほとんど変わらないので，厚さの変化が用いられる．

## 6.2 回復と再結晶

　材料の延性（伸び）は強度や硬さが大きくなるとともに低下する．したがって，
材料はその最高の強度で使われることはない．たとえば，10 cm の深さのカップ
をプレス成形する場合に，深さ 5 mm で角にき裂が発生するとき，われわれはす
でにその材料の塑性変形能を使いきってしまったことになる．このような事態は，
他の多くの冷間加工においてみられることである．さらに深絞り加工を行うには
どのような手段があるだろうか．

　基本的には過剰なすべりと転位を取り除けばよい．第 2 章で述べたように，原
子は堅く固定されたものでなく拡散によってその位置を変えることができる．拡
散速度は温度が高いほど大きい．したがって，大きなひずみを受けた部分を加熱
すれば原子は再配列し，ひずみのない状態に戻る．この再配列は原子の寸法にお
ける現象であり，製品の寸法は変わらない．

　金属材料は，冷間加工によって転位を結晶中に多数導入して硬化する．冷間加
工材を加熱すると内部の格子欠陥が次第に放出されていき，それにともなって材

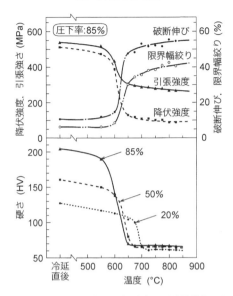

**図6.11** 極低 C–Ti 添加 IF 冷延鋼板の再結晶挙動に及ぼ
す冷間圧延圧下率の影響，および再結晶にとも
なう 85% 圧下鋼板の延性回復挙動

料は軟化する．このように，加工硬化状態を消失して軟化させるために加熱する
操作を焼なまし（annealing）という．図6.11 は冷間加工した材料を焼なましを
行った場合の性質の変化を示したものである．冷間加工材の焼なましは，図6.12
に模式的に示したような過程をとる．

**a. 回復**（recovery）

再結晶温度のすぐ下の温度領域では大きくすべりの生じた部分の応力は解放さ
れ，転位は低いエネルギーの位置に移動して元の結晶の内部に網状あるいは脈状
をなした境界ができ，亜粒界組織（subgrain）が生じる．この現象は多結晶化
（polygonization）と呼ばれる．硬さと強度は大きく変わらないが，原子空孔が減
少し，電気抵抗も低下する．

**b. 再結晶**（recristallization）

この温度領域ではひずみのない等軸結晶が成長し，強度は低下し，高い延性が
得られる．再結晶に必要な温度は金属によって異なり，金属の融点（絶対温度）
の 1/3～1/2 の温度で起こる．合金元素，析出物，不純物元素が再結晶温度を高

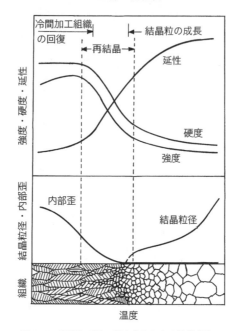

**図 6.12**　冷間加工材の焼なましによる性質変化の
　　　　　模式図

めるのは，元素の拡散速度や原子の運動を阻害するからである．冷間加工度が大
きいほど，加工前の結晶粒が小さいほど，再結晶温度は低くなる．これは，結晶
粒界やすべり面のように転位密度の高い部分が再結晶の核となりやすいことによ
る．

**c.　粒成長**（grain growth）

さらに温度が高い領域では結晶粒は成長を続ける．これは，体積が一定ならば
粒径が大きいほど表面積が小さいからである．数 % 程度の低加工度材は，高温に
すると結晶粒が著しく大きくなり，性質を劣化させることがある．逆にこれを利
用して単結晶をつくることが行われる．

図 6.13 に低炭素アルミキルドの冷間加工，焼なまし時の組織変化を示す．

**d.　再結晶の利用**

冷間加工により強度は上昇し，伸びや絞りで表される延性は低下する．したが
って，一度に大きな冷間加工を行うと，大きな荷重を必要としたり，工具や材料

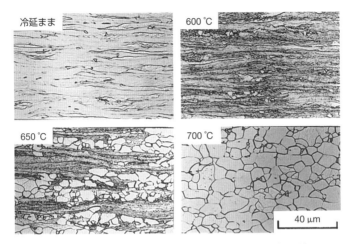

**図 6.13** 低炭素アルミキルド鋼（0.03% C, 0.15% Mn, 0.05% Al）熱延板→80%
冷間圧延→焼なまし時の組織変化

を破損することがある．そのため必要な性質を得るには，冷間加工の間に再結晶
を行い，さらに最終の冷間加工を行う．

冷延鋼板は自動車用車体や飲用缶のように深絞り加工が行われる用途が多い．
深絞り性のよい鋼板をつくるには，板面に平行に {111} 面を強くし {100} 面を
少なくすることが必要であり，熱延材の組織，冷延前や回復・再結晶過程におけ
る析出物，固溶元素などの制御が行われている．

## 6.3 熱間加工と加工熱処理

熱間加工は加工が高温で行われるので，圧延中や圧延後に再結晶が起こる．図
6.14 は鉄鋼の厚鋼板と熱延鋼板の圧延を模式的に示したものである．オーステナ
イト（$\gamma$）域に加熱された鋳片は熱間で加工され，その後空冷，加速冷却，急冷さ
れる．

このように再結晶，部分再結晶，未再結晶からの空冷時のフェライト（$\alpha$）＋パ
ーライト（P）への変態を模式的に示したものが図 6.15 である．

① 再結晶 $\gamma$ からの変態：再結晶 $\gamma$ 粒の大きさは温度と圧下量で決まり，細粒
の $\gamma$ ほど冷却後の $\alpha$＋P は微細である．

② 未再結晶 $\gamma$ からの変態：再結晶域圧延以下の未再結晶域圧延では $\gamma$ 粒は伸

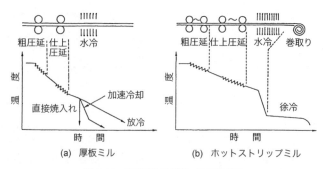

図 6.14　厚鋼板と熱鋼板の圧延模式図

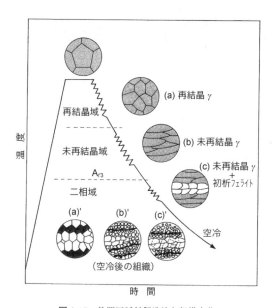

図 6.15　熱間圧延材製造法と組織変化

延し，変形帯（deformation band）が多く導入される．変形帯からは $\gamma$ 粒界と同じように微細な $\alpha+P$ が多く生成する．変形帯の少ない領域はフェライト粒はやや大きい．

③　二相域からの変態：熱間加工されたフェライトはこの温度で保持されないので，再結晶が起こることはまれで回復のみが起こる．

このように熱間圧延時の加熱温度，圧延温度と圧下率を制御し，微細な組織を

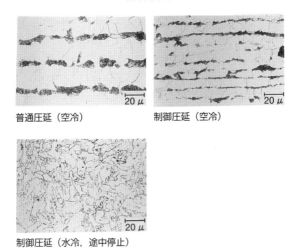

普通圧延（空冷）　　　　制御圧延（空冷）

制御圧延（水冷，途中停止）

図 **6.16**　低炭素鋼（0.13% C-Si-Mn-Nb 鋼）の組織変化

得る方法を制御圧延（controlled rolling）という．さらに，圧延後，噴流水による加速冷却（accelerated cooling）や急冷（直接焼入れ，direct quenching）を行い，マルテンサイトなどの変態組織を得て，より高強度鋼をつくることもできる．これらは加工熱処理（thermo-mechanical heat treatment）と呼ばれる．

　初期 $\gamma$ 粒や再結晶 $\gamma$ 粒の微細化や，未再結晶の制御には合金元素や Nb，V，Ti などのマイクロアロイが有効に活用されている．低炭素鋼の組織変化を図 6.16 に示す．

## 演 習 問 題

**6.1**　0.10% C 鋼の厚さ 100 mm の鋼片を（a）1100 ℃ で 25%，（b）1000 ℃ で 35%，（c）900 ℃ で 45% の熱間加工により，おのおのの直径が 100 $\mu$m，60 $\mu$m，40 $\mu$m の再結晶オーステナイトを得た．これを各温度から空冷するとフェライト・パーライト組織となり，フェライト粒径はもとのオーステナイト粒径の半分の大きさになった．（1）これらの引張試験を行い，（a）30 kgf/mm$^2$，（b）32 kgf/mm$^2$ の降伏点を得た．（c）の降伏点はいくらか．（2）（a）の鋼に冷間加工と 680 ℃ での焼なましを繰返し行い，フェライト粒径が 5 $\mu$m の細粒組織を得た．このときの降伏点はいくらか．

**6.2**　溶鋼中のアルミニウムは酸素と結合し，きわめて安定な Al$_2$O$_3$ となる．いま 0.002%

の酸素，0.005% の窒素を含む溶鋼中にアルミニウムを 0.040% 添加して脱酸を行った．この鋼の 900 ℃ での析出 AlN 量，固溶している〔Al〕，〔N〕量を求めよ．オーステナイト中の〔Al〕〔N〕の溶解度積を $\log〔\text{Al}〕〔\text{N}〕 = -6700/T + 1.03$ とする．

**6.3**　0.10% バナジウム，0.005% 窒素，0.10% 炭素を含む鋼がある．（1）炭化物，窒化物がすべてオーステナイト中に固溶する温度を求めよ．（2）800 ℃ および 700 ℃ の温度に保持したときに析出する VN，VC の量を求めよ．

─────◇◇◇◇◇─────　**Tea Time**　─────◇◇◇◇◇─────

### ものはなぜ壊れるか

　破壊はある部材が 2 つに分断されることあるいは破断することと考えれば，き裂が発生し進展することと考えてよい．このき裂の発生は以下に述べる主要なメカニズムで生ずる．ここでメカニズムとは，使用環境に対する材料の微視的構造の反応である．

① 　疲労（fatigue）

② 　応力腐食割れ（stress corrosion cracking）

③ 　クリープ（creep）

④ 　水素誘起割れ（hydrogen assisted cracking）

⑤ 　摩耗（wear）

⑥ 　フレッティング（fretting）

実際に起こる破壊のほとんどは，上のメカニズムでき裂が発生したためであるが，重要なのはなぜそのメカニズムが実際に起こり，最初のき裂をつくったかである．き裂が生ずるための主要な原因を以下に示す．

① 　材料欠陥（設計によってこれを補うことはできない，品質管理の欠陥）

② 　製造欠陥（溶接欠陥，研削割れなど品質管理で補うことができる）

③ 　材料選択あるいは熱処理のミス（材料の選択は疲労強度が要求される場合にはとくに重要である．また応力腐食割れに対しては，材料選択のみならず熱処理との組合せが重要である．）

　浸炭，窒化，表面焼入れなどの部材の一部を熱処理する場合には，表面の体積変化による残留応力が発生し，予期しないき裂発生の原因となる．

④ 　製造技術上の問題（電気めっきや洗浄などの化学的処理を行う場合には，部材内部に水素が侵入し，カドミニウムめっきでは後の熱処理によっても脱水素されにくい．この場合には，外荷重が作用しなくても水素誘起割れが生じやすい．型鍛造部品ではメタルフローを考慮した設計が必要である．）

⑤ 　設計ミス（設計ミスが破壊の原因となることが多い．たとえば断面の急変するところでは可能な限り大きな曲率半径とすることはよく知られているが，この点のミスはかなり多い．）

⑥　予期されない使用条件（設計時に考慮されていない環境や，予期しない荷重条件下で使用された場合）

⑦　強度データの不足（疲労やクリープなどの強度データを得るのに数年かかる場合に，データ不足のまま設計した場合）

バベルの塔（ピーテル・ブリューゲル1世）

# 7 工業用合金

　鉄はもっとも安価な金属であり，アルミニウムについで地球に多く存在する金属である．現在，世界で生産される金属の90%は鉄とその合金である．純鉄が使用されることはまれで，そのほとんどが鉄と炭素の合金である炭素鋼として用いられている．現在，わが国では約1億トンの鉄鋼が生産されているが，その80%近くが炭素鋼である．このように炭素鋼が利用される理由は，それが強度，靱性，延性に富んだ合金だからである．さらに，鋳造したり，鍛造したり，また加工することが比較的容易で，熱処理によって広い範囲の性質を与えることができる．炭素鋼は大気中でも容易に腐食するという欠点があるが，塗装やめっき，ステンレス鋼のように合金元素を添加することにより，腐食を防ぐことができる．

　ほかの金属材料で鋼ほど安価に多様な性質をもたせることのできる金属はない．今でも文明社会は“鉄器時代”の最中にあり，今後も長年にわたって鉄の時代が続くものと考えられる．本章では鉄鋼材料をはじめ，機械材料として多く用いられている金属合金の熱処理と性質について説明する．

## 7.1 鉄　鋼　材　料

### a. 炭素鋼の状態図

　不純物のきわめて少ない鉄を純鉄，鉄と約2%以下の炭素との合金を炭素鋼と呼ぶ．液相から冷却する際に初晶がオーステナイトの場合（C<4.3%）を鋳鋼，初晶が黒鉛の場合を鋳鉄と区別することもある．

　室温から910℃の間では，純鉄は体心立方構造（BCC）をしており，これを$\alpha$鉄と呼ぶ．$\alpha$鉄は強磁性体であるが，768℃（キュリー点）以上に加熱すれば磁性は消失する．しかし，この場合に結晶構造の変化はなくBCC構造のままである．強磁性体である$\alpha$鉄は910℃までは安定であるが，その温度以上では面心立方構造（FCC）の$\gamma$鉄に変態する．さらに加熱すれば$\gamma$鉄は再びBCC構造の$\delta$鉄に変態し，純鉄の融点である1535℃まで安定である．高温のFCC鉄は，BCC

表 7.1 純鉄の結晶構造

| 同素体 | 結晶構造 | 格子定数 (Å) | 温度範囲 |
|--------|----------|--------------|----------|
| $\alpha$ | BCC | 2.86 (21 ℃) | 910 ℃ 以下 |
| $\gamma$ | FCC | 3.65 (980 ℃) | 910 ~ 1403 ℃ |
| $\delta$ | BCC | 2.93 (1455 ℃) | 1403 ~ 1535 ℃ |

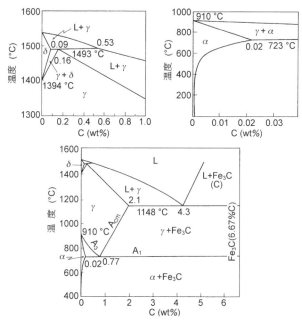

図 7.1 Fe-Fe₃C 系平衡状態図

鉄よりも格子定数が大きい. 表 7.1 は純鉄の結晶構造を示したものである.

図 7.1 に Fe-C 合金の平衡状態図を示す. この状態図はセメンタイトと呼ばれる金属間化合物 (Fe₃C) が完全に安定な化合物でないために, 完全な平衡状態図を表すものではなく, ある条件ではセメンタイトはより安定な黒鉛と鉄に分解する. しかし Fe₃C が形成されるときわめて安定であるので, 実用上安定な相として取り扱うことができる.

**1) Fe-Fe₃C 状態図における相** 図 7.1 において, 存在する相は $\alpha$ フェライト, $\delta$ フェライト (BCC), オーステナイト $\gamma$ (FCC) と呼ばれる固溶体, セメンタイト Fe₃C と液相である. $\alpha$ 相も $\gamma$ 相もその結晶格子の原子の積重ねの間には隙

間がある．炭素原子は鉄原子に比べて原子半径が小さいので，その隙間に入り込み，侵入型固溶体をつくる．炭素原子の入る位置は，α鉄（BCC）では各辺および各面の中心位置に，γ鉄（FCC）では各辺および体心の位置に侵入し固溶体をつくる．状態図からもわかるように，γはαより炭素を多く固溶できる．

　α鉄の格子定数を 2.86 Å として，最大の隙間 S に入りうる原子半径は幾何学的に計算すれば 0.36 Å となる．γ鉄の場合には，格子定数を 3.64 Å とすると，原子半径 0.52 Å の球となる．これらの隙間に，半径 0.77 Å の炭素原子が侵入することになる．小さな隙間にそれより大きな炭素原子が入り込めば，結晶格子はある程度ひずむことになる．この格子ひずみのために，α，γ固溶体は純鉄の α，γ よりも硬く，強くなる．また，格子ひずみはγの方がαより小さく，したがってγの方がαよりも多くの C を固溶することができる．

　①　αフェライト：炭素原子を固溶した α鉄をαフェライト，または単にフェライトと呼ぶ．この相の結晶構造は BCC であり，0% C のときはα鉄である．状態図にみられるように，フェライトへの炭素の固溶はきわめてわずかであり，α鉄は 723 ℃ において最大 0.02% の C を固溶する．αフェライトの C の溶解度は温度が下がるとともに低下し，0 ℃ で 0.008% となる．

　②　オーステナイト：炭素原子を固溶した γ鉄をオーステナイト（austenite）という．その結晶構造は FCC であり，状態図によればγ鉄は 1148 ℃ において，α鉄よりもはるかに多い最大 2.1% の C を固溶する．この両者の違いが，多くの鋼の強化のための熱処理の基礎となる．

　③　セメンタイト：Fe-C 系にはセメンタイト（θ, cementite）と呼ばれる金属間化合物があり，化学式は $Fe_3C$ である．このセメンタイトは 12 の鉄原子と 4 個の炭素原子からなる正斜方晶の構造である．このセメンタイトは準安定な構造で，加熱によって鉄と黒鉛に分解する性質があるが，この変化は鋼中では一般に起こらない．セメンタイト中の C の重量 % は鉄の原子量 56，C の原子量 12 であるから，$12/(56 \times 3 + 12) = 0.0667(6.67\%)$ である．セメンタイトは非常に硬くて，ガラスのように脆い白色の炭化物である．

　④　δフェライト：炭素原子を固溶した δ鉄をδフェライトという．BCC 構造をもつが，αフェライトとは格子定数が異なっている．1493 ℃ で最大 0.09% の C を固溶する．

## 2) Fe-Fe$_3$C 状態図における反応

① 包晶反応：1493 ℃ において液相と固相が反応して，別の固相を生じる．

$$液相(0.53\% \text{ C})+\delta(0.09\% \text{ C}) \longrightarrow \gamma(0.17\% \text{ C}) \qquad (7.1)$$

② 共晶反応：1148 ℃ において液相から 2 種類の固相が一定の割合で同時に晶出する．

$$液相(4.3\% \text{ C}) \longrightarrow \gamma(2.1\% \text{ C})+\text{Fe}_3\text{C}(6.67\% \text{ C}) \qquad (7.2)$$

ここで晶出とは，液体から固体が析出することをいう．共晶の組織は 2 つの成分金属が同時に凝固する結果，高倍率の顕微鏡によれば微細な薄片が交互に層状になっているもの（層状共晶）と，一方の成分金属が点あるいは粒状となって散在しているもの（粒状共晶）との 2 つがある．

鉄–炭素合金においては，この共晶をレデブライト（ledeburite）といい，1148 ℃ ででき，その液相の炭素量は 4.3% C である．

③ 共析反応：723 ℃ において 1 つの固溶体から 2 種類の固体が，一定の割合で同時に析出する．炭素鋼においては，共析組織をとくにパーライト（pearlite）と呼び，その炭素量は 0.77% である．

$$\gamma \longrightarrow \alpha(0.02\% \text{ C})+\text{Fe}_3\text{C}(6.67\% \text{ C}) \qquad (7.3)$$

### b. 変態点（transformation point），臨界温度（critical temperature）

変態とは，鋼を加熱または冷却すると，ある空間格子が他の空間格子に変化する現象をいう．変態は構造の変化であるから，鋼の物理的，機械的，化学的性質が変化する．変態があるために，焼入れ，焼なまし，時効などの重要な現象が生じる．加熱時，冷却時の変態を表すために，それぞれ c（chauffage），r（refroidissement）を付記して区別する．すなわち加熱時にオーステナイトが生成しはじめる温度を A$_{c1}$，フェライトが消失し，完全にオーステナイト一相になる温度を A$_{c3}$ で示す．0.77% C 以上の過共析鋼においてはすべてのセメンタイトがオーステナイトに変態する温度を A$_{cm}$ で示す．冷却時にはおのおの A$_{r1}$, A$_{r3}$, A$_{rcm}$ で示す．

この変化は熱膨張測定で容易に測定できる（図 7.2）．きわめて速い加熱でなければ，A$_{c1}$,

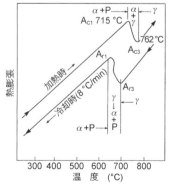

**図7.2** 熱膨張試験による変態点の測定

$A_{c3}$ は加熱速度による変化は小さいが，$A_{r1}$，$A_{r3}$ は冷却速度で異なる.

　状態図が合金元素で変わるように，変態点も合金元素により変化する．化学成分と変態点の関係式は数多く報告されているが，$0.10 \sim 0.55\%$ C 低合金鋼についての経験式の一例を次に示す.

$$A_{c1}(^{\circ}C) = -16.3\,C + 34.9\,Si - 27.5\,Mn - 5.5\,Cu - 15.9\,Ni + 12.7\,Cr$$
$$+ 3.4\,Mo + 751 \tag{7.4}$$

$$A_{c3}(^{\circ}C) = -205.7\,C + 53.1\,Si - 15.0\,Mn - 26.5\,Cu - 20.1\,Ni - 0.7\,Cr$$
$$+ 41.1\,Mo + 881 \tag{7.5}$$

合金元素（C, Si, ……）は wt% で示す.

**【例題 7.1】**　鋼を加熱・冷却により良好な性質を得る操作を熱処理という.

　(1)　0.20% C-0.25% Si-1.0% Mn 鋼を加熱した場合に，オーステナイトが現れはじめる温度（$A_{c1}$）を求めよ.

　(2)　完全にオーステナイト一相になる温度（$A_{c3}$）を求めよ.

**［解］**　(7.4)，(7.5) 式の経験式により計算する.

　(1)　$A_{c1} = 751 - 16.3 \times 0.20 + 34.9 \times 0.25 - 27.5 \times 1.0 = 729\,^{\circ}C$

　(2)　$A_{c3} = 881 - 205.7 \times 0.20 + 53.1 \times 0.25 - 15 \times 1.0 = 838\,^{\circ}C$

通常の熱処理では均一オーステナイトを得るため $A_{c3}$ より $30 \sim 50\,^{\circ}C$ 上の温度で，かつオーステナイト結晶粒が粗大化しない温度に加熱保持する．この鋼のオーステナイト化温度は $870 \sim 890\,^{\circ}C$ が選定される.

### c. 炭素鋼の徐冷組織

　オーステナイトがセメンタイトとフェライトへ変態する共析変態が生ずるのは，0.77% C の炭素鋼であり，これを共析鋼（eutectoid steel）という．これ以下の炭素量の鋼を亜共析鋼（hypoeutectoid steel），それ以上約 2% C までの鋼を過共析鋼（hypereutectoid steel）と呼ぶ．実際に生産される鋼の多くは亜共析鋼である.

　**1)　亜共析鋼の変態**　　亜共析鋼（図 7.3 ⓑ）を $A_3$ 点以上に加熱し，十分な時間保持すれば均一なオーステナイトとなる．これを $A_3$ 点まで徐冷すると，初析フェライト（proeutectoid ferrite）がオーステナイト粒界から析出しはじめる．さらに冷却するにしたがって，初析フェライトはオーステナイト中に成長する．フェライト中の炭素の固溶量は小さいので，フェライトの生成にともなう過剰な炭素はオーステナイト中へ 0.77% まで濃化する．723 ℃ において，残りのオーステナイトはパーライト（pearlite）に変態する．パーライトはフェライトとセメ

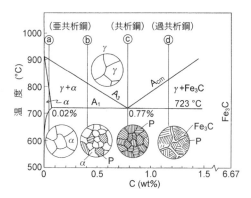

**図 7.3**　Fe-Fe$_3$C 状態図と徐冷時の変態組織

ンタイトが交互に層状をなした組織であり，パーライト中のフェライトは共析フェライト（eutectoid ferrite）と呼び，723℃以上の温度で生じた初析フェライトと区別する．

　図 7.4 に光学顕微鏡組織写真を示す．C 量が増えるとパーライト量が増加することがわかる．極低 C 鋼ではフェライト一相になる温度領域があり，室温まで冷却後は，わずかの過飽和の C がセメンタイト粒として析出する．

**【例題 7.2】**　(1)　0.35% C の亜共析鋼を 900℃ でオーステナイト化後，723℃ の共析温度直上の温度まで冷却した場合の鋼中のオーステナイトと初析フェライトの重量% を求めよ．

　(2)　723℃ の共析温度直下まで徐冷するとフェライトとパーライトになる．この場合の初析フェライトとパーライトの重量% を求めよ．また共析セメンタイトと共析フェライトの重量% を求めよ．

**[解]**　(1)　初析フェライト(wt%) $= \dfrac{0.77-0.35}{0.77-0.02} \times 100 = 56\%$

　　　　　オーステナイト(wt%) $= \dfrac{0.35-0.02}{0.77-0.02} \times 100 = 44\%$

　(2)　初析フェライトは 56%，パーライトは 44%

　　　全フェライト(wt%) $= \dfrac{6.67-0.35}{6.67-0.02} \times 100 = 95\%$

　　　全セメンタイト(wt%) $= \dfrac{0.35-0.02}{6.67-0.02} \times 100 = 5\%$

したがって，

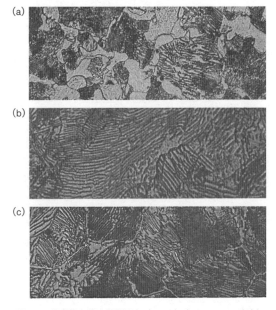

**図 7.4**　炭素鋼の徐冷組織写真（×500）（3% Nital で腐食）
(a) 0.44% C，930 ℃ より徐冷，白地は初析フェライト，黒地（層状）はパーライト，
　　亜共析鋼.
(b) 0.86% C，950 ℃ より徐冷，フェライト（白色）とセメンタイト（黒色）が層状
　　をなすパーライト．共析鋼.
(c) 1.13% C，900 ℃ より徐冷，白網状の初析セメンタイトと層状のパーライト．過
　　共析鋼.

　　　共析フェライト（wt%）＝全フェライト－初析フェライト＝39%
または，
　　　共析フェライト（wt%）＝パーライト×パーライト中のフェライト分率
$$= \frac{0.35-0.02}{0.77-0.02} \times \frac{6.67-0.77}{6.67-0.02} \times 100 = 39\%$$
　　　共析セメンタイト（wt%）＝全セメンタイト＝5%

**2）　共析鋼の変態**　　0.77% C の共析炭素鋼（図 7.3 ⓒ）を 723 ℃ 以上の温度
でオーステナイト化後徐冷すれば，共析点以下の温度でパーライトと呼ばれる共
析のフェライトとセメンタイトの層状の混合組織となる．図 7.4 にパーライトの
光学顕微鏡写真を示す.

**【例題 7.3】**　0.77% C の共析鋼を 723 ℃ の共析点直下まで徐令したとき，共析フェライ

トと共析セメンタイトの重量％を求めよ.

[**解**]    フェライト $(\mathrm{wt\%}) = \dfrac{6.67-0.77}{6.67-0.02} \times 100 = 88.7\%$

　　　　セメンタイト $(\mathrm{wt\%}) = \dfrac{0.77-0.02}{6.67-0.02} \times 100 = 11.3\%$

　723 ℃ と室温での C の溶解度の差はきわめて小さいので, 室温においてもほぼ同じ重量比である. またフェライトとセメンタイトの密度はほとんど同じなので, フェライト相とセメンタイト相の体積比は 8：1 である.

　**3) 過共析鋼の変態**    過共析鋼 (図 7.3 ⓓ) を $\mathrm{A_{cm}}$ 点以上のオーステナイト域から徐冷すると, $\mathrm{A_{cm}}$ 点においてオーステナイト粒界から析出する相はセメンタイトである. 温度が低下するにつれて, セメンタイトの量が増加し, 亜共析鋼とは逆に残りのオーステナイト中の C 濃度は低下する. 共析温度において, オーステナイトはパーライトに変態する. 図 7.4 (c) に示した光学顕微鏡組織写真で, 元のオーステナイト粒界に析出した白く見える相が初析セメンタイトで, 地はパーライトである.

　**4) 焼なまし**    鋼の硬度を低くして, 切削性や冷鍛性を向上させたり, 機械的性質をはじめ, ほかの諸性質を改善するために焼なまし (annealing) が行われる. この熱処理はその目的によって名称が異なる.

　① ソーキング (soaking)：鋼を 1100〜1300 ℃ の高温に加熱し, 偏析をなくすことが目的で行われるので拡散焼なまし (diffusion annealing) ともいわれる. これは鋳造のままよりも熱間加工後の方がより効果的である.

　② 完全焼なまし (full annealing)：$\mathrm{A_3}$ 点よりも 30〜50 ℃ 高い温度より徐冷し, 加工性や切削性のよい軟らかいフェライト・パーライト組織にすることをいう. 過共析鋼の場合は, $\mathrm{A_{cm}}$ より高い温度のオーステナイト域に加熱すると, 徐冷時にオーステナイト粒界から網目状に初析セメンタイトが析出し脆くなることがある. したがって $\mathrm{A_1}$ 点と $\mathrm{A_{cm}}$ 点の中間温度に加熱し, 球状化したセメンタイトがパーライト基地に分散した組織にする. または $\mathrm{A_{cm}}$ 点以上に加熱後, $\mathrm{A_1}$ 点以下の温度に急冷し, パーライトとセメンタイトを析出させ徐冷することも行われる.

　③ 等温焼なまし (isothermal annealing)：オーステナイト域から $\mathrm{A_1}$ 点以下のフェライト・パーライト変態領域に保持し変態を完了させる. この熱処理は熱処理時間の短縮や, クリープ強さを向上させるための粗大なフェライト組織が必

要な場合に適用される.

④　球 状 化 焼 な ま し（spheroidizing annealing）：フェライト地に析出したセメンタイトを球状化し，硬度を低くすれば切削性や冷間加工性が著しく向上する．炭素量の高い軸受鋼や工具鋼は球状化焼なましにより加工が容易に行われる．最終的にはオーステナイト域に加熱し，焼入れ・焼戻しが行われる．この場合，微細なセメンタイトの一部を未固溶のまま残存させれば，耐摩耗性も向上する．図 7.5 に 1.0% C-1.5% Cr の軸受鋼の球状炭化物組織写真を示す．

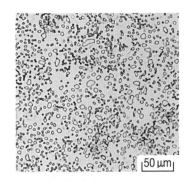

**図 7.5**　軸受鋼（1.0% C-1.5% Cr）の球状化組織（×1500）

**5）　焼ならし**（normalizing）　　熱間加工時に圧延条件も制御した圧延鋼材以外の通常の熱間加工材は結晶粒が粗大であり，不均一な組織である．均一で微細な組織（通常フェライト・パーライト）を得て冷間加工性や機械的性質を向上させるために，$A_{c3}$ 点より 30〜50 ℃ 高い温度に加熱保持し，空冷する操作を焼ならしという．この熱処理は，次の最終熱処理（高周波焼入れなど）のための均質化前熱処理としても用いられる．

鋳造材や熱間圧延材は 1 回の焼ならしで均一組織にならない場合がある．この場合は焼ならしを繰返すことにより微細組織にすることができる．1 回目の焼ならし温度は最終の焼ならし温度より高くすると均一微細組織になりやすい．

**d.　鋼の急冷組織**

**1）　マルテンサイト変態**　　鋼をオーステナイトの状態から急冷すればマルテンサイト（$\alpha'$）に変態し硬化する（6.1 節 c 参照）．マルテンサイトは炭素を過飽和に固溶した準安定な相である．冷却する過程でオーステナイトからマルテンサイトに変態が開始する温度を $M_s$ 点，変態が終了する温度を $M_f$ 点という．$M_s$ 点は合金元素の添加により低下し，とくに炭素量の影響が大きい．$M_s$ 点の合金元素による変化については，多くの経験式が提唱されている．次式に一例を示す．$M_f$ 点は $M_s$ 点より約 200 ℃ 低い．

$$M_s(℃) = 521 - (353\% \ C + 22\% \ Si + 24\% \ Mn + 17\% \ Ni + 18\% \ Cr$$
$$+ 26\% \ Mo + 8\% \ Cu) \tag{7.6}$$

　マルテンサイト変態では母相の化学成分の変化はない．オーステナイト（FCC）
の炭素が侵入できる最大の隙間（各辺および体心の位置）は 0.104 nm であり，フ
ェライト（BCC）では最大隙間は 0.072 nm である．炭素原子の直径は 0.154 nm
であるから，FCC の方が BCC より炭素原子を固溶しやすい．炭素鋼がオーステ
ナイトから急冷されてマルテンサイトに変態するときは，図 7.6 に示すように $c$
軸方向が長い体心正方晶（body centered tetragonal：BCT）になる．

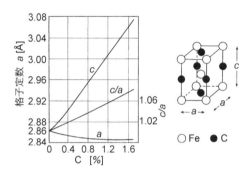

**図7.6**　鋼の炭素量とマルテンサイトの格子定数

　このマルテンサイトは大別して 2 種類ある．1 つは図 7.7 に示すように低炭素
鋼のマルテンサイトで，顕微鏡では笹の葉状にみえるのでラスマルテンサイト
（lath martensite）という．

　ほかは図 7.11（d）に示すように高炭素鋼のマルテンサイトで，板状を呈するの
で板状マルテンサイト（plate martensite）と呼ばれる．

　**2）　マルテンサイトの焼戻し**　　マルテンサイトの硬さと引張強さは炭素量
に依存しており，図 7.8 に示すように，炭素量が増大するとともに高くなる．0.6%
C 以上で硬さが上昇しないのは，$M_f$ 点が室温以下のために完全にマルテンサイト
にならず，残留オーステナイトによるものである．

　硬さが増加するとともに伸びや延性が低下するので，マルテンサイトのままで
は使用に耐えられない場合が多い．したがって，炭素鋼のマルテンサイトは $A_1$ 変
態点以下の温度で焼戻しをして使われることが多い．焼入れた鋼を，適当な温度
に再加熱して冷却することを焼戻し（tempering）という．

　また，マルテンサイト組織には焼入れにともなって生じた残留応力が存在し，
この残留応力は使用にともなって次第に緩和され，寸法狂いを生ずる原因となる．

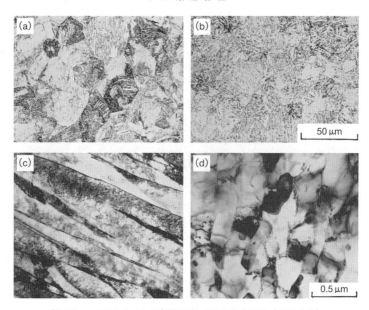

**図 7.7** マルテンサイトの高温焼戻しによる組織変化（0.2% C 鋼）
(a)（c) 焼入れのまま（マルテンサイト），(b)（d) 720 ℃ 焼戻し，(a)（b) 光学顕
微鏡写真（×500），(c)（d) 電子顕微鏡写真（×40000）．

一方，焼入れによって生じたマルテン
サイトや残留オーステナイトも，もと
もと不安定な相であるから，使用中に
安定化への変化が起こり（残留オース
テナイトは温度を降下させるか常温加
工でマルテンサイトへ変態する），寸法
変化を生ずることがある．焼戻しは，
このような不安定な相を安定化し，残
留応力を低減させ，適当な硬さと粘り
強さを与えるために行われる．

焼戻し温度は 100 ℃ から $A_1$ 変態点
直下までその目的に応じて選択され
る．延性よりも硬さや耐摩耗性を必要
とするベアリングや工具などは，高炭

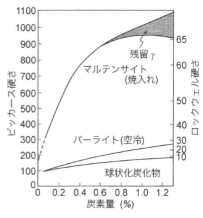

**図 7.8** 焼入れのままのマルテンサイトの炭素量
と硬さの関係

素鋼を用いて低い温度で焼戻しをする．
靭性の高い鋼が必要な場合には，低炭素
鋼を用いて，500 ℃ 以上 A₁ 点近くまで
適当な温度で焼戻しをする．図 7.9 にマ
ルテンサイトの焼戻し温度と機械的性質
の関係を示す．

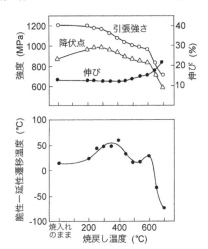

**図 7.9** マルテンサイトの焼戻し時の機械的
性質の変化（0.12 C-Ni-Cr-Mo 鋼）

　マルテンサイトの焼戻し過程において
次のような変化が起こる．

① 　～100 ℃：炭素原子は格子欠陥
の位置へ再配列する．

② 　100～300 ℃：$\varepsilon, \eta, \chi$ 炭化物，セ
メンタイト（$\theta$）が析出し，$c/a$ 比は 1 に
近い低炭素マルテンサイトとなる．硬度
は低下しはじめる．

③ 　200～300 ℃：残留オーステナイトがある場合には，フェライトとセメン
タイトに分解する．

④ 　300 ℃～：セメンタイトの析出・凝集がすすむ．

⑤ 　500 ℃～：特殊炭化物，窒化物（VC, VN, Mo₂C など）が析出する場合は
析出硬化が起こる．

⑥ 　さらに高温または長時間で焼戻しを行うと炭化物は球状化し，ラスマルテ
ンサイトの転位は減少して，回復や再結晶が起こる（図 7.7）．

⑦ 　ひずみ時効：マルテンサイトに限らないが，炭素や窒素を固溶した鋼を冷
間加工後 50～250 ℃ の温度に保持するとひずみ時効が起こり硬化する．焼付硬
化鋼板やばね線の疲労強度の向上などはこの応用である．またこの温度域で水蒸
気や酸素濃度を制御した雰囲気中に保持し，耐食性の良い皮膜を形成させること
ができる．青い色がつくのでブルーイング（blueing）という．

⑧ 　焼戻し脆性：脆性-延性遷移温度が高くなる（脆化する）現象を焼戻し脆
性（temper embrittlement）といい，2 種類ある．

　1 つは低温焼戻し脆性（low temperature temper embrittlement），350 ℃ 脆
性などと呼ばれるもので，200～400 ℃ の間で起こる．

　・マルテンサイトの焼戻しのみで起こり，ベイナイトなどでは起こらない．

- 炭素鋼でも合金鋼でも起こり，破壊形態は旧オーステナイト粒界に沿った粒界割れである．
- マルテンサイトを焼戻した場合のみ起こり，高温に焼戻した後再びこの温度域に加熱保持しても起こらない．すなわち可逆性がない．
- 低温焼戻し脆性の原因は，焼戻し時に旧オーステナイト粒界にセメンタイトが析出することと，それにより排出されるリンなどの不純物の再配列によるとされている．

もう1つは400〜600℃の間に保持するか，この温度域を徐冷すると起こる脆化で，一般に焼戻し脆性といえばこの現象をいうことが多い．

- マルテンサイト組織でもっとも感受性が高く，フェライト・パーライト組織がもっとも感受性が小さい．
- 脆化は粒界割れが多い．
- この脆化，脱脆化は可逆的である．すなわち，脆化した材料を600℃以上の温度に再加熱すると靱性は回復する．これを脆化温度域に保持すれば，再び脆化する．
- Si, Mn, Ni, Cr などを添加した合金鋼に起こりやすく，P, Sb, As, Sn などの不純物が多いと顕著に現れる．
- この現象を回避するには，合金元素の選定，不純物元素の低減，脆化温度域を速く冷却するなどの方法がある．

**e. 鋼の等温変態**（isothermal transformation）

**1）　TTT曲線**　　前項では，鋼を平衡状態に近いゆるやかな速度で冷却したときに，フェライト，パーライト組織が得られること，またオーステナイト域から急冷するとマルテンサイト組織が得られることを示した．ここでは，オーステナイト域から $A_3$ 点以下の種々の温度に保持した場合の等温変化について述べる．この研究は，1930年代に E. S. Davenport と E. C. Bain によって行われた．

図7.10は0.7% C鋼の等温変態曲線である．時間（time），温度（temperature），変態（transformation）の関係を示したもので，TTT曲線と呼ばれる．短時間側の曲線は変態の開始時間，長時間側の曲線は変態の終了時間を示したものである．図中の各温度・時間に対応した組織を図7.11に示す．変態が進行途中で急冷されているので，マトリックスは未変態の γ がマルテンサイトになっている．

**2）　ベイナイト変態**　　炭素量と温度による変態組織の変化を図7.12に示し

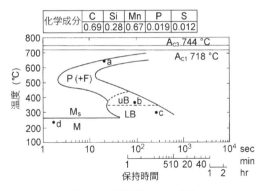

**図 7.10** 高炭素鋼の TTT 曲線

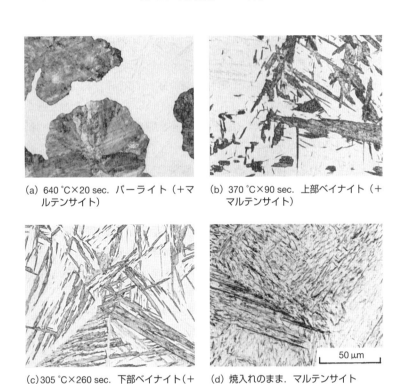

(a) 640 ℃×20 sec. パーライト（＋マルテンサイト）

(b) 370 ℃×90 sec. 上部ベイナイト（＋マルテンサイト）

(c) 305 ℃×260 sec. 下部ベイナイト（＋マルテンサイト）

(d) 焼入れのまま．マルテンサイト

**図 7.11** 高炭素鋼の変態組織（(a)〜(d) は図 7.10 に対応）

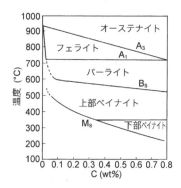

**図7.12**　炭素量と各変態組織の生成温度（合金
元素の添加により低温側へ移行する）

た．パーライトとマルテンサイトの中間の温度で生成する組織はベイナイト
（bainite），組織の変態はベイナイト変態（bainite transformation）と呼ばれる．
ベイナイトは E. C. Bain にちなんで付けられた名称である．約 350 ℃ 以上で生
成するベイナイトは上部ベイナイト（upper bainite），それより低温側でできた
ベイナイトを下部ベイナイト（lower bainite）と呼ぶ．上部ベイナイトは低 C マ
ルテンサイトと同様にラス状を呈し，下部ベイナイトは高 C マルテンサイトと同
様に板状である．マルテンサイトは炭素を固溶しているのに対して，ベイナイト
はラス界面や，ラス内，板内にセメンタイトを析出している点が異なる．すなわ
ち FCC→BCC の変態に関しては，マルテンサイトと類似のせん断変態，セメン
タイトの析出に関してはパーライトと類似の拡散変態の要素をもっている．図
7.13 に図 7.11 で示したベイナイトの電子顕微鏡組織写真を示す．

**3）　ベイナイトの特徴**　ベイナイトはマルテンサイトと同様に鋼の強靱化
にはきわめて重要な組織であり次の特徴を有する．

①　ベイナイトはオーステナイトから変態する際に，元のオーステナイト結晶
粒を分割するような変態をするので，結晶方位の揃った領域が小さい．すなわち，
結晶粒の微細化と同様の効果を有するので，マルテンサイトより靱性がよい．

②　マルテンサイトを焼戻した場合は，過飽和の炭素が析出するのに対して，
ベイナイトは生成温度ですでにセメンタイトを析出している．したがってセメン
タイトの析出にともなう硬度の低下はマルテンサイトの方が大きい．すなわち焼
戻し軟化抵抗性がマルテンサイトよりも大きい．

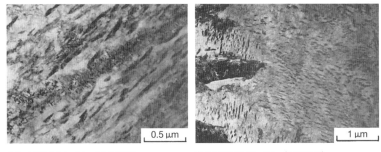

(a) 上部ベイナイト（×40000）　　　　(b) 下部ベイナイト（×20000）

**図 7.13**　上部ベイナイト（a），下部ベイナイト（b）の電子顕微鏡写真

③　低温焼戻し脆性が起こる温度域では，マルテンサイトは旧オーステナイト結晶粒界にセメンタイトが析出するのに対し，ベイナイトはこのような析出が起こらないので，低温焼戻し脆性がほとんどみられない．高強度鋼を使用する際の最大の難点の 1 つである遅れ破壊（delayed fracture）は旧オーステナイト粒界に沿った割れの形態（図 9.3 右図参照）を示すが，ベイナイトは遅れ破壊を起こしにくい．

**4)　等温変態の応用**

①　オーステンパー（austemper）：焼入れ・焼戻しで靭性の高い鋼を得るには 2 回の熱処理が必要であるが，図 7.14 に示すように，オーステナイト化後，$M_s$

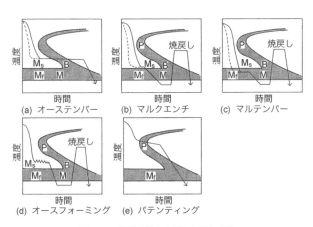

(a) オーステンパー　　(b) マルクエンチ　　(c) マルテンパー

(d) オースフォーミング　(e) パテンティング

**図 7.14**　等温変態を応用した熱処理法

点直上まで急冷し，その温度で等温変態によりベイナイトを生成させる方法である．この方法により，強靭性の優れた組織を1回の熱処理でつくることができる．また $M_s$ 点以上で変態が進行するので焼割れが起こりにくい．

② マルテンパー（martemper），またはマルクエンチ（marquench）：鋼を $M_s$ 点と $M_f$ 点の間の温度または $M_s$ 点直上の温度の油やソルトバスに浸漬し焼入れをして，鋼材の内外の温度を均一にした後，$M_s$ 点と $M_f$ 点の間でマルテンサイトを徐々に起こさせる方法．内外が徐々にマルテンサイト化するので，焼割れや焼ひずみが起こりにくい．次に焼戻しを行ってから使用する．

③ オースフォーミング（ausforming）：オーステナイト組織から鋼の再結晶温度以下 $M_s$ 点以上の温度範囲の準安定オーステナイト領域に急冷して，その温度で塑性加工を加え，その後の焼入れによってマルテンサイト化する加工熱処理の1つの方法．強さが著しく上昇し，伸びや絞りの低下がほとんどなく，焼戻しによる軟化抵抗性が大きい．

④ パテンティング（patenting）：鋼線を水蒸気または Pb などの溶融金属によって冷却し変態を完了させ，常温まで空冷する方法．微細なパーライト組織を得ることができるので，スプリング，ワイヤーロープ，自動車タイヤ用のコードワイヤーなどの製造に用いられる（図 7.15）．

**f. 鋼の連続冷却変態**（continuous cooling transformation）

**1） CCT 曲線** TTT 曲線は各温度でどのような変態組織が生成し成長していくかを理解する上で大変役に立つが，通常の鋼の熱処理は連続的に冷却される

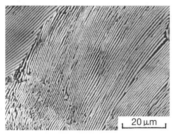

(a) パテンティング後の微細パーライト（$\sigma_B = 1500$ MPa）（×10000）

(b) 1.2 mm 径を 0.20 mm 径に加工した冷間伸線（$\sigma_B = 4700$ MPa）（×300000）

**図 7.15** 0.90% C 鋼線のパテンティング処理材冷間伸線材の組織写真

場合が多い. オーステナイトから各種の
冷却速度で冷却した場合にどのような組
織が生成するか温度・冷却曲線図上に示
したものを連続冷却変態曲線 (continu-
ous cooling transformation diagram) と
いう. CCT 曲線を求めるには, 熱膨張測
定が一般的に行われる. 図7.16 に 0.45%
C 鋼の加熱時および冷却時の熱膨張曲線
を示す. オーステナイトからフェライト,
パーライト, ベイナイト, マルテンサイ
トに変態する場合, いずれも膨張と発熱
をともなっている.

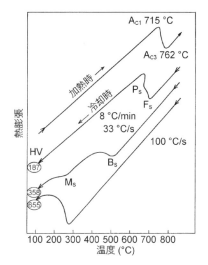

**図7.16** 0.45% C 鋼の加熱時および冷却時の
熱膨張曲線

図7.17 に 0.45% C 鋼の CCT 曲線, 図
7.18 に冷却速度と組織変化を示す. 冷却
速度が大きい場合, 変態組織はマルテン
サイトやベイナイトが主体の組織で硬度が高い. 冷却速度が小さくなると, フェ
ライト・パーライト組織となり, 硬度が低下する.

図7.19 に Ni-Cr-Mo 鋼の CCT 曲線を示す. 炭素鋼と比較して, Ni-Cr-Mo 鋼

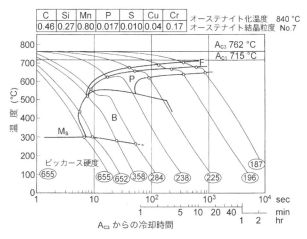

**図7.17** 0.45% C 鋼の CCT 曲線

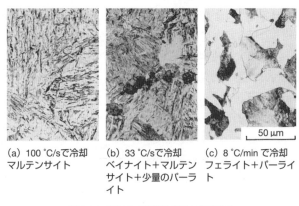

(a) 100 °C/sで冷却
マルテンサイト

(b) 33 °C/sで冷却
ベイナイト+マルテン
サイト+少量のパーラ
イト

(c) 8 °C/min で冷却
フェライト+パーライ
ト

図 **7.18** 炭素鋼の連続冷却時の組織変化

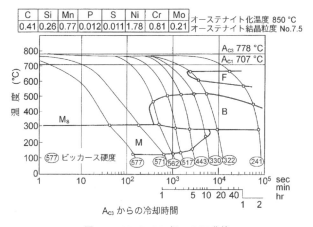

図 **7.19** Ni-Cr-Mo 鋼の CCT 曲線

の CCT 曲線は，冷却速度の小さい側（右側）へ移行している．

**2）鋼の焼入性** 同じ大きさの丸棒をオーステナイト域から水焼入れを行った場合，断面の硬さ分布は鋼種によって大きく異なる．0.46% C 炭素鋼（図7.17）と 0.41% C-Ni-Cr-Mo 鋼（図 7.19）の冷却速度による硬度変化を図 7.20 に示す．いま直径 50 mm の丸棒を 850 ℃ に加熱後水中に焼入れを行った場合，炭素鋼の中心部の硬度は 250 Hv 程度であり，表面は硬く中心部は軟らかい U 字型の硬度分布を示す．一方，Ni-Cr-Mo 鋼は表面から中心部まで 570 Hv の一定の硬度分布となる．表層部はいずれもマルテンサイトであっても硬さが異なるの

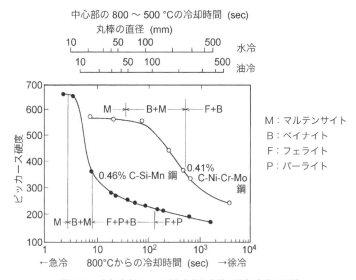

**図 7.20** 冷却速度による硬化変化と丸棒の冷却速度の関係

は，炭素量の違いによるものである．このように急冷を行った場合に硬くなりやすい，言い換えるとマルテンサイトが生成しやすいことを焼入性（hardenability）が大という．

焼入性に大きく影響する因子は，オーステナイト結晶粒度や炭素をはじめとする合金元素の量である．また同じ化学成分でも冷却方法，たとえば氷食塩水，油などの冷媒や撹拌などの熱処理作業で硬度は変化する．

焼入性を知るには，CCT 曲線や焼入性倍数の計算，コンピュータシミュレーションなどがあるが，ここでは簡便なジョミニー（Jominy）一端焼入試験法について述べる．図 7.21 に示すような試験片をオーステナイト化後，一端を水冷する．冷却後の試験片を長手方向に 0.38 mm 切削して，硬度測定を行う．図に示すように，硬度–焼入端からの距離について，図 7.20 に示したものと同様な関係が得られる．このデータから次のような情報が得られる．

① 焼入れ方法（水冷，油冷など）により，鋼材の大きさと位置（中心部など）の冷却時間 $t$ がわかる．

② この冷却時間 $t$ に相当するジョミニー試験片の焼入端からの距離 $J_D$ が求まる．

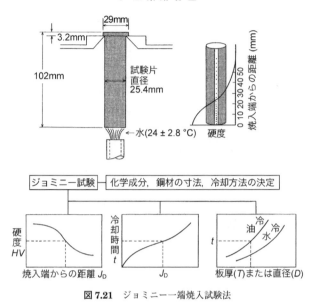

**図 7.21** ジョミニー一端焼入試験法

③ この $J_D$ の位置の硬度が測定値から求まり，材料選定，熱処理方法の適合性を判断できる．

④ 上の操作の逆を辿れば，目的の硬度を得る鋼材寸法が決まる．

⑤ 経済性や製造の容易さを考慮し，適正成分を選定する．

**【例題 7.4】** JIS の機械構造用炭素鋼 S 45 C およびクロムモリブデン鋼 SCM 440 のジョミニー一端焼入試験法を行い，図 7.22(a) のデータを得た．図 7.22 の (b)，(c) を参照し，

(1) 30 mm 直径の丸棒を 870 ℃ から油焼入れを行った場合に，丸棒の中心部の硬さを求めよ．

(2) 丸棒を 870 ℃ から水焼入れを行い，中心部の硬さを 40 HRC にしたい．丸棒の直径を求めよ．

**[解]** (1) 30 mm の丸棒の中心部の 800～500 ℃ の冷却時間 $t = 30$ sec

$t = 30$ sec に相当するジョミニー試験片の焼入端からの距離 $J_D = 12$ mm

$J_D = 12$ mm の位置の硬度は S 45 C：28 HRC，SCM 440：48 HRC.

(2) HRC 40 になる $J_D$ は S 45 C：8 mm，SCM 440：18 mm

これに相当する 500～800 ℃ の冷却時間 $t$ は S 45 C：16 sec，SCM 440：50 sec

水冷時の冷却時間に相当する丸棒の直径 $d$ は S 45 C：30 mm，SCM 440：65 mm

このようにクロムやモリブデンを添加すると焼入性が大となり，より大きな鋼材の中

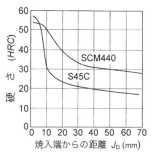

(a) ジョミニー 一端焼入性試験(オーステナイト化温度：870℃)
S45C(0.45C-0.2Si-0.75Mn), SCM440(0.40C-0.2Si-1.0Cr-0.2Mo)

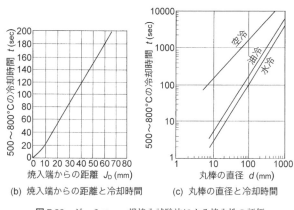

(b) 焼入端からの距離と冷却時間　　(c) 丸棒の直径と冷却時間

**図 7.22** ジョミニー一端焼入試験法による焼入性の評価

心部まで硬くすることができる.

### g. 鉄鋼の製造法

**1) 製 銑**　鉄鉱石と石灰石から焼結鉱を, 石炭からコークスをつくる. これらを高炉に装入して, 鉄鉱石を還元し, 約 4% の炭素を含む銑鉄をつくる. 高炉の内容量 5000 m³ 級の大型高炉では, 10000 トン/日の銑鉄が製造できる. 出銑時の溶銑温度は約 1450 ℃ である.

**2) 製 鋼**　溶銑（一部スクラップ）を転炉に装入し酸素により脱炭して所定の炭素濃度にするとともに合金元素の調整を行う. 転炉のほかにスクラップを主原料とする電気炉方法もある. 出鋼時の溶鋼の温度は鋼種により異なるが約 1600 ℃ 程度である.

**3) 造 塊**　転炉, 電気炉で精錬された溶鋼は, 連続鋳造により, スラブ,

ブルーム，ビレットの各種形状になる．連続鋳造がむずかしい鋼種は鋼塊として鋳造が行われる．

**4) 加 工**　これらの鋳片は加熱炉により均熱され（直接圧延されるダイレクトロールもある），厚鋼板，熱延鋼板，冷延鋼板，継目なし鋼管，溶接鋼管，形鋼，棒鋼，線材，鍛鋼品が製造される．

これらの工程を図 7.23 に示す．

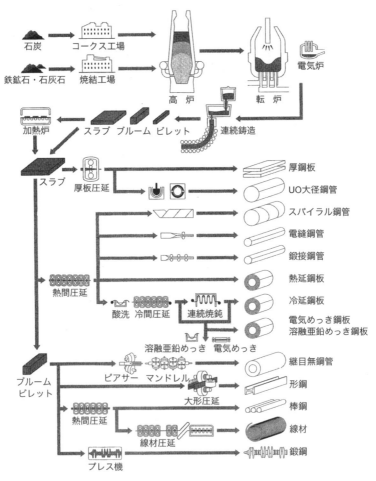

**図 7.23**　鉄鋼の製造工程

**表7.2** 鉄鋼材料の用途例

| 製 品 形 状 | 用 途 例 |
|---|---|
| 1. 厚鋼板 | 造船，橋梁，圧力容器，石油・天然ガス貯蔵タンクラインパイプ，海洋構造物，高層鉄骨ビル，建設機械，揚水発電所用ペンストック |
| 2. 熱延鋼板 | 自動車部品（ホイル，バンパー，フレーム），配管，建設機械，溶接H形鋼 |
| 3. 冷延鋼板 | 自動車用内外板，トタン・ブリキ原板，家電製品，トランスモーター用電磁鋼板 |
| 4. 表面処理鋼板 | 自動車・家電製品・建材用のめっき鋼板および有機被膜鋼板 |
| 5. 鋼管：継目なし鋼管（マンネスマン，ユジーン）溶接管（UO，ERW） | 発電用（ボイラー，熱交換器等），油井管，ラインパイプ，化学工業プラント用（加熱炉管，熱交換器，リフォーマー等），配管，自動車用（ドアインパクトバー，排ガス用，プロペラシャフト等），建設機械，産業機械 |
| 6. 形鋼 | 建設用H形鋼・鋼矢板，レール |
| 7. 棒鋼・線材 | ワイヤーロープ，ボルト，ナット，自動車用部品・スチールコードワイヤー，PC鋼線，熱間・冷間加工製品，ACSR用めっき線材，鉄筋 |
| 8. 鍛鋼品 | 発電用ローター，車輪，車軸，自動車用（クランク，コネクチングロッド，歯車等），圧力容器，継手，工具，金型 |
| 9. 鋳造品 | ロール，農機具，耐摩耗部品，車輪，カムシャフト継手，配管 |

## h. 鉄鋼材料の概略

**1) 製品形状と用途**　表7.2に製品形状と用途例を示す．厚鋼板は大型構造物，薄鋼板は自動車，家電，建材，鋼管は発電，化学工業，石油・天然ガスの採掘・輸送，形鋼は土木・建築，棒鋼・線材は土木・建築，各種加工部品，鍛鋼は産業機械・機械部品が主な用途である．

**2) 鉄鋼材料の強度**　図7.24に鉄鋼材料の強度と製品例を示す．実用材料としては引張強さが約$25\ \mathrm{kgf/mm^2}$程度の軟鋼板から約$500\ \mathrm{kgf/mm^2}$の細線までがある．

**3) 環境と鉄鋼材料**　図7.25に温度，腐食環境と使用されている鉄鋼材料の関係を示す．低温用には脆性破壊を起こさないように，細粒のAlキルド鋼，高張力鋼，Ni鋼，ステンレス鋼が用いられる．高温用には使用温度によって，炭素鋼，Cr-Mo鋼，フェライト系・オーステナイト系ステンレス鋼，高合金が用いられる．いずれも使用環境を考慮して適正な鋼種を選定することが必要である．

## i. 構造用鋼（表7.3）

**1) 一般構造用鋼**　一般構造用（JIS記号 SS）は熱間加工のままで建築，橋梁，船舶，車輌用に用いられる．SS 540の数字540は引張強さ$\sigma_\mathrm{B}$の下限値（MPa）

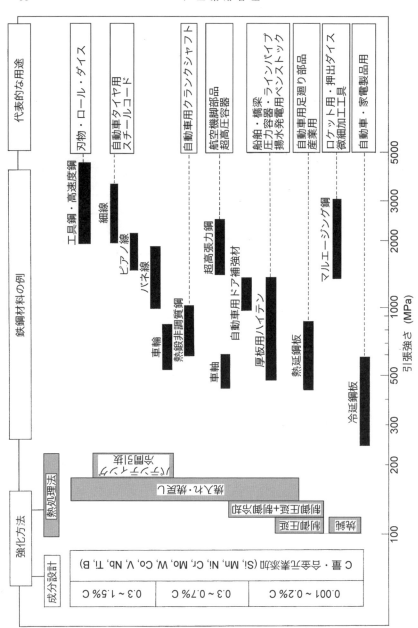

図 7.24　鉄鋼材料の強度と製品例

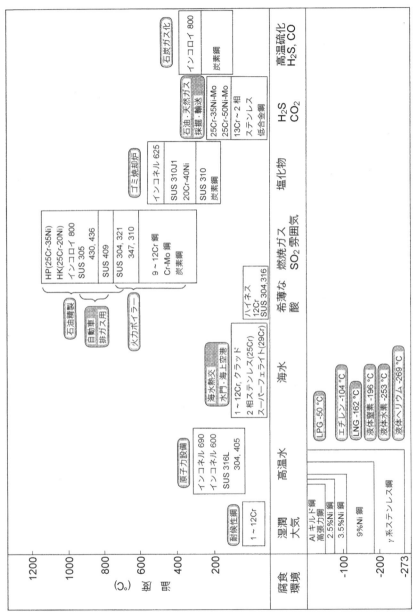

図 7.25 使用環境と鉄鋼材料

表 **7.3**　構造用鋼

| 種　　類 | 例 | 化学成分（wt%） | | | | 機械的性質 | | | 熱処理 |
|---|---|---|---|---|---|---|---|---|---|
| | | C | Si | Mn | Ni | $\sigma_Y$ (MPa) | $\sigma_B$ (MPa) | $\delta$ (%) | |
| 一般構造用 SS △△△ | SS 540 | ≤0.30 | — | ≤1.60 | — | ≥390 | ≥540 | ≥17 | — |
| 溶接構造用 SM △△△ | SM 570 | ≤0.18 （合金元素添加可） | ≤0.55 | ≤1.60 | — | ≥450 | 570 〜 720 | ≥20 | N, QT* TMC |
| 溶接構造用 HW △△△ | HW 885 | ≤0.18 （合金元素添加可） | — | — | — | ≥885 | 950 〜 1130 | ≥12 | QT** |
| 低温用　炭素鋼 SLA △△△ | SLA 325 B | ≤0.16 | 0.15 〜 0.53 | 0.80 〜 1.6 | — | ≥325 | 440 〜 560 | ≥22 | QT TMC |
| ニッケル鋼 SL2N △△△ SL3N △△△ | SL 3 N 275 | ≤0.17 | ≤0.30 | ≤0.70 | 3.25 〜 3.75 | ≥275 | 480 〜 620 | ≥22 | N, NT TMC |
| SL5N △△△ SL9N △△△ | SL 9 N 590 | ≤0.12 | ≤0.30 | ≤0.90 | 8.5 〜 9.5 | ≥590 | 690 〜 830 | ≥21 | QT LT |

$C_{eg} = C + Mn/6 + Si/24 + Ni/40 + Cr/5 + Mo/4 + V/14 (\%)$
$P_{CM} = C + Mn/20 + Si/30 + Ni/60 + Cr/20 + Mo/15 + V/10 + Cu/20 + 5B (\%)$
$^*C_{eg} \leq 0.44$, $P_{CM} \leq 0.28$, $^{**}C_{eg} \leq 0.76$, $P_{CM} \leq 0.33$
$\sigma_Y$：降伏応力, $\sigma_B$：引張強さ, $\delta$：破断伸び（8.2 節参照）.

を示す.

　**2)　溶接構造用鋼**　　溶接により構造物に建造できる鋼材であり, 船舶, 建築, 橋梁, 石油, ガス貯蔵タンク, 圧力容器などに使用されている.

　高張力鋼は JIS 記号では SM 材があるが, 引張強さ 570 MPa までの規格である. 日本溶接協会規格（WES）では引張強さ 950 MPa までの鋼材の規格がある.

　溶接の最高硬さを抑えるために炭素当量 $C_{eq}$ および溶接割れ感受性指数 $P_{CM}$ により合金元素の添加量は規制されている.

　このほかに, 1% 以下の Cu, Ni, Cr を添加した耐候性鋼（SMA, SPA）や土砂, 鉱石に対する耐摩耗性を高めるために鋼板の表面ブリネル硬さを, 280〜400 に高めた耐摩耗鋼がある.

　**3)　低温用鋼**　　−196 ℃ まで使用される鋼材は, 図 7.25 に示したように低温靭性の良い炭素鋼, ニッケル鋼がある. −196 ℃ 以下では, オーステナイトを安定化した組成の 304 系ステンレス鋼が用いられている.

表 **7.4**　高温用鋼

| 分　類 | 最小引張強さ (MPa) | ボイラー・圧力容器用鋼板 | 圧力容器用鋼板 | ボイラー・熱交換器用鋼管 |
|---|---|---|---|---|
| C | 410, 450, 480 | SB 410, 450, 480 | SGV 410, 450, 480 | |
| Si-Mn | 410, 490, 520 550, 570, 610 | — | SPV 410, 490, 520 550, 570, 610 | STB 340, 410, 510 |
| 0.5 Mo | 450, 480 | SB 450 M, 480 M | — | STBA 12, 13 |
| Mn-0.5 Mo | 520, 550 550, 620 | SBV 1 A, V 1 B — | — SQV 1 A, V 1 B | |
| Mn-0.5 Mo-0.5 Ni | 550 620 | SBV 2 — | SQV 2 A SQV 2 B | |
| Mn-0.5 Mo-0.8 Ni | 550 620 | SBV 3 — | SQV 3 A SQV 3 B | |
| Cr–Mo 0.5 Cr-0.5 Mo | 380 | SCMV 1 | — | STBA 20 |
| 1 Cr-0.5 Mo | 410 | SCMV 2 | — | STBA 22 |
| 1.25 Cr-0.5 Mo | 410 | SCMV 3 | — | STBA 23 |
| 2.25 Cr-1 Mo | 410 | SCMV 4 | — | STBA 24 |
| 3 Cr-1 Mo | 410 | SCMV 5 | — | — |
| 5 Cr-0.5 Mo | 410 | SCMV 6 | — | STBA 25 |
| 9 Cr-1 Mo | 410 | — | — | STBA 26 |
| (注) JIS G | | 3103, 3119, 4109 | 3115, 3118, 3120 | 3461, 3462 |

**4)　中常温用鋼**　クリープを考慮しなくてもよい温度（おおよそ 350 ℃ 以下）で使用される鋼材で溶接性や靱性が重視される．JIS 規格を表 7.4 に示す．低圧用には，溶接構造用圧延鋼材も使用可能である．

**5)　高温用鋼**　クリープを考慮する必要のある温度（おおよそ 400 ℃ 以上）で使用される鋼材でボイラー用という用語が通常用いられるが，使用環境によっては耐酸化性や耐食性が必要となるので炭素鋼には適用限界があり，表 7.4 に示すように低合金鋼や合金鋼が用いられる（ステンレス鋼については別項で述べる）．ボイラー，石油精製圧力容器，脱硫装置，原子炉容器などに用いられる．

**j.　機械構造用鋼**（表 7.5）

**1)　機械構造用炭素鋼**　JIS に規定されている機械構造用炭素鋼は S 9 CK（0.07〜0.12% C）から S 58 C（0.55〜0.61% C）まで 23 種類ある．焼入性は低合金鋼に比較すると小さいので，低炭素鋼は浸炭焼入れの場合を除くと焼ならしによりフェライト＋パーライト組織にして性質を向上させたり，冷間引抜きによって強度を上昇させて使用される．中・高炭素鋼は焼入れ・焼戻しをして使用さ

表 7.5  機械構造用鋼

| 種　　類 | 例 | 化学成分（wt%） | | | | | | 熱処理 | 機械的性質 | | |
|---|---|---|---|---|---|---|---|---|---|---|---|
| | | C | Si | Mn | Ni | Cr | Mo | | $\sigma_Y$ (MPa) | $\sigma_B$ (MPa) | $\delta$ (%) |
| 炭素鋼 S△△C | S 45 C | 0.42〜0.48 | 0.15〜0.35 | 0.60〜0.90 | — | — | — | N | ≥392 | ≥648 | ≥15 |
| | | | | | | | | QT | ≥588 | ≥785 | ≥14 |
| SMn △△△ | SMn 433 | 0.29〜0.36 | | 1.15〜1.55 | — | — | — | | ≥539 | ≥686 | ≥20 |
| SMnC △△△ | SMnC 443 | 0.40〜0.46 | | 1.35〜1.65 | — | 0.35〜0.70 | — | | ≥785 | ≥932 | ≥13 |
| SCr △△△ | SCr 430 | 0.28〜0.33 | 0.15〜0.35 | 0.65 | — | 0.90 | — | QT | ≥637 | ≥785 | ≥18 |
| SCM △△△ | SCM 440 | 0.38〜0.43 | | 0.85 | | 1.20 | 0.15〜0.30 | | ≥834 | ≥981 | ≥12 |
| SNC △△△ | SNC 631 | 0.27〜0.35 | | 0.35〜0.65 | 2.5〜3.0 | 0.6〜1.0 | — | | ≥686 | ≥834 | ≥18 |
| SNCM △△△ | SNCM 439 | 0.36〜0.43 | | 0.6〜0.90 | 1.6〜2.0 | | 0.15〜0.30 | | ≥883 | ≥981 | ≥16 |

N：焼ならし（空冷），Q：焼入（水冷，油冷），T：焼戻し

れることが多いが，引張強さは 800 MPa が限界である．

低炭素鋼は，ワッシャー，ボルト，ピストンロッドなど，中・高炭素鋼は，クランクシャフト，カムシャフト，コネクチングロッド，アクスルシャフト，ボルト，ギヤ，車軸，などに用いられる．

**2）　機械構造用合金鋼**　　強靱鋼として用いられる鋼種は，C 量が 0.25〜0.50% で Mn，Mn-Cr，Cr，Cr-Mo，Ni-Cr，Ni-Cr-Mo 系の合金元素を添加したものである（表 7.5）．これらの鋼は焼入性が大であり，大型部品でも内部まで深く焼入れを行うことができ，焼戻しにより均質な組織が得られ，靱性も高い．焼入性が良く，油冷あるいは空冷でも焼入れが可能な鋼種もあるので，焼入時のひずみや残留応力を低減することができる．これらの強靱鋼は，強度と靱性を必要とする機械構造部品をはじめ発電機用ローターやシャフト類に広く使用されている．

**3）　超強力鋼**　　引張強さ 1500 MPa 以上で疲労強度，環境脆化にも優れた鋼

材を超強力鋼と呼んでいる．航空機の脚，宇宙ロケット，産業機械などに使用される．代表的例には，低温焼戻しされた低合金鋼（300 M：Ni-Cr-Mo-V 鋼），炭化物の二次析出硬化を利用した中合金鋼（SKD 6：5 Cr-Mo-V 鋼），金属間化合物の析出硬化を利用した高合金鋼（18 Ni マルエージ鋼：18 Ni-Mo-Co-Ti-Al）がある．

**4）　表面硬化鋼**　　表面硬化法は，浸炭，窒化，高周波焼入れ，レーザー焼入れ，火炎焼入れなどがあり，表面を硬くし，かつ表面近傍の圧縮残留応力を調整して，高い疲労強度と耐摩耗性を付与する熱処理である．歯車，軸受，などの部品に適用される．

①　浸炭処理後焼入れ・焼戻しを行って使用する鋼を肌焼鋼という．肌焼鋼は部品の内層部は強靭性を必要とするので，低炭素低合金鋼である．硬化深さは 0.4 mm 程度である．

②　窒化鋼は窒化物層により硬い表層部を得るために Cr, Al, V などが添加されている．JIS では SACM 645（0.45 C-1.5 Cr-0.25 Mo-0.9 Al）があるが，表層部が過度の硬さになることや，硬化層が薄いことなどから，近年 SCr 435 や SCM 435 に V を添加した鋼も多く使用されている．窒化温度は 500〜600 ℃であるので，熱処理によるひずみが他の方法より少ない利点がある．ただし，硬化層深さは 0.15 mm 程度である．

③　高周波焼入れやレーザー焼入れなどの表面硬化法は，マルテンサイトによる硬化を利用したものであるので，0.35% C 以上の鋼が選定される．硬化深さは数 mm 程度である．

**5）　軸受鋼**　　ベアリングのレース，ボール，ローラーに用いられる鋼を軸受鋼と呼んでいる．汎用鋼としては SUJ 2（1.0% C−1.5% Cr）が多く用いられる．このほかに肌焼鋼の利用や耐食性，高温用にステンレス軸受 SUS 440 C（1.1% C−17% Cr）なども使用される．SUJ 2 は球状化焼なましにより 1 $\mu$m 以下の炭化物を均一分散させ，切削加工や冷間加工後，焼入れ・焼戻しを行い使用される．

**k.　薄　鋼　板**

熱間圧延薄鋼板，冷間圧延薄鋼板は自動車用，建設，家電製品，電気機械，容器用に広く用いられている．

**1）　熱間圧延鋼板**　　熱延鋼板は 0.8 mm 厚以上，最大幅 1900 mm の鋼板が熱間圧延機（ホット・ストリップミル）で製造されコイル状に巻き取られる．

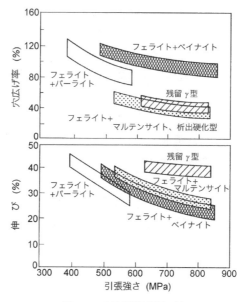

図 7.26　熱延高張力鋼板の例

　建築，橋梁，車両，溶接 H 形鋼，ガス管やラインパイプなどに用いられる構造
用鋼板には炭素鋼，低合金鋼，耐候性鋼などが用いられる．自動車用部品（ホイ
ールリム，ホイールディスク，フレームなど），電気機器（リテーナ，スイッチボ
ックスなど）には加工性の良好な軟鋼や高張力鋼が用いられる．自動車部品用に
は，高強化とともに，曲げ，伸びフランジ性などが要求されることが多いので，
加工性の良好な鋼板が製造される．図 7.26 に代表例を示す．

　**2)　冷間圧延鋼板**　　熱間圧延鋼板を酸洗後冷間圧延機（コールド・ストリッ
プミル）により冷間圧延し，連続焼なましやバッチ焼なましによる焼なましを行
って 0.15～3.2 mm 厚の切板，コイル状の冷延鋼板が製造される．

　冷延鋼板の用途は，自動車，家電製品，建材などであり，加工性を必要とする
ので軟鋼が多く用いられる．JIS では一般用（SPCC），絞り用（SPCD），深絞り
用（SPCE）をはじめ，耐候性鋼板，ほうろう用鋼板などがある．

　加工性の良い自動車用鋼板としては，低降伏点，高い伸び，加工硬化係数 $n$ の
小さい鋼板や，ランクフォード値（$\gamma$ 値）の高い鋼板が望まれる．$\gamma$ 値は板面に平
行な（111）面が多く，（100）面が少ない結晶粒の配列のとき大となる．最近で

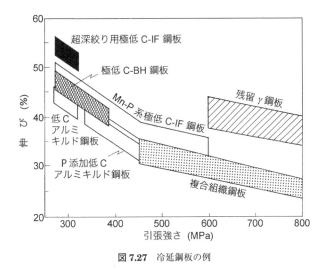

図7.27　冷延鋼板の例

は，自動車の軽量化のために図7.27に示すように加工性の良い高張力鋼が数多く開発されている．

**3) 表面処理鋼板**　SnめっきをしたブリキやZnめっきをしたトタンは缶材や建材に用いられる．自動車用には，溶融Znめっき，合金化溶融Znめっき，ZnやNi-Zn系の電気めっき，有機被覆などが施された表面処理鋼板が使用される．

**4) 電磁鋼板**　磁性材料には，外部磁界によって磁化し，保磁力の小さい軟質磁性材料と，保磁力の大きい硬質磁性材料（永久磁石）がある．軟質磁性材料は，変圧器，発電機などに電磁鋼板として多量に用いられている．

① 鈍鉄：飽和磁束密度 $B_s = 2.158\,T$ と高いが，抵抗率が $9.7\,\Omega\cdot cm$ と低いので渦電流損によるエネルギー損失が大きい．エネルギー損失はこのほかヒステリシス損がある．

② ケイ素鋼板：Siを添加したケイ素鋼板は $B_s$ は低くなるが，エネルギー損失も少なくなる．

③ 方向性電磁鋼板：通常3% Siを含む鋼板はBCC構造であり，[100]方向が最も磁化しやすく，[111]方向が最も磁化しにくい．[110]はその中間である．このように結晶方位を圧延方向に揃えた鋼板が方向性電磁鋼板である．

④ 無方向性電磁鋼板：結晶配列はランダムであり，磁気特性の方向性は少な

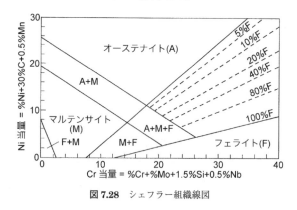

**図7.28** シェフラー組織線図

い．3% Si を含む高級鋼から Si 量の少ない低級鋼まである．

## l. ステンレス鋼

ステンレス鋼は種々の腐食環境において優れた耐食性をもつことから，機械材料として多く用いられている．ステンレス鋼は11%以上のクロム Cr を含有する鋼で，ステンレス鋼の耐食性は主として合金元素の Cr の効果である．Cr は材料の表面に酸化物の不働態皮膜を形成し，内部の酸化を防止する．

ステンレス鋼は主として Ni と Cr 量により，図7.28 に示すシェフラー組織線図からわかるように，フェライト系，マルテンサイト系，オーステナイト系，フェライト・オーステナイト二相系，析出硬化型がある．

**1）フェライト系ステンレス鋼**　　クロム系ステンレス鋼は，11〜30% Cr を含む Fe-Cr 二元合金が基本である．フェライト系と呼ばれるのは，通常この合金に用いられる熱処理によって得られる組織がフェライト（BCC）であることによる．Cr は α 鉄と同じ BCC であり，図7.29 に示すように状態図における α 相域を広くし，γ の生成を抑制して，結果的に γ 領域のループが形成される．

フェライト系ステンレス鋼は，Cr 系（SUS 405, 410 L, 429, 430, 430 LX），Cr-Mo 系（SUS 434, 436 L, 436 JIL, 444, 447 JIL, XM 27）がある．代表的ステンレス鋼の化学成分と機械的性質を表7.6，組織写真を図7.30 に示す．フェライト系ステンレス鋼は Ni を含有しないので比較的安価である．ダービンブレード，熱交換器，家庭用厨房用，ガス電気器具，自動車外装用，自動車排気系，高温海水熱交換器など化学工業用などに用いられる．

フェライト系，マルテンサイト系ステンレスはオーステナイト系ステンレスに

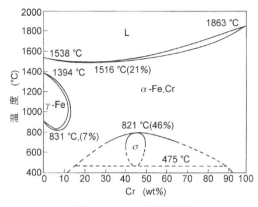

図 7.29 Fe-Cr 平衡状態図

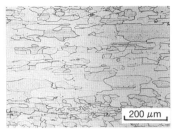

図 7.30 フェライト系ステンレス鋼
SUS 444（19 Cr-2 Mo）の熱延
板の焼なまし組織（×100）

表 7.6 代表的なステンレス鋼の化学成分と機械的性質

| 鋼種記号 | 化学成分（wt%） | 熱処理（℃）徐冷（FC），急冷（Q） | 機械的性質 | | |
|---|---|---|---|---|---|
| | | | $\sigma_Y$ (MPa) | $\sigma_B$ (MPa) | $\delta$ (%) |
| SUS 405 | 13 Cr-0.2 Al | 780～830 FC，Q | ≧175 | ≧410 | ≧20 |
| SUS 410 L | 0.01 C-12.5 Cr | 700～820 FC，Q | ≧195 | ≧360 | ≧22 |
| SUS 430 | 17 Cr | 780～850 FC，Q | ≧205 | ≧450 | ≧22 |
| SUS 436 L | 17.5 Cr-1 Mo-(Ti, Zr, Nb) | 800～1050 Q | ≧245 | ≧410 | ≧20 |
| SUS 444 | 19 Cr-2 Mo-(Ti, Zr, Nb) | | | | |
| SUS 444 JI | 30 Cr-2 Mo | 900～1050 Q | ≧295 | ≧450 | ≧22 |

比較して次の特徴を有する．

① 応力腐食割れが起こらない，② 熱膨張係数が小さい，③ S を含むガス・水溶液に対して耐食性がよい．

一方，次の弱点もある．① 粒界に析出した Cr 炭化物による Cr 欠乏層は粒界腐食を起こす．C や N を低くするか，Ti, Zr, Nb を添加してこれらを固定することが行われる．② 475 ℃ 近傍に保持すると脆化する（475 ℃ 脆性）．これは，$\alpha$ 固溶体が高 Cr 相と低 Cr 相に分解するためで（スピノーダル分解），600 ℃ 以上の短時間の焼なましで靱性は回復する．③ 500～800 ℃ の温度域で長時間加熱すると $\sigma$ 相の析出により脆化する．850 ℃ 以上の短時間の焼なましで靱性は回復する．

**2）マルテンサイト系ステンレス鋼** マルテンサイト系ステンレス鋼は，12～17% Cr を含む Fe-Cr 合金で，0.15～1.0% C を含むので，オーステナイト域

から急冷するとマルテンサイト変態し硬化する．マルテンサイト系は強度を適当に調整できるが，耐食性はフェライト系やオーステナイト系より低い．強度や靱性を確保するための熱処理は低合金鋼と同様に焼入れ・焼戻しによる．マルテンサイト系は焼入性が良いので，SUS 410 以外は水冷しなくても，よりゆるやかな冷却速度でマルテンサイト組織を得ることができる．この系は刃物，洋食器，医療用器具，ダイス，ゲージ，耐摩耗性機械部品，ポンプ軸，蒸気タービン翼，耐食性ベアリングなどに用いられる．Cr の添加は耐 $CO_2$ 腐食に優れるので，石油・天然ガスの採掘・輸送用鋼管にも多く使われはじめている．

マルテンサイト系ステンレス鋼は 12～13% Cr 系（SUS 403, 410, 420），16～17% Cr 系（SUS 429, 440）がある．表 7.7 に代表例を示す．

表 7.7　マルテンサイト系ステンレス鋼の熱処理と機械的性質

| 鋼種記号 | 化学成分(wt%) | 熱処理 (℃) | | | 機械的性質 | | |
|---|---|---|---|---|---|---|---|
| | | 焼なまし | 焼入れ | 焼戻し | $\sigma_Y$ (MPa) | $\sigma_B$ (MPa) | $\delta$ (%) |
| SUS 410 | 0.05 C～12.5 Cr | 800～900 FC または 750 Q, AC | 950～1000 OQ | 700～750 Q | ≧345 | ≧540 | ≧25 |
| SUS 420 J1 | 0.20 C～13 Cr | | | | ≧440 | ≧640 | ≧20 |
| SUS 420 J2 | 0.33 C～13 Cr | | 920～980 OQ | 600～750 Q | ≧540 | ≧740 | ≧12 |
| SUS 440 A | 0.70 C～17 Cr | 800～920 FC | 1010～1070 OQ | 100～180 AC | HRC≧54 | | |
| SUS 440 C | 1.0 C～17 Cr | | | | HRC≧58 | | |

注：JIS 4304 は棒鋼の規格．鋼板の規格には SUS 440C はない．熱処理方法も異なる．

**3）　フェライト・オーステナイト二相系ステンレス鋼**　　上に述べたフェライト系とオーステナイト系の長所をとり入れた二相ステンレス鋼は強度が高く，耐応力腐食割れ性や耐孔食性に優れており，海水復水器，排煙脱硫装置，化学工業用装置，石油，天然ガス採掘用などに用いられている．表 7.8 に二相ステンレ

表 7.8　二相ステンレス鋼の化学成分と機械的性質

| 鋼種記号 | 化学成分 (wt%) | 熱処理 (℃) | 機械的性質 | | |
|---|---|---|---|---|---|
| | | | $\sigma_Y$ (MPa) | $\sigma_B$ (MPa) | $\delta$ (%) |
| SUS 329 JI | 4.5 Ni–25.5 Cr–2 Mo | 950～1100 Q | ≧390 | ≧590 | ≧18 |
| SUS 329 J 3 L | 5.5 Ni–22.5 Cr–3 Mo | | ≧450 | ≧620 | |
| SUS 329 J 4 L | 6.5 Ni–25 Cr–3 Mo | | | | |

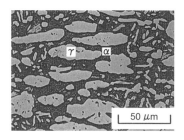

図 **7.31** フェライト・オーステナイト
二相系ステンレス鋼 SUS 329
J 4 L（6.5 Ni-25 Cr-3 Mo）の
溶体化処理後の組織（×500）

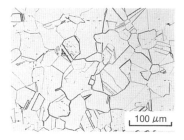

図 **7.32** オーステナイト系ステンレス鋼
SUS 304（18 Cr-8 Ni）冷延板
の焼なまし組織（×200）

ス鋼の例，図 7.31 に組織写真を示す．

**4）オーステナイト系ステンレス鋼**　オーステナイト系ステンレス鋼は 18
Cr-8 Ni の 18-8 ステンレス鋼に代表される Ni-Cr-Fe 三元合金で Mo が添加さ
れる鋼もある．この合金は通常の熱処理ではオーステナイト組織（FCC, $\gamma$ 鉄）
を有し，FCC 構造の Ni の影響で室温でも FCC 構造であり加工性が良い．

オーステナイト系ステンレス鋼は高温から急冷処理（溶体化処理, solution heat
treatment）によって炭化物が固溶するため他のフェライト系やマルテンサイト
系のステンレス鋼よりも耐食性が良い．しかしこの合金は溶接などで加熱されて
870〜600 ℃ の温度域で徐冷されると Cr 炭化物が粒界に析出するために粒界腐
食を起こしやすくなる．この対策として炭素量を 0.03% 以下にした合金（SUS
304 L や SUS 316 L など）や Nb, Ti を添加した合金（SUS 347 や SUS 321 な

表 **7.9**　オーステナイト系ステンレス鋼の化学成分と機械的性質

| 鋼種記号 | 化学成分（wt%） | 熱処理（℃） | 機械的性質 | | |
|---|---|---|---|---|---|
| | | | $\sigma_Y$(MPa) | $\sigma_B$(MPa) | $\delta$（%） |
| SUS 301 | 7 Ni-17 Cr | 1010〜1150 Q | ≧205 | ≧520 | ≧40 |
| SUS 304 | 9 Ni-19 Cr | | | | |
| SUS 304 L | 0.01 C-11 Ni-19 Cr | | ≧175 | ≧480 | |
| SUS 310 S | 20 Ni-25 Cr | 1030〜1180 Q | ≧205 | ≧520 | |
| SUS 316 | 12 Ni-17 Cr-2.5 Mo | 1010〜1150 Q | | | |
| SUS 317 | 13 Ni-19 Cr-3.5 Mo | | | | |
| SUS 321 | 11 Ni-18 Cr-Ti | 920〜1150 Q | | | |
| SUS 347 | 11 Ni-18 Cr-Nb | 980〜1150 Q | | | |

ど）がある．オーステナイト系ステンレス鋼は耐食性に優れているので，化学工業や石油精製をはじめ，家電製品，建築，車両，船舶，低温用，原子炉機器に幅広く用いられている．表7.9に代表例，図7.32に組織写真を示す．

　JISに規格化されている鋼種では，耐食性，耐孔食性，耐応力腐食割れ性が十分でない環境もあり，より高合金の材料も開発され使用されている．ハイネス（22 Cr-26 Ni-5 Mo），インコロイ825（20 Cr-42 Ni-3 Mo-2 Cu），原子炉の蒸気発生器に使用されているインコロイ800（20 Cr-32 Ni），Ni基合金のインコネル600（76 Ni-16 Cr）やインコネル690（30 Cr-62 Ni），ハステロイC 276（15 Cr-16 Mo-4 WNi），インコネル625（60 Ni-22 Cr-9 Mo-4 Nb）などがよく知られている．

　**5）　析出硬化型ステンレス鋼**　　ステンレス鋼の耐食性を保持したままで，強度を高めるために，Ti，Al，Cu，Mo，Nbなどの元素を添加し，これらの合金元素を含む析出相による硬化を目的としたステンレス鋼を析出硬化型（precipitation hardening）ステンレス鋼という．析出処理時の母相組織がマルテンサイト系は17-4 PH（SUS 630）で，マルテンサイトを470～630℃で時効してCuを析出させて時効硬化させたものである．セミオーステナイト系は17-7 PH（SUS 631）で固溶化処理のままではオーステナイト単相であるが，冷間加工や760℃焼戻しによりCr炭化物の析出によりMs点を上昇させる．またはサブゼロ処理を行うかのいずれかの処理によりマルテンサイト変態をさせた後，時効して金属間化合物NiAlを析出させて硬化させる．これらはジェットエンジン部品，航空機・ロケットの構造部材，ギヤ，カムシャフトなどに用いられている．表7.10に例を示す．

表7.10　析出硬化型ステンレス鋼の化学成分と機械的性質

| 鋼種記号 | 化学成分（wt%） | 熱処理（℃） | | 機械的性質（最小値） | | |
| --- | --- | --- | --- | --- | --- | --- |
| | | 固溶化 | 析出硬化 | $\sigma_Y$(MPa) | $\sigma_B$(MPa) | $\delta$(%) |
| 17-4 PH<br>（SUS 630） | 16 Cr-4 Ni-4 Cu-0.03 Nb | 1020～1060 Q | 470～490 AC | ≥1175 | ≥1310 | ≥10 |
| 17-7 PH<br>（SUS 631） | 17 Cr-7 Ni-1 Nb | 1000～1100 Q | 955 AC，<br>−73～510 AC | ≥1030 | ≥1230 | ≥4 |

　このほかに，オーステナイト系では17-10 PH鋼や金属間化合物の析出による高強度マルエージ鋼などがある．

**6)　耐熱鋼**　　ステンレス鋼，高合金鋼は高温強度や高温耐食性が良いので耐熱鋼としても用いられる．化学成分や熱処理は前述の耐食性を目的とした場合とは用途により多少異なる．

①　ボイラー用：570〜700 ℃で用いられるもので，304，316，321，347，310，329，430，410があり，JIS記号ではたとえば304 TB，304 HTB，304 LTBのように規定されている．このうち水管，過熱器管，再過熱器管，節炭器管，熱交換器類に，使用できるのはHTBを付した鋼種だけであり，炭素量や熱処理が細かく規定されている．

火力技術基準や，ASTM，DINなどでは，9% Cr鋼（9 Cr-1 Mo，9 Cr-1 Mo-V-Nbなど），12 Cr鋼（12 Cr-1 Mo-V，12 Cr-1 Mo-W-Nb-Vなど）のフェライト系も規格化され使用されている．タービンローターブレード用には熱膨張係数の小さい高強度の9 Cr系，12 Cr系が用いられる．

②　石油精製・石油化学プラント用：これらの装置用材料としては耐酸化性や耐食性が要求される．石油精製の改質やエチレンプラントのナフサ分解用の加熱炉管，熱交換器管には，304 TB，321 TB，347 TB，のステンレス鋼をはじめ，HK（25 Cr-20 Ni），HP（25 Cr-35 Ni），インコロイ800（20 Cr-30 Ni），インコネル625（60 Ni-22 Cr-9 Mo-4 Nb）のような高合金や，二重管，アルミナイズド，クロマイズドなども用いられている．

③　自動車排気系用：燃費向上，エンジン効率化を目的に，フェライト系ステンレス鋼のSUS 409，430，436，444がエキゾーストマニホールドなど自動車の排気系に用いられている．

**m.　鋳鉄と鋳鋼**

**1)　鋳鉄の性質**　　約2%以上の炭素を含み凝固時に共晶反応をともなうものを鋳鉄（cast iron）という．通常用いる$Fe$-$Fe_3C$系状態図において，きわめてゆるやかに冷却した場合や，高温で長時間保持した場合には，セメンタイト$Fe_3C$は鉄と黒鉛Cに分解するので，$Fe$-$Fe_3C$系と$Fe$-C系の状態図は多少異なる．4.3%以上の炭素を含む$Fe$-C合金は初晶が黒鉛（graphite）であるので，これを鋳鉄，これ以下の炭素を含み，初晶がオーステナイトの合金を鋳鋼と呼ぶ場合がある．

共晶点は合金元素で変化し，とくにSiの影響が大きい．Siは流動性を高めるので鋳鉄には，1.5〜2.5%のSiが添加される．Siの添加により共晶炭素量は（4.3－Si/3）wt%となることが知られている．すなわち，実用鋳鉄では3〜3.5 wt%

C で共晶組成となる.

鋳鉄は 2% C 以下の鋼とは異なった次のような特徴を有する.

① 強度, 硬さ：鋳鉄は硬さ, 圧縮強さは高いが, 延性が低いので引張強さや曲げ強さは低い.

② 減衰能：振動のエネルギーが黒鉛に吸収されるので鋼より減衰能が大きい. このため旋盤のベッドなどに用いられる.

③ 耐摩耗性：摺動摩耗を受ける部分では黒鉛による潤滑性や, 黒鉛が別離した後は, 油溜まりとして作用する. シリンダーライナーなどはこの性質を利用している.

④ 被削性：切粉が黒鉛粉部分で破断するので切削性が良い.

⑤ 耐熱衝撃性：車両用ディスクブレーキは急熱・急冷の熱履歴を受けるが, 黒鉛による溶着防止, 熱伝導性向上, 局部応力の緩和などの効果によりき裂の発生を抑制することができる.

⑥ 耐食性：鋳鉄表面のスケールは腐食の進展を抑制するので, 鋳鉄製の水道管が古くから使用されている.

### 2) 鋳鉄の種類

① 白鋳鉄 (white cast iron)：溶銑を急冷すると, 黒鉛ではなくセメンタイトが晶出し, オーステナイトとの共晶組織 (レデブライト) となる. この組織をチルド鋳鉄といい, 硬いのでロールの表面の耐摩耗性向上や, 農機具, カムシャフト, ライナーに適用される.

② ねずみ鋳鉄 (gray cast iron)：片状の黒鉛が晶出した鋳鉄で, 黒鉛の形態や大きさは化学成分, 冷却速度により異なる.

③ 球状黒鉛鋳鉄 (ductile cast iron)：Mg や Ca などを添加し, 黒鉛の形状を球状にしたもので延性が良い. ベイナイト温度域で恒温変態させたものをオーステンパー球状黒鉛鋳鉄といい, 引張強さが飛躍的に向上する.

④ 可鍛鋳鉄 (malleable cast iron)：白鋳鉄を熱処理することにより延性に富む鋳鉄をつくることができる.

・白心可鍛鋳鉄 (white heart malleable cast iron)：白鋳鉄を 1000 ℃ 近傍で酸化剤とともに数日間保持すると, 脱炭して炭素量の低い延性に富む鋼となる.

・黒心可鍛鋳鉄 (black heart malleable cast iron)：白鋳鉄を 1000 ℃ 近傍に数時間～十数時間保持すると, セメンタイトを黒鉛化させた炭素の分散した延性

に富む鋳鉄となる.

・パーライト可鍛鋳鉄（pearlite malleable cast iron）：オーステナイト＋Fe₃C 温度域から共析変態温度に保持し，パーライト地に微細な Fe₃C を析出させ，強度を向上させることができる.

⑤ 合金鋳鉄：低温用フェライト球状黒鉛鋳鉄や Ni-Mn，Ni-Cr，Ni などを添加したオーステナイト鋳鉄がある.

(a) 片状黒鉛鋳鉄　　(b) 球状黒鉛鋳鉄

**図 7.33** 鋳鉄の組織写真

図 7.33 に黒鉛形状（片状，球状）の組織写真を示す.表 7.11 に鋳鉄の種類をまとめて示す.

**3) 鋳 鋼** 鋳鋼（cast steel）は圧延鋼材のように，炭素鋼，溶接構造用鋼，構造用高張力鋼，ステンレス鋼，耐熱鋼，高 Mn 鋼，高温高圧用鋼，低温高圧用鋼などが鋳造品として使用される.

**4) 鋳鉄，鋳鋼の熱処理** 圧延・鍛造材と熱処理方法は基本的に同じであり，基地はマルテンサイト，ベイナイト，フェライト・パーライトとすることができる.鋳造材は樹枝状晶があるので，繰返し熱処理や時間・温度などへの配慮は必要である.

**表 7.11** 鋳鉄の種類

| 分　　類 | | 反　　応 | JIS 記号（数字は最小引張強さ MPa） |
|---|---|---|---|
| 白鋳鉄 | チルド鋳鉄 | L→γ+θ | |
| ねずみ鋳鉄 | 普通鋳鉄<br>強靭鋳鉄 | L→γ+片状 C | FC 100〜300<br>FC 300〜350 |
| 球状黒鉛鋳鉄 | 球状黒鉛鋳鉄<br>オーステンパー球状黒鉛鋳鉄 | L→γ+球状 C<br>オーステンパー熱処理 | FCD 370〜800<br>FCD 900 A〜1200 A |
| 可鍛鋳鉄 | 白心可鍛鋳鉄<br>黒心可鍛鋳鉄<br>パーライト鋳鉄 | ⎫<br>⎬ L→γ+θ→熱処理<br>⎭ | FCMW 330〜540<br>FCMB 270〜360<br>FCMP 440〜690 |
| 合金鋳鉄 | 低温用フェライト球状黒鉛鋳鉄<br>オーステナイト鋳鉄 | L→γ+球状 C<br>L→γ+片状 C<br>L→γ+球状 C | FCD-300 LT<br>FCA<br>FCDA |

## 7.2　アルミニウム合金

　純アルミニウムは，3個の最外殻原子を有し，この価電子は容易に分離する．その結果軽くて（比重 2.7 g/cm³）活性があり，電気伝導性，熱伝導性に富むので，航空機用材料，建築材料，導電材料として用いられる．結晶構造は FCC であり，すべり系は {111} 面，〈110〉方向である．すべり系が多いため優れた延性と成形性に富む材料である．この性質はアルミ箔でよく知られている．

　アルミニウムは空気中で酸化しやすく，緻密な酸化膜（$Al_2O_3$）を表面に生じ，この皮膜によって酸化の進行を防ぐ．ただし，Cu や Fe などの不純物が含まれると，酸化物が緻密に形成されないことや，化学的に局部電池ができることにより耐食性は低下する．塩酸やアルカリに対しては著しく反応するが，硫酸，硝酸には塩酸ほどではない．

### a.　種類と熱処理

　工業用アルミニウム合金はアルミニウムに元素を添加し，冷間加工や熱処理により良好な性能を有する合金である．大別すると，展伸用合金（wrought alloy）と鋳造用合金（cast alloy）がある．合金の基本系は，Al-Cu，Al-Si，Al-Mg，

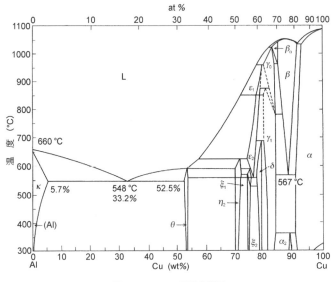

**図 7.34**　Al-Cu 平衡状態図

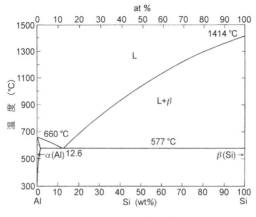

**図 7.35** Al-Si 平衡状態図

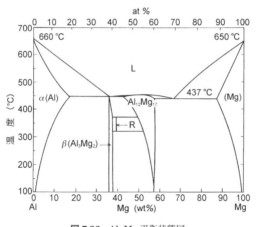

**図 7.36** Al-Mg 平衡状態図

Al-Zn であり，これらを多元素に組合わせて，強靱性，耐熱性，耐食性を高めた合金が製造されている．二元合金の平衡状態図を図 7.34，図 7.35，図 7.36 に示す．

　熱処理は，焼なまし処理と時効処理に分けられる．熱処理型合金（heat treatable alloy）は，時効処理を行って機械的な性質を調整できるもので，Al-Cu，Al-Si-Mg 合金などがある．熱処理による効果が認められない場合を非熱処理型合金（non-heat treatable alloy）と呼び，Al-Si，Al-Mg 合金などがある．

表 **7.12**　アルミニウム合金の分類

| 分　類 | 規　定 | 内　　　　　容 |
|---|---|---|
| 冷間加工 | HIX | X の数字の大きいほど加工度は大．たとえば 1060-H14 は 1060 合金の加工能の 50%，1060-H19 は加工能 100% を示す． |
| | H2X | 冷間加工＋焼ならし．X の意味は上と同じ |
| | H3X | 冷間加工＋安定化処理．安定化は経年変化を防ぐため使用温度より 30～55℃ 高い温度に加熱する．X の意味は上と同じ |
| 製造のまま | F | 圧延，押出し，鋳造のままの状態 |
| 焼なまし | O | 焼なました状態 |
| 焼なまし＋時効 | T3 | 溶体化処理＋加工硬化＋自然時効（常温時効） |
| | T4 | 溶体化処理＋自然時効 |
| | T5 | 鍛造，鋳造温度より急冷して時効硬化（溶体化処理省略） |
| | T6 | 溶体化処理＋最高強度を得る温度で時効硬化 |
| | T7 | 溶体化処理＋最高強度を得る温度以上の時効．安定化，耐食性付与 |
| | T8 | 溶体化処理＋冷間加工＋時効硬化 |
| | T9 | 溶体化処理＋時効硬化＋冷間加工 |

　アルミニウムは加工により強度を高めることができる．冷間加工や熱処理による材質の種類は表 7.12 に示す質別記号で表される．

**b.　アルミニウム合金展伸材**

　表 7.13 にアルミニウム合金展伸材の例を示す．これらは単相合金と二相合金，熱処理型合金と非熱処理型合金，高強度合金，耐熱合金，耐食合金などに分類することもできる．

**1)　単相合金**

　①　1000 系（純 Al）：99.5% 以上の純度のアルミニウムは強度は低いが導電性，伝熱性，耐食性がよい．冷間加工によって強度を高くして用いられる．

　②　3000 系（Al-Mn 合金）：Mn により固溶強化した合金で，Al 中の Fe を Al(Fe, Mn) 化合物として析出させ，耐食性と成形性を向上させている．

　③　5000 系（Al-Mg 合金）：Al-Mg 合金は $\alpha$FCC 単相で，Al-Mn 合金と同様に固溶強化によって焼ならし状態で高強度，高延性と加工性を保ちながら，その後の加工硬化によって必要な性質を得る．Al-Mg 合金は特に耐海水性や陽極酸化性が優れている．

**2)　二相合金**

　①　2000 系（Al-Cu，Al-Cu-Mg 合金）：Al-Cu 状態図から想定されるように，550℃ では単相合金であるが室温では $\theta$ 相の析出した二相合金である．この

表7.13　アルミニウム合金展伸材の化学成分と機械的性質

| 分類 | 相 | タイプ | 合金番号例 | 主要組成 (wt%) | | | | | | 合金 | 処理 | 機械的性質 | | | 用途 |
|---|---|---|---|---|---|---|---|---|---|---|---|---|---|---|---|
| | | | | Cu | Mg | Mn | Si | Cr | Zn | | | $\sigma_B$ (MPa) | $\sigma_Y$ (MPa) | $\delta$ (%) | |
| 1000系 (純Al) | 単相 | 非熱処理型 | 1080 | Al>99.80 | | | | | | 1080 | O | ≥55 | ≥15 | ≥30 | 電気器具，家庭用品 |
| | | | 1050 | Al>99.50 | | | | | | | H18 | ≥120 | — | ≥4 | 送配電用電線 |
| 2000系 (Al–Cu–Mg合金) | 二相 | 熱処理型 | 2014 | 4.4 | 0.5 | 0.8 | 0.8 | — | — | 2024 | O | ≥215 | ≤95 | ≥12 | 航空機用 |
| | | | 2024 | 4.4 | 1.5 | 0.6 | — | — | — | | T4 | ≥430 | ≥275 | ≥15 | 機械部品 |
| 3000系 (Al–Mn合金) | 単相 | 非熱処理型 | 3003 | 0.1 | — | 1.2 | — | — | — | 3003 | O | ≥95 | ≥35 | ≥25 | 容器，建材 |
| | | | 3004 | — | 1.0 | 1.2 | — | — | — | | H18 | ≥185 | ≥165 | ≥4 | トラック用パネル |
| | | | 3203 | — | — | 1.2 | — | — | — | | | | | | |
| 4000系 (Al–Si合金) | 二相 | 熱処理型 非熱処理型 | 4032 | 0.9 | 1.0 | — | 12 | — | — | 4032 | T6 | ≥365 | ≥295 | ≥5 | ピストン，耐摩耗部品 |
| | | | 4043 | — | — | — | 5 | — | — | | | | | | |
| 5000系 (Al–Mg合金) | 単相 | 非熱処理型 | 5005 | — | 0.8 | — | — | — | — | 5052 | O | ≥175 | ≥65 | ≥18 | 車両，船舶の外装 |
| | | | 5052 | — | 2.5 | — | — | 0.25 | — | | H38 | ≥275 | ≥225 | ≥4 | バスの車体 |
| | | | 5083 | — | 4.5 | 0.7 | — | 0.1 | — | 5083 | O | ≥275 | ≥125 | ≥16 | 建材 |
| | | | | | | | | | | | H32 | ≥305 | ≥215 | ≥12 | |
| 6000系 (Al–Mg–Si合金) | 二相 | 熱処理型 | 6061 | 0.25 | 1.0 | — | 0.6 | 0.25 | — | 6061 | O | ≤145 | ≤85 | ≥18 | 門扉，サッシ |
| | | | 6063 | — | 0.7 | — | 0.4 | — | — | | T6 | ≥295 | ≥245 | ≥10 | クレーン |
| 7000系 (Al–Zn–Mg–Cu合金) | 二相 | 熱処理型 | 7075 | 1.6 | 2.5 | — | — | 0.25 | 5.6 | 7075 | O | ≤275 | ≤145 | ≥10 | 航空機用 |
| | | | 7178 | 2.0 | 3.0 | — | — | 0.3 | 7 | | T6 | ≥540 | ≥480 | ≥8 | 機械部品 |
| | | | 7N01 | 0.5 | 1.5 | 0.3 | — | — | 4.5 | 7N01 | T4 | ≥315 | ≥195 | ≥11 | 車両，スポーツ用具 |
| | | | | | | | | | | | T6 | ≥335 | ≥275 | ≥10 | |

注：Nの記号は日本独特の規格．（ほかは米国AA（Aluminum Association of America）規定に同じ．
機械的性質は4032（鋳造品の規格）以外は板の例（板厚で多少異なる）．

材料は時効硬化が可能な材料であり，整合析出物を得るためには，6.1 節 d で述べたような熱処理を行う．まず $\theta$ 相を溶解させるために 500～550 ℃ の焼なまし後急冷する．これにより過飽和の $\kappa$ 相を得る．ついで 170 ℃ 時効すれば微細な析出物（GP 相や $\theta$ 相など）を得ることができるので，焼なまし処理では引張強さが 180 MPa のものが 400 MPa 以上に強化される．2017 ジュラルミン，2024 超ジュラルミンはよく知られている合金である．

②　4000 系（Al-Si, Al-Si-Cu-Mg 合金）：共晶組成の Si を含む 4032 合金は，熱膨張係数が小さく，Cu, Mg, Ni を添加した熱処理硬化型合金であり，耐摩耗性，耐熱性に優れる．

③　6000 系（Al-Mg-Si 合金）：$Mg_2Si$ の中間相の析出により時効硬化する合金である．

④　7000 系（Al-Zn-Mg, Al-Zn-Mg-Cu 合金）：7075 超々ジュラルミンはもっとも強度の高い合金であるが，耐食性が低く応力腐食割れを起こしやすいので，Cr などを添加して結晶粒を微細化することが行われる．7 N 01 は Cu を含まない合金で溶接熱影響部が通常の冷却で十分焼入れされ，自然時効で硬化するので，溶接構造用に用いられる．

### c. アルミニウム合金鋳造材

鋳造合金の主成分は Al-Cu 系，Al-Si 系，Al-Mg 系であり，これらの多元素の組合せにより鋳造性，強靭性，耐食性の良好な合金がつくられている．熱処理方法は加工用アルミニウム合金と同じであるが，冷間加工による強化は行われない．表 7.14 に鋳造用アルミニウム合金の例を示す．

**1)　Al-Cu 系**　　GP ゾーンや中間相の析出により強化された合金である．Mg により固溶強化した Al-Cu-Mg 系，さらに Ni 添加により Al, Ni, Cu の析出強化をした Al-Cu-Mg-Ni 合金は耐熱性，切削性も優れている．

**2)　Al-Si 系**　　初晶の $\alpha-Al$ と $\alpha+Si$ の共晶組織で，溶融状態で高い流動性と凝固時の収縮も少ない鋳造性のよい合金であり，シルミンとしてよく知られている．

Mg や Cu を添加して，$\theta$ 相 $CuAl_2$ や $\beta$ 相 $Mg_2Si$ の中間相を析出させて強化した Al-Cu-Si 合金, Al-Si-Cu 合金, Al-Si-Mg 合金, Al-Si-Cu-Mg 合金がある．

**3)　Al-Mg 系**　　$\alpha$ 単相組成で靭性と耐海水性に優れる．Si を添加して初晶 $\alpha-Al$ と $\alpha+Si$ の共晶組織にし，Cu, Mg, Ni 添加による強度と耐摩耗性を向上

**表 7.14**　鋳造用アルミニウム合金の化学成分と機械的性質

| 分類 | | 記号 | 主要組成（wt%） | | | | 熱処理 | 機械的性質 | | | 用途 |
|---|---|---|---|---|---|---|---|---|---|---|---|
| | | | Cu | Si | Mg | Ni | | $\sigma_B$ (MPa) | $\delta$ (%) | 硬さ ($H_B$) | |
| 鋳造用合金 | Al-Cu | AC1A | 4.5 | — | — | — | F<br>T4 | ≧160<br>≧235 | ≧5<br>≧5 | 55<br>70 | 航空機油圧部品<br>自転車用部品<br>架線用部品 |
| | Al-Cu-Mg | AC1B | 4.5 | — | 0.25 | — | F<br>T6 | ≧180<br>≧305 | ≧2<br>≧3 | 60<br>95 | |
| | Al-Cu-Si | AC2A | 4.0 | 5.0 | — | — | F<br>T6 | ≧185<br>≧275 | ≧2<br>≧1 | 75<br>90 | マニホールド<br>シリンダーヘッド |
| | Al-Si | AC3A | — | 12 | — | — | F | ≧180 | ≧5 | 50 | ケース類<br>ハウジング類 |
| | Al-Si-Mg | AC4A | — | 9.0 | 0.50 | — | F<br>T6 | ≧180<br>≧245 | ≧3<br>≧2 | 60<br>90 | ブレーキドラム<br>ギヤボックス |
| | Al-Si-Cu | AC4B | 3.0 | 8.5 | — | — | F<br>T6 | ≧180<br>≧245 | —<br>— | 80<br>100 | クランクケース<br>マニホールド |
| | Al-Si-Mg | AC4C | — | 7.0 | 0.35 | — | F<br>T6 | ≧160<br>≧225 | ≧3<br>≧3 | 35<br>85 | 油圧部品<br>小型船用エンジン |
| | Al-Si-Cu-Mg | AC4D | 1.3 | 5.0 | 0.5 | — | F<br>T6 | ≧180<br>≧275 | ≧2<br>≧1 | 70<br>90 | シリンダーヘッド<br>クランクケース |
| | Al-Cu-Ni-Mg | AC5A | 4.0 | — | 1.5 | 2.0 | 0<br>T6 | ≧185<br>≧295 | —<br>— | 65<br>100 | 空冷シリンダーヘッド<br>ピストン |
| | Al-Mg | AC7A | — | — | 4.5 | — | F | ≧215 | ≧12 | 60 | 取手<br>彫刻素材 |
| | | AC7B | — | — | 10.0 | — | T4 | ≧295 | ≧10 | 75 | 光学機械フレーム<br>航空機用機体部品 |
| | Al-Si-Cu-Ni-Mg | AC8A | 1.0 | 12 | 1.0 | 1.0 | F<br>T6 | ≧180<br>≧275 | —<br>— | 85<br>110 | 自動車用ピストン<br>プーリー |
| | | AC8B | 3.0 | 9.5 | 1.0 | 1.0 | F<br>T6 | ≧180<br>≧275 | —<br>— | 85<br>110 | 軸受 |

した Al-Si-Cu-Ni-Mg 合金がある.

**4）　ダイカスト用合金**　　鋳造用アルミニウム合金は，上記の鋳物用合金のほかにダイカスト用合金がある．ダイカスト法は溶融金属に圧力を加えて金型に鋳造する方法で精密な鋳造ができる．ダイカスト用合金としては，ADC 1（Al-12% Si），ADC 3（Al-9.5% Si-0.5% Mg），ADC 10（Al-8.5% Si-3% Cu）合金などがある．

**【例題 7.5】**　加工用アルミニウム合金の基本成分系は Al-Cu, Al-Si, Al-Mg であり，こ
れらの平衡状態図は図 7.34，図 7.35，図 7.36 に示されている．

(1)　実用合金 Al-Cu 系 2014 合金（4.4% Cu-0.5% Mg-0.8% Mn-0.8% Si），Al-Si
系 4032 合金（12% Si-0.9% Cu-1.0% Mg），Al-Mg 系 5052 合金（2.5% Mg-0.25% Cu）
の強化方法を述べよ．

(2)　これらの合金を単相合金と二相合金に分類せよ．

(3)　これらの合金を高強度用，耐食用，耐摩耗・耐熱用に分類せよ．

(4)　これらの合金を熱処理型と非熱処理型に分類せよ．

**［解］**　(1)　2014 合金：$\kappa$ 相の固溶限が広いので，$\kappa$ 単相温度域で $\theta$ を固溶させる溶体
化処理後（冷間加工をしてもよい），時効硬化させる．時効により GP ゾーン，$\theta$ 相 $CuAl_2$,
$Mg_2Si$, Al-Cu-Mg 化合物の析出により強化される．

4032 合金：共晶組織による強化．共晶組織は硬くて延性が低いので冷間加工はむずか
しい．共晶温度以下の溶体化と時効を行えば，$Mg_2Si$, $CuAl_2$ の析出により強化される．

5052 合金：$\alpha$ 単相合金であり，冷間加工（焼ならし，安定化処理をしてもよい）によ
る加工硬化と Mg の固溶硬化により強化される．Cr は粒界腐食防止に役立つ．

(2)，(3)，(4) の解答　表 7.15.

**表 7.15**　アルミニウム合金の分類

| 合　金 | (2) | (3) | (4) |
|---|---|---|---|
| Al-Cu 系 2014 合金 | 二相 | 高強度用 | 熱処理型 |
| Al-Si 系 4032 合金 | 二相 | 耐摩耗・耐熱用 | 熱処理型 |
| Al-Mg 系 5052 合金 | 単相 | 耐食用 | 非熱処理型 |

## 7.3　マグネシウム合金

マグネシウムは比重が 1.74 で，アルミニウムの約 2/3 であり，実用金属材料
の中でもっとも軽い．この特徴を生かして，航空機部品や自動車のエンジンブロ
ックに用いられている．

マグネシウムは 2 個の最外殻電子をもち，きわめて活性である．純マグネシウ
ム粉は大気中で発火するが，溶湯は大気中で鋳込むことができる．アルカリ水溶
液には腐食は少ないが，酸，海水には著しく耐食性が劣る．防食のためには表面
に化成処理や，陽極酸化による皮膜をつけることが行われる．

マグネシウムの結晶構造は稠密六方晶（HCP）であるので，すべり面は（1000）
面である．このため塑性変形が結晶粒界を貫通して伝播しにくく，冷間加工性は
FCC 金属より劣る．しかし，再結晶温度を超える 250 ℃ 以上では二次的なすべ

表 7.16 鋳造用マグネシウム合金の化学成分と機械的性質

| 分類 | 記 号 | | 主 要 組 成（wt%） | | | | | 熱処理 | 機械的性質 | | |
|---|---|---|---|---|---|---|---|---|---|---|---|
| | JIS | ASTM | Al | Zn | Zr | Mn | R. E | | $\sigma_B$(MPa) | $\sigma_Y$(MPa) | $\delta$ (%) |
| 合金鋳物 | MC1 | AZ63A | 6 | 3 | — | 0.35 | — | F | ≥180 | ≥70 | ≥4 |
| | | | | | | | | T4 | ≥240 | ≥70 | ≥7 |
| | MC2 | AZ91C | 9.2 | 0.7 | — | 0.3 | — | F | ≥160 | ≥70 | — |
| | | | | | | | | T6 | ≥240 | ≥110 | ≥3 |
| | MC3 | AZ92A | 9 | 2 | — | 0.3 | — | F | ≥160 | ≥70 | — |
| | | | | | | | | T4 | ≥240 | ≥70 | ≥6 |
| | MC5 | AZ100A | 10 | ≤0.3 | — | 0.3 | — | F | ≥140 | ≥70 | — |
| | | | | | | | | T4 | ≥240 | ≥70 | ≥6 |
| | MC6 | ZK51A | — | 4.5 | 0.7 | — | — | T5 | ≥240 | ≥140 | ≥5 |
| | MC7 | ZK61A | — | 6 | 0.8 | — | — | T6 | ≥270 | ≥180 | ≥5 |
| | MC8 | ZK33A | — | 2.6 | 0.7 | — | 3.3 | T5 | ≥140 | ≥100 | ≥2 |
| カダイスト | MDC1A | AZ91A | 9 | 0.2 | — | 0.15 | — | F | (≥230) | (≥150) | (≥3) |
| | MDC1B | AZ91B | | | | | | | | | |

注：ASTM の最初の 2 文字は主要合金（A：Al，K：Zr，Z：Zn，R. E：希土類元素など）を，
　　次の数はその成分量を示している．また，質別記号（F，H，T など）はアルミニウム合金
　　と同様である．

り面が生じて加工が容易となる．したがってマグネシウム合金は冷間加工よりも熱間押出しとして，また比較的融点が低い（650℃）ことを利用してダイカストなどの精密鋳物として用いられることが多い．

そのほか，減衰能が大きいので振動をよく吸収することや切削性が良いなどの特徴がある．

### a. マグネシウム合金鋳物

マグネシウム合金はその多くが鋳造材として製造され，航空機用部品，自動車用部品をはじめ電気・通信機器，工具，スポーツ用品などに広く使用されている．

鋳造用合金には強度，靱性，鋳造性の点から，アルミニウム，亜鉛，ジルコニウの添加，耐熱性向上のために希土類元素が添加されている．表 7.16 に鋳造用マグネシウム合金を示す．

**1）Mg-Al 系合金**（MC 5）　Mg-Al 合金は図 7.36 の平衡状態図に示すように，$\alpha$-Mg 固溶体と，$\beta$（$Mg_{17}Al_{12}$）化合物の共晶である．時効により $\beta$ 相が析出し強化する汎用性のある高強度合金である．

**2）Mg-Al-Zn 系合金**（MC 1～MC 3）　$\alpha$-Mg 固溶体と $Mg_{17}Al_{12}$ や Mg-Al-Zn 化合物が共晶として晶出した合金で強度と耐食性の良い合金である．MDC はダイカスト用合金である．

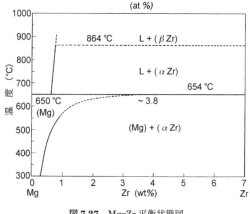

**図 7.37** Mg-Zr 平衡状態図

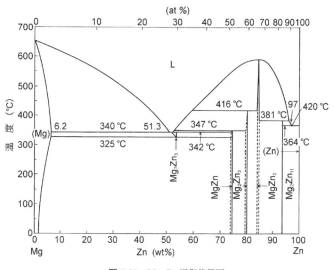

**図 7.38** Mg-Zn 平衡状態図

**3) Mg-Zn-Zr 系合金**（MC 6〜MC 8） 図 7.37, 図 7.38 に示す平衡状態図から想定されるように, Zn, Zr の固溶強化と MgZn の析出強化により強度の高い合金が得られる. Zr は結晶粒微細化作用がある. また Ce を少量含む合金は耐熱性 (150〜200 ℃) が優れている. これは $Mg_9Ce$ が結晶粒界を強化し, 降伏強さを高めるためである.

**表 7.17** マグネシウム合金展伸材料

| 記　　　号 | | | | | 主要成分 (wt%) | | | | 熱処理 | 機械的性質 | | |
|---|---|---|---|---|---|---|---|---|---|---|---|---|
| JIS (形状) | | | | ASTM | Al | Zn | Zr | Mn | | $\sigma_B$(MPa) | $\sigma_Y$(MPa) | $\delta$(%) |
| Mg-Al-Zn系 | MP1 | MT1 | MB1 | MS1 | AZ31 | 3.0 | 1.5 | — | 0.15 | H112[※2] | ≧230 | ≧140 | ≧6 |
| | | MT2 | MB2 | MS2 | AZ61A | 6.3 | 1.0 | — | 0.22 | H112 | ≧260 | ≧150 | ≧6 |
| | | | MB3 | MS3 | AZ80A | 8.3 | 0.6 | — | 0.22 | H112 | ≧280 | ≧190 | ≧5 |
| Mg-Zn-Zr系 | MP4 | MT4 | MB4 | MS4 | | — | 1.1 | 0.6 | — | H112 | ≧250 | ≧170 | ≧8 |
| | MP5 | | MB5 | MS5 | | — | 3.2 | 0.6 | — | H112 | ≧270 | ≧190 | ≧8 |
| | | | MB6 | MS6 | ZK60A | — | 5.5 | 0.6 | — | H112 | ≧300 | ≧210 | ≧5 |
| | | | | | | | | | | T5 | ≧310 | ≧230 | ≧5 |
| 形状 | 板材[※1] | 継目無管 | 棒材 | 形材 | ※1　MP1, MP4, MP5 の強度の規定は他の形状品よりわずかに低い ※2　積極的な加工硬化を加えない製造のままの状態 | | | | | | | |

## b. マグネシウム合金展伸材

　代表的なマグネシウム合金展伸材を表 7.17 に示す．マグネシウム合金展伸材は加工性が劣るため鋳造材に比較すると種類は少ない．JIS では板材（MP 1〜7），押出し継目なし管（MT 1〜4），押出し棒材（MB 1〜6），押出し形材（MS 1〜6）が規定されている．2 番目の文字は形状を示し，数字の同じものは化学組成や機械的性質はほぼ同じである．

　展伸材も鋳造材と同様に，Mg-Al-Zn 系合金（MB 1〜MB 3 など）と Mg-Zn-

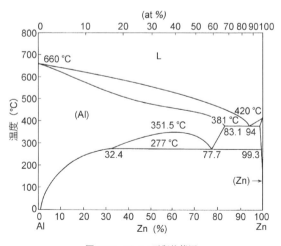

**図 7.39** Al-Zn 平衡状態図

Zr系合金（MB 4～MB 6 など）が主に用いられている．強化方法は固溶硬化，加工硬化・時効硬化による．

**【例題 7.6】** アルミニウム合金は鋳造材とともに展伸材も多く製造されている．一方マグネシウム合金は鋳造材が多く展伸材は少ない．またアルミニウム合金はマグネシウム合金よりも強化方法が多様である．この理由を述べよ．

**[解]** アルミニウムとの二元素平衡状態図（図 7.34, 7.36 および 7.39），マグネシウムとの二元素平衡状態図（図 7.37, 7.38）を参考にする．Al は FCC 構造であり，単相合金では冷間加工による強化が可能であり，固溶強化もできる．二相合金では共晶による強化や析出強化，固溶強化ができる．種類も多様である．

　マグネシウムは HCP であり，加工性が劣り冷間加工による強化は期待できない．したがって強化は共晶による強化，析出強化，固溶強化など熱処理型に限られる．種類も Mg-Al-Zn 系，Mg-Zn-Zr 系と少ない．加工は熱間加工に限られるので，むしろ鋳造に適した合金系である．

## 7.4 銅 合 金

　銅合金は熱伝導性，電気伝導性が高く，耐食性にも優れており，高い延性と成形性をもつのみならず，その色を利用した工芸品にも用いられている．密度が 8.96 g/cm$^3$ と高い割には，一般に他合金に比較して強度が低い．

　銅の最外殻電子はその内側の電子のエネルギーに近く，そのため活性金属のアルミニウムと異なり比較的貴な金属である．結晶構造は FCC であり加工性は良い．大気中，淡水，海水などに対する耐食性に優れるが，硝酸・塩酸・硫酸には著しい腐食を起こす．

　銅合金は 1000 年も前から真鍮（brass）や青銅（bronnze）として知られている．

### a. 銅合金展伸材

**1）純銅**　銅は酸素，水素，リンなどの不純物を含みやすい．リン脱酸銅に固溶している P は，電気伝導性を低くするが，軟化温度を高くする．タフピッチ銅は不純物も少なく，電気伝導性，展伸性は良い．結晶粒界などに分散している $Cu_2O$ による水素脆性を起こすことがある．無酸素銅は酸素は 0.001% 以下でさらに電気伝導性や展伸性に優れる．表 7.18 に工業用純銅を示す．

**2）黄銅**（brass）　黄銅は加工に供される Cu 合金の中ではもっとも生産量が多い．加工用黄銅合金の例を表 7.19 に示す．黄銅は主として Cu-Zn 合金で

**表 7.18** 工業用純銅の化学成分と機械的性質

| 種　類 | 記　号* | 主要組成（wt%） | | 熱処理 | 機械的性質 | | 用　　　途 |
|---|---|---|---|---|---|---|---|
| | | Cu | P | | $\sigma_B$ (MPa) | $\delta$ (%) | |
| 無酸素銅 | C1020P | ≧99.96 | — | O | ≧195 | ≧35 | 電気用，ガスケット |
| | | | | H | ≧275 | — | 化学工業用 |
| タフピッチ銅 | C1100P | ≧99.90 | 0.004～0.015 | O | ≧195 | ≧35 | 建築用 |
| | | | | H | ≧275 | — | |
| リン脱酸銅 | C1220P | | 0.015～0.040 | O | ≧195 | ≧35 | 風呂釜，湯沸器 |
| | | | | H | ≧275 | — | ガスケット，建築用 |

*　Pは板を示す.

**表 7.19** 加工用黄銅合金の例

| 種　類 | 記　号* | 主要組成（wt%） | | | | 熱処理 | 機械的性質 | | 用　　　途 |
|---|---|---|---|---|---|---|---|---|---|
| | | Cu | Sn | Zn | その他 | | $\sigma_B$ (MPa) | $\delta$ (%) | |
| 丹銅 | C2300P | 85 | — | 残 | Pb＜0.05<br>Fe＜0.05 | 0<br>1/2H | ≧245<br>≧305 | ≧40<br>≧23 | 建築用，装身具 |
| 黄銅 | C2600P | 70 | — | 残 | Pb 0.5<br>Fe＜0.05 | 0<br>1/2H | ≧275<br>≧350 | ≧50<br>≧28 | 自動車用ラジエーター<br>配線器具 |
| | C2720P | 63 | — | 残 | Pb＜0.07<br>Fe＜0.07 | 0<br>1/2H | ≧275<br>≧325 | ≧50<br>≧35 | ネームプレート<br>計装板 |
| 高力黄銅 | C6783B | 57 | — | 残 | Fe 0.8<br>Pb＜0.5<br>Al 1.1<br>Mn 2.0 | F | ≧540 | ≧12 | 船舶用プロペラ<br>ポンプ軸 |
| 快削黄銅 | C3560P | 62.5 | — | 残 | Pb 2.5<br>Fe＜0.1 | 1/4H<br>1/2H | ≧345<br>≧375 | ≧18<br>≧10 | 時計部品<br>歯車 |
| スズ入黄銅 | C4250P | 88.5 | 2.2 | 残 | Pb＜0.05<br><br>Fe＜0.05 | 0<br><br>3/4H | ≧300<br><br>≧420 | ≧35<br><br>≧5 | スイッチ，リレー，コ<br>ネクター<br>ばね部品 |
| アドミラルティ黄銅 | C4430P | 71.5 | 1.1 | 残 | As 0.04<br>Fe＜0.05<br>Pb＜0.05 | 0 | ≧315 | ≧35 | 熱交換器<br>ガス配管用コネクター |
| ネーバル黄銅 | C4621P | 62.5 | 1.1 | 残 | Pb＜0.2<br>Fe＜0.1 | F | ≧315 | ≧20 | 熱交換器<br>船舶海水取入口用 |

*　Pは板，Bは棒を示す.

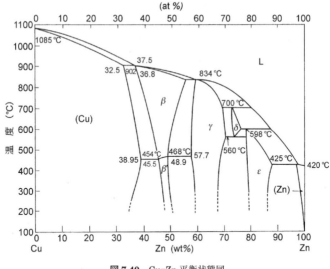

**図 7.40**　Cu-Zn 平衡状態図

あり，Zn 20% 以下を丹銅，30% 以上を黄銅と区別している．Zn の添加量により
銅色，黄色，黄金色に変化する．7/3 黄銅（30% Zn）は $\alpha$ 単相で，展伸性も良
い．6/4 黄銅（40% Zn）は $\alpha+\beta$ 二相組織で硬くなり延性が低下する．図 7.40 に
Cu-Zn 平衡状態図を示す．

　Fe，Al，Mn を添加した高力黄銅は強度が大で，熱間鋳造性，耐食性が良い．
黄銅にはこのほか，Pb を添加した快削黄銅，Sn を添加し耐応力腐食性，耐摩耗
性，ばね性を向上させたスズ入黄銅，とくに耐海水性を向上させたアドミラルテ
ィ黄銅やネーバル黄銅がある．図 7.41 に Cu-Sn 平衡状態図を示す．

　**3）青　銅**　　青銅の主成分系は Cu-Al，Cu-Sn，Cu-Be であり，添加成分
範囲により単相組織や共析組織をもつ．図 7.41 に Cu-Sn 平衡状態図を示す．も
っとも多く使用されるアルミニウム青銅は $\alpha$ 単相合金であり，加工性，強靭性，
耐食性，とくに耐海水性に優れる．このため石油化学，海水熱交換器などに用い
られる．このほかの青銅としては，析出硬化により耐摩耗性，耐食性，ばね性を
高めた Cu 合金の中でもっとも強度の高いベリリウム青銅や，Sn と P を添加した
リン青銅，快削リン青銅がある．表 7.20 に代表的青銅合金の例を示す．

　**4）白銅，洋白**　　銅にニッケルを添加すると白色を帯びるようになり，Ni

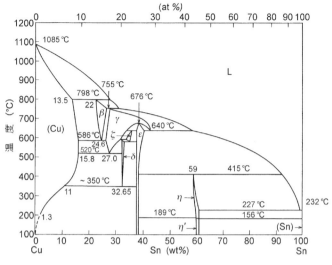

**図 7.41** Cu-Sn 平衡状態図

**表 7.20** 代表的な青銅合金

| 種 類 | 記号* | 主要組成（wt%） | | | | | | 熱処理 | 機械的性質 | | 用 途 |
|---|---|---|---|---|---|---|---|---|---|---|---|
| | | Cu | Fe | Al | Mn | Ni | その他 | | $\sigma_B$ (MPa) | $\delta$ (%) | |
| アルミニ ウム青銅 | C6140P | 90 | 2 | 7 | <1.0 | — | Zn<0.2 | O | ≧450 | ≧35 | 機械部品 |
| | | | | | | | | H | ≧480 | ≧30 | 化学工業用 |
| | C6301P | 80 | 4.8 | 9.5 | 1.3 | 5 | — | F | ≧590 | ≧12 | 船舶用 |
| ベリリウ ム青銅 | C1720P | >99.5 (Cu+Be+Ni +Co+Fe) | — | — | — | >0.02 (Ni+Co) | Be 1.9 | O | ≧1410 | ≧35 | ばね, コネクター |
| | | | | | | | | T | ≧1100 | ≧3 | 海底送電中継器 |
| リン青銅 | C5212P | >99.5 (Cu+Sn+P) | — | — | — | — | Sn 8.0 P 0.2 | O | ≧345 | ≧45 | 歯車, カム, 軸受 |
| | | | | | | | | H | ≧590 | ≧8 | ばね |
| 快削リン 青銅 | C5341B | >99.5 (Cu+Sn+P) | — | — | — | — | Pb 1.2 Sn 4.7 P 0.25 | H | ≧345 | ≧15 | |

\* P は板, B は棒を示す.

**表 7.21**  白銅，洋白の例

| 種 類 | 記号* | 主要組成（wt%） | | | | | 熱処理 | 機械的性質 | | 用 途 |
| | | Cu | Zn | Mn | Ni | その他 | | $\sigma_B$ (MPa) | $\delta$ (%) | |
|---|---|---|---|---|---|---|---|---|---|---|
| 白銅 | C7060P | >99.5 (Cu+Ni+Mn+Fe) | 残 | 0.6 | 10 | Fe 0.9 Pb<0.05 | F | ≥275 | ≥30 | 熱交換器 海水淡水化装置 |
| | C7150P | >99.5 (Cu+Ni+Mn+Fe) | 残 | 0.6 | 30 | Fe 0.7 Pb<0.05 | F | ≥345 | ≥35 | |
| 洋白 | C7541P | 62 | 残 | 0.25 | 14 | P<0.10 Fe<0.25 | H | ≥390 | — | 時計用，食器 ばね |
| ばね用洋白 | C7701P | 56 | 残 | 0.25 | 18 | P<0.10 Fe<0.25 | H | ≥630 | ≥6 | 電子通信用部品 計測器用スイッチ |
| 快削洋白 | C7941B | 64 | 残 | 0.25 | 18 | Pb 1.3 Fe<0.25 | H | ≥410 | — | |

\*  P は板，B は棒を示す.

**表 7.22**  黄銅鋳物

| 種 類 | 記 号 | 主要組成（wt%） | | | | | | 機械的性質 | | 用 途 |
| | | Cu | Zn | Mn | Fe | Al | その他 | $\sigma_B$ (MPa) | $\delta$ (%) | |
|---|---|---|---|---|---|---|---|---|---|---|
| 黄銅鋳物 | YB$_S$C2 | 67.5 | 29 | — | <0.8 | <0.5 | Sn<1.0 Ni<1.0 | ≥195 | ≥20 | 電気部品, 計装部品 一般機械部品 |
| 高力黄銅鋳物 | HB$_S$C1 | 57.5 | 37.5 | 0.8 | 1.0 | 1.0 | Sn<1.0 Ni<1.0 Pb<0.4 | ≥430 | ≥20 | 船用プロペラ, 軸受 ギヤ, 弁座 |

20% 以上ではほとんど白色となる. コインとしても広く用いられる. Ni 10～30% Cu 合金はキュプロニッケルとして耐海水性が優れるので，海水熱交換器や海水淡水化装置に用いられている. Ni の一部を Zn と置換すると銀白色の美しい光沢を示し，展伸性，耐食性が良いので，食器，時計，装飾品に用いられる. 表 7.21 に代表的例を示す.

**b. 銅合金鋳物**

鋳造材の成分系は展伸材とほぼ同じであり，黄銅鋳物と青銅鋳物がある.

**1) 黄銅鋳物**  Cu-Zn 合金の 7/3 黄銅や，6/4 黄銅などが汎用品であり，一般機械部品に用いられる（表 7.22）.

**2) 青銅鋳物**  Cu-Al 合金，Cu-Sn-Zn 合金，Cu-Sn-P 合金，Cu-Si-Zn 合金，Cu-Sn-Pb 合金がある. 強度，耐摩耗性，耐食性に優れるので，油圧機器，

表 7.23  青銅鋳物

| 種 類 | 記 号 | 主要組成（wt%） | | | | | | 機械的性質 | | 用 途 |
| | | Cu | Sn | Mn | Fe | Al | その他 | $\sigma_B$ (MPa) | $\delta$ (%) | |
|---|---|---|---|---|---|---|---|---|---|---|
| 青銅鋳物 | BC2 | 88 | 8 | — | <0.2 | — | Zn 4.0 | ≧245 | ≧20 | 軸受，スリーブ，羽根車，ポンプ |
| アルミニウム青銅鋳物 | AlBC2 | 84 | — | 0.8 | 3.7 | 9.2 | Ni 2.0 | ≧490 | ≧20 | 船用プロペラ，軸受，歯車 |
| りん青銅鋳物 | PBC3B | 86 | 13.5 | — | <0.2 | — | P 0.3 | ≧265 | ≧3 | 油圧シリンダー，スリーブ，歯車，製紙用ロール |
| シルジン青銅鋳物 | S₂BC2 | 80 | — | — | — | <0.3 | Si 4.5 Zn 15 | ≧440 | ≧12 | 船舶ぎ装品，軸受，歯車 |
| 鉛青銅鋳物 | LBC4 | 76 | 8 | — | — | — | Pb 15 | ≧170 | ≧5 | 軸受 |

軸受，船舶用部品に用いられる（表 7.23）.

【例題 7.7】 銅合金には単相合金や二相合金があり，鋳造や熱間加工のまま，焼ならし，冷間加工などにより強度を調整している．ベリリウム青銅のみ時効処理が行われるのはなぜか．

［解］ 状態図からわかるように，Cu への Zn，Al，Sn の固溶限はかなり高く，Ni は全率固溶である．これらの銅合金では，単相または共析組織である．Cu-Sn 合金は温度の低下とともに固溶限が低下するので時効硬化する可能性はあるが，低温で長時間の時効が必要となろう．

Cu-Be 平衡状態図（図 7.42）に示すように，6% Be，616 ℃ で共析変態をし，$\beta \rightarrow \alpha + \gamma$ となる．Cu への Be の固溶限は 866 ℃ で 2.2 wt%（14 at%）で

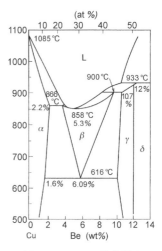

図 7.42  Cu-Be 平衡状態図

ある．溶体化処理後，急冷，時効を行うことにより Al-Cu 合金と同じように，GP ゾーン，$\gamma$ 中間相による著しい強度上昇がみられる．$\gamma$ 平衡相の析出とともに強度は低下する．ベリリウム青銅 C 1720 は 1.8～20% Be に Ni+Co を 0.2% 以上添加し，$\gamma$ 相の粒界析出を抑制している．熱処理は約 800 ℃ 溶体化後急冷，300～325 ℃ で時効する．引張強さは Cu 合金中でもっとも大で，1100 MPa 以上になる．溶体化処理後，冷間加工をして時効すると 1200 MPa 以上の高強度が得られる．

**表 7.24**　純チタンの例

| 種類 | 記号* | 主要組成　(wt%) | | | | 機械的性質 | | | 用　　　途 |
|---|---|---|---|---|---|---|---|---|---|
| | | H | O | N | Fe | $\sigma_B$ (MPa) | $\sigma_Y$ (MPa) | $\delta$ (%) | |
| 1 種 | TP28H | | ≤0.15 | | ≤0.20 | ≥270 | ≥165 | ≥27 | 化学装置, 石油精製装置 |
| 2 種 | TP35H | ≤0.13 | ≤0.20 | ≤0.05 | ≤0.25 | ≥340 | ≥215 | ≥23 | 海水熱交換器, 建築用屋根, 内装 |
| 3 種 | TP49H | | ≤0.30 | ≤0.07 | ≤0.30 | ≥480 | ≥345 | ≥18 | 航空機用 |

　＊　H は熱間圧延, C は冷間圧延を示す.

# 7.5　チタニウム合金

　チタニウムの製造は鉱石（ルチール）からスポンジチタンをつくる. これを溶解, 鋳造, 鍛造, 熱間加工や冷間加工をして製造される. 純 Ti は常温で $\alpha$ 相 HCP, 882 ℃以上で同素変態をして $\beta$ 相 BCC になる. 熱膨張係数は鉄と同程度（9.0×$10^{-6}$/℃）である. 密度は 4.51 g/cm³ で鉄の約 60% と軽く, 金属の中ではもっとも比強度（強度/密度）が高いので, Ti 合金は航空機などに用いられる.

　Ti の最たる特徴は, 耐食性がきわめて優れていることである. 酸化性環境に対して強く, アルカリや塩素に対しても強い. このために海水淡水化装置, 電解用電極, 海水熱交換器, 石油精製や化学プラント用装置に多く用いられている. また温度が上昇するに従い, 酸化皮膜の違いにより, 銀白色→黄色→紺色→青色→紫色→紅色と変わるので, 内装品としても用いられる. Ti は水素, 酸素, 窒素と反応しやすく, これらの元素を多量に含むと化合物を形成し脆くなることがある.

　わが国では生産量の 90% 以上が表 7.24 に示すように純 Ti であり, 民需用に Ti 合金の割合が増えたとはいえ, 合金を多く製造する諸外国とは需要構造が異なる. 表 7.24 の 1 種, 2 種, 3 種に Pd を 0.2% 添加してさらに耐食性を高めた Ti-Pd 合金（11 種, 12 種, 13 種）が JIS に規定されている. これ以外の合金は ASTM などの外国の規格を準用している.

## a.　チタニウム合金

　Ti-X 二元素平衡状態図は大別すると図 7.43 に示すように, $\alpha$ 安定型（Ti-Al など $\alpha$ 領域を高温側に広げ, $\alpha$-$\beta$ 変態温度を上昇させる $\alpha$ 安定化元素を含む）, $\beta$ 安定型（Ti-V, Ti-Mo など $\beta$ 領域を低温側に広げ, $\alpha$-$\beta$ 変態温度を低下させる $\beta$

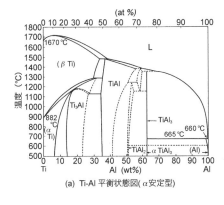

(a) Ti-Al 平衡状態図(α安定型)

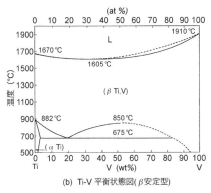

(b) Ti-V 平衡状態図(β安定型)

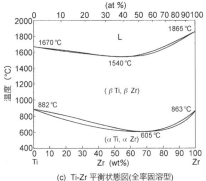

(c) Ti-Zr 平衡状態図(全率固溶型)

**図7.43** Ti合金の平衡状態図

安定化元素を含む），全率固溶型（Ti-Zr など）がある．代表的なチタニウム合金の例を表 7.25 に示す．

**1) αTi 合金**　α単相合金で，Al による固溶強化が大きく，高温強度，クリープ性に優れ，低温靭性も良い．代表的合金は Ti-5 Al-2.5 Sn である．

**2) α+β 合金**　室温で α+β が共存する二相合金で，β 相は通常 10% 以上である．高温の β 相領域で加工性が良いので，β 領域または α+β 領域で加工が行われる．熱処理により硬化することができる．代表的合金は Ti-6 Al-4 V であり，航空機やゴルフクラブに用いられる．

β量が 10% 以下の合金は Near α 合金と呼ばれ，高温強度，クリープ性に優れるのでジェットエンジン用に用いられる．Ti-8 Al-1 Mo-V はこれに相当する．α量が少ない合金は Near β 合金と呼ばれる．代表的合金は Ti-10 V-2 Fe-3 Al で

表 7.25　代表的なチタニウム合金

| 種　類 | 主要組成（wt%） | 熱処理 | 機械的性質 | | |
|---|---|---|---|---|---|
| | | | $\sigma_B$(MPa) | $\sigma_Y$(MPa) | $\delta$（%） |
| 耐食合金 | Ti-0.15 Pb | 焼なまし | 343 | 216 | 23 |
| | Ti-0.3 Mo-0.8 Ni | 焼なまし | 519 | 441 | 25 |
| $\alpha$ 合金 | Ti-5 Al-2.5 Sn | 焼なまし | 862 | 804 | 16 |
| | Ti-5Al-3.5Sn-3Zr-1Nb-0.3Mo-0.3Si | 溶体化＋時効 | 1020 | 892 | 16 |
| $\alpha+\beta$ 合金 | Ti-3 Al-2.5 V | 焼なまし | 686 | 588 | 20 |
| | Ti-6 Al-4 V | 焼なまし | 980 | 921 | 14 |
| | | 溶体化＋時効 | 1166 | 1098 | 10 |
| Near $\alpha$ 合金 | Ti-6 Al-4 V-2 Sn | 溶体化＋時効 | 1274 | 1078 | 10 |
| | Ti-8 Al-1 Mo-V | 2段焼なまし | 1000 | 951 | 15 |
| | Ti-6 Al-2 Sn-4 Zr-2 Mo | 焼なまし | 980 | 892 | 15 |
| Near $\beta$ 合金 | Ti-6 Al-2 Sn-4 Zr-6 Mo | 溶体化＋時効 | 1274 | 1176 | 10 |
| | Ti-10 V-2 Fe-3 Al | 溶体化＋時効 | 1274 | 1196 | 10 |
| $\beta$ 合金 | Ti-13 V-11 Cr-3 Al | 溶体化＋時効 | 1215 | 1166 | 8 |
| | Ti-11.5 Mo-6 Zr-4.5 Sn | 溶体化＋時効 | 1382 | 1313 | 11 |
| | Ti-3 Al-8 V-6 Cr-4 Mo-4 Zr | 溶体化＋時効 | 1441 | 1372 | 7 |
| | Ti-15 V-3 Cr-3 Al-3 Sn | 溶体化＋時効 | 1225 | 1107 | 10 |

あり，熱処理により硬化するので高強度材として用いられる．

　**3）　$\beta$ 合金**　　常温でも $\beta$ 相 BCC が安定な単相合金であり，冷間加工性がよい．時効により微細 $\alpha$ の析出強化と，$\alpha$ 相中の Al，Zr，Sn の固溶強化により高強度材が得られる．自転車用ギヤ，ゴルフクラブ，航空機に用いられる．

　**4）　合金の特性**　　以上の合金は特性別に次のように分類できる．

　①　高強度合金：$\alpha+\beta$ 合金や $\beta$ 合金は時効により高強度を得ることができる．

　②　高温用合金：$\alpha$ 合金が主で，$\alpha+\beta$ 合金も用いられる．しかし 600 ℃ 以上ではステンレス鋼や Ni 基高合金には及ばない．

　③　低温用合金：$\alpha$ 合金は低温においても靭性の低下が少ないので，低温用材料として用いられる．

　④　耐食用合金：Ti-0.15 Pd，Ti-5 Ta，Ti-0.3 Mo-0.8 Ni 合金のほかに，Ti-15 Mo-5 Zr の $\beta$ 型合金も耐食性が優れている．

　**5）　その他の性質**　　金属間化合物 $Ti_3Al$ や TiAl は高温強度が大であり，$TiAl_3$ は高温での耐酸化性が優れるので，軽量耐熱材として注目されている．

　金属間化合物 TiNi（ニチノール）は形状記憶合金として，温度制御器具や宇宙開発に用いられている．極微細粒にした $\alpha+\beta$ 合金は超塑性の特性を示し，義歯

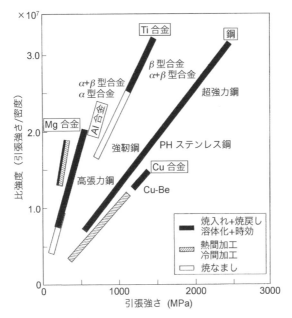

図 **7.44** 金属材料の引張強さと比強度の関係

表 **7.26** 金属材料の引張強さと比強度

| 合 金 例 | | 熱処理 | $\sigma_B$(MPa) | $\rho$(g/cm³) | $\sigma_B/\rho$ |
|---|---|---|---|---|---|
| 強靭鋼 | 0.40 C-1.1 Cr-0.25 Mo（SCM 440） | 焼入・焼戻し | 970 | 7.87 | $1.26 \times 10^7$ |
| マルエージ鋼 | 18 Ni-5 Mo-9 Co-Ti, Al（300 KSi 級） | 焼入・焼戻し | 2100 | 7.87 | $2.72 \times 10^7$ |
| Al 合金 | 5.6 Zn-2.5 Mg-1.6 Cu-0.25 Cr(7075) | 溶体化+時効 | 545 | 2.70 | $2.05 \times 10^7$ |
| Mg 合金 | 5.5 Zn-0.6 Zr（MS6） | 溶体化+時効 | 310 | 1.74 | $1.81 \times 10^7$ |
| Cu 合金 | 4.8 Fe-9.5 Al-1.3 Mn-5 Ni（6301） | 熱間加工 | 590 | 8.96 | $0.67 \times 10^7$ |
| Ti 合金 | 6Al-4V（$\alpha + \beta$ 合金） | 溶体化+時効 | 1170 | 4.51 | $2.65 \times 10^7$ |

床などへ応用されている.

Ti-Fe 合金は水素吸蔵合金として，Ti-Nb 合金は超伝導材料として注目されている.

**【例題 7.8】** 比強度は，強度/密度（または比重）で定義される．実用合金の中で，

（1）いずれも高強度の合金鋼，高合金鋼，アルミニウム合金，マグネシウム合金，銅合金，チタニウム合金の例を挙げ，比強度を比較せよ.

（2）構造部材として採用されている理由の違いを述べよ.

合金になっても金属の密度は $\rho_{Fe} = 7.87$, $\rho_{Al} = 2.70$, $\rho_{Mg} = 1.74$, $\rho_{Cu} = 8.96$, $\rho_{Ti} = 4.51$ (g/cm³) とする.

[**解**]　（1）　各合金の代表的な高強度材について，引張強さについての比強度（耐力についても同様である）を図 7.44，表 7.26 にまとめて示す．

　（2）　強度のもっとも大なる合金はマルエージ鋼であり，破壊靱性が優れるので宇宙開発用ロケットや工具などに用いられる．そのほかの高強度鋼は応力の大きい大型構造物に用いられる．

　比強度が高いものは Ti 合金，Al 合金，Mg 合金であり，航空機体や部品に用いられる．なかでも Ti 合金は 1000 MPa 以上の高強度が得られ，かつ耐食性がもっとも優れている．経済性を考慮して，Al 合金は自動車，車両，機械部品に広く用いられる．Mg 合金は冷間加工性が劣り，高強度が得られにくいので，精密鋳造品に適している．Al 合金とともに応力の高くない部品の軽量化に役立つ．Mg 合金は耐食性が劣るので，使用に際しては表面処理などの配慮が必要である．

　Cu 合金は電気伝導性，熱伝導性やとくに耐海水性に優れているので，船舶用，熱交換器，化学工業用に用いられる．

## 演 習 問 題

**7.1**　FCC 構造の鉄原子の半径は 1.27 Å，BCC 構造では 1.24 Å である．
　（1）　FCC と BCC 構造において侵入型元素の入り込む隙間を計算せよ．
　（2）　両構造の原子充填率を求めよ．

**7.2**　亜共析鋼をオーステナイト温度から共析点直下まで徐冷したとき 10% の共析フェライトを含んでいた．この鋼の平均炭素量を求めよ．

**7.3**　低合金高張力鋼 SNCM 420 は焼入れ・焼戻しにより強靱性を確保している．
　（1）　この鋼を $A_{c1}$ と $A_{c3}$ の中間の温度から焼入れを行った．どのような組織になるか．
　（2）　ついで $A_{c1}$ 以下の温度で焼戻しを行った．焼入れ・焼戻しの場合と機械的性質はどのような違いがあるか．

**7.4**　0.10% C-9% Ni-1% Mn 鋼がオーステナイト単相になるために必要な Cr 量の範囲を求めよ．

**7.5**　次の製品に適した材料例を 1 つ以上挙げ，選定した理由を述べよ（炭素鋼，低合金鋼，合金鋼，鋳鉄などから選定せよ）．
　（1）LNG タンク，（2）本四連絡橋，（3）芝刈り器の刃，（4）自動車のクランクシャフト，（5）浸炭用歯車，（6）鉄道用ディスクブレーキ，（7）ローラーベアリング

**7.6**　次の製品に最適なステンレス鋼を選定せよ．
　（1）刃物，（2）自動車用モール，（3）自動車用エキゾーストマニホールド，（4）薄い腐食性の酸用容器，（5）海水熱交換器，（6）石炭火力ボイラー

**7.7**　3.5 wt% C 鋼の溶鉄を 1100 ℃ まで急速に凝固させ白鋳鉄とした．
　（1）　1100 ℃ における相の比率はいくらか．

(2)　1100 ℃ ですべてのセメンタイトが黒鉛化したときの黒鉛の重量 % を求めよ.

**7.8**　Cr-Mo 鋼と Al-4% Cu 合金を焼入れ・焼戻しをした場合に, 類以点と相違点を述べよ.

**7.9**　Mg-Al 合金において, 10% Al, 30% Al, 90% Al 合金の強化方法を述べよ.

**7.10**　電気のスイッチには黄銅ではなくて, ベリリウム青銅が用いられる理由を述べよ.

**7.11**　船舶のプロペラに青銅が用いられる理由を述べよ.

**7.12**　$\alpha+\beta$ 型合金の Ti-6 Al-4 V の焼なまし状態の耐力は 920 MPa である. 比強度を同じにするためには, Al 合金の耐力はいくら必要か. 候補として考えられる Al 合金は何か.

**7.13**　航空機の機体材として, 経済性を除けば, Ti 合金が Al 合金より優位である理由を述べよ.

---

### ∽∽∽∽ **Tea Time** ∽∽∽∽

### 鉄の変態組織の命名

　鉄の変態組織であるオーステナイト, フェライト, パーライト, 微細パーライトであるソルバイトやトルースタイト, セメンタイト, マルテンサイト, ベイナイトはどのようにして命名されたのであろうか. これについては, 中澤護人著:鉄のメルヘル (金属学を築いた人々), アグネ社 (1975 年) に詳しく記載されている.

　鉄の変態組織の命名については, F. オスモンは高名な金属学者の名を付した名称をつけた;マルテンサイト (A. マルテンス), オーステナイト (R. オーステン). パーライトは真珠貝のような輝きをもつとしてソルビーが名付けた (1880 年). ソルバイトやトルースタイトはおそらく H. C. ソルビー, オスモンの学んだソルボンヌ大学の L. J. トルーストにちなんでいるのではないかと思われる. レデブライトも金属学の体系的著作を残したドイツのレーデブアに関係していると思われる. オスモン自身の名を付したものは, $\gamma$ 鉄 ($A_3$), $\alpha$ 鉄 ($A_1$), $\beta$ 鉄 ($A_2$) であるという. $Ar_3$, $Ac_3$ の r と c は refroidissement, chauffage とフランス語である. $A_2$ 点については, 1895 年に P. キュリーによりキュリー点として明らかにされ, 本多光太郎もこの特性を明らかにした点ではよく知られている. さらに, 1891～1898 年に, 米国のハウとソウルは岩石学の類推により, 欧州での研究をフェライト, パーライト, セメンタイト, グラファイトと整理した. ほかに忘れてならないのは, 1930 年代の E. C. ベインの研究である. マルテンサイトの $\gamma/\alpha$ 変態のベインの関係, 等温変態の研究を通じて, TTT 線図の作成やベイナイト組織を新たに見出した.

# 8　金属の機械的性質

　金属の強度や変形に関する性質を機械的性質（mechanical property）といい，材料試験（materials test）によって測定する．これらの値は機械や構造物の設計の基準となる重要な数値なので，設計に携わる技術者は，それぞれの性質がもっている意味と関連する現象についてよく理解する必要がある．

## 8.1　金属の弾性と塑性

　金属は高い強度を有しており，大きな力を伝達できる．たとえば，自動車のフレームや車軸は負荷に耐え，トランスミッションやドライブシャフトはエンジンやモーターから車輪へ力を伝達する．このとき，負荷を受けた部品はわずかに変形し，負荷がなくなると形状は元に戻る．この性質を弾性（elasticity）という．自動車が何かに激しく衝突すればボディーやフレームは変形したままで形状は元に戻らなくなる．この性質を塑性（plasticity）という．このとき変形はするが粉々にならないのが金属の優れた特徴の1つである．この塑性を利用することにより，金属を曲げたり平たく延ばしたりして構造物の梁や柱，自動車のボディー，航空機の翼などを成形することができる．ここでは金属の弾性変形（elastic deformation）と塑性変形（plastic deformation）について説明しよう．

### a. 弾 性 変 形
　材料を引張るあるいは圧縮する際の材料への負担の大きさと材料の変形の度合いは，それぞれ次式で定義される公称応力（nominal stress）と公称ひずみ（nominal strain）で表される．

$$公称応力： \quad \sigma_{\mathrm{n}} = \frac{荷重\, P}{初期の断面積\, A_0} \quad （単位：N/m^2 = Pa） \tag{8.1}$$

$$公称ひずみ： \quad \varepsilon_{\mathrm{n}} = \frac{長さの変化\, \Delta l}{初期の長さ\, l_0} \quad （単位なし） \tag{8.2}$$

これらを工学的応力（engineering stress）および工学的ひずみ（engineering

strain）と呼ぶこともある．ここで公称または工学的という言葉を用いたのは，後に述べる真応力，真ひずみと区別するためである．弾性変形の範囲では両者の差は実質的にないので，単に応力とひずみと呼んで $\sigma$ と $\varepsilon$ で表すことが多い．

金属が弾性変形しているときの応力とひずみは，フックの法則（Hooke's law）に従いきわめて良好な直線関係を示す．その比例定数を弾性係数（modulus of elasticity）あるいはヤング率（Young's modulus）と呼び，次式で定義する．

$$\text{弾性係数：}\quad E = \frac{\text{応力 } \sigma}{\text{ひずみ } \varepsilon}\quad (\text{単位：N/m}^2 = \text{Pa}) \tag{8.3}$$

弾性ひずみは金属原子の原子間距離の変化によるものであり，0.001 程度の小さなひずみを生じるにも数十から数百 MPa の大きな応力が必要である．したがって表8.1 に示すように，実用金属材料の $E$ の値は非常に大きく，たとえば，鋼では $E = 206$ GPa，アルミニウム合金では $E = 70$ GPa 程度である．弾性係数 $E$ は原子の結合力だけ

表8.1　実用金属材料の弾性係数（常温）

| 材　料 | 弾性係数 $E$（GPa） |
|---|---|
| 鉄　鋼 | 206 |
| 鋳　鉄 | $170 \sim 190$ |
| ニッケル合金 | $179 \sim 218$ |
| 銅合金 | $76 \sim 152$ |
| アルミニウム合金 | $69 \sim 73$ |
| マグネシウム合金 | $40 \sim 45$ |
| チタニウム合金 | $80 \sim 130$ |

で決まるので，品質等級や熱処理の影響をほとんど受けない．

設計では，機械部品が荷重を受ける場合の弾性変形量の計算に弾性係数 $E$ が用いられる．たとえば，クランクシャフトは軸受の間で曲げ変形を起こすので，この変形による隙間が許容できるよう適切に材料が選択され形状が決定されなければならない．クランクシャフトの材料にアルミニウム合金を採用すると，同じ形状の鋼の 3 倍もたわむことに注意すべきである．回転軸の危険速度を計算する際にも $E$ の値が必要である．

単結晶の場合には結晶の方向によって $E$ の値が異なる．たとえば，常温で BCC構造の鉄の単結晶では，［111］の方向に原子がもっとも密に並んで原子間結合力が大きいので，弾性係数 $E$ はこの方向でもっとも大きな 283 GPa となる．これに対し［100］の方向では 124 GPa と半分以下である．多結晶体である鋼の $E$ が 206GPa となる理由は，さまざまな方向の結晶の平均値が測定されるためである．

## b．塑　性　変　形

材料を変形させるとき，ひずみが小さい範囲では弾性変形をするが，さらに高い応力を作用させると塑性変形を起こして（8.3）式の比例関係からひずみが大き

くなる方向へ外れる．弾性から塑性に移る現象を降伏（yielding），その開始点の
応力を降伏応力（yield stress）という．塑性変形には，変形機構の違いによって，
すべり変形（slip deformation）と双晶変形（twinning deformation）の 2 つが
ある．

　すべり変形は，せん断応力の作用によって結晶内の原子面の上下で原子の位置
が相対的にずれることにより進行する．ただし，原子が一斉にすべるのではなく，
転位が移動することによってすべりが生じる（4 章参照）．結晶内のすべりを起こ
す面と方向を，それぞれすべり面（slip plane）およびすべり方向（slip direction）
という．すべりは原子がもっとも密に並んだ（面間隔がもっとも大きい）面にお
いて原子がもっとも密に並んだ（原子がもっとも接近している）方向に優先的に
起こる．このすべり面とすべり方向の組合せをすべり系（slip system）という．
その種類と数は表 8.2 のように結晶構造によって異なる．HCP 構造の金属はすべ
り系の数が限られているから，ほかの構造の金属より一般にすべり変形しにくく
降伏応力が高い．

表 8.2　異なる結晶構造をもつ金属のすべり面，すべり方向，すべり系の数

| 結晶構造 | 金属 | すべり面 | すべり方向 | すべり系の数 |
|---|---|---|---|---|
| FCC | $\gamma$-Fe, Cu, Al, Ni, Ag, Au | $\{111\}$ | $\langle 1\bar{1}0 \rangle$ | 12 |
| BCC | $\alpha$-Fe, W, Mo | $\{110\}$ | $\langle \bar{1}11 \rangle$ | 12 |
| | $\alpha$-Fe, W | $\{211\}$ | $\langle \bar{1}11 \rangle$ | 12 |
| | $\alpha$-Fe, K | $\{321\}$ | $\langle \bar{1}11 \rangle$ | 24 |
| HCP | Cd, Zn, Mg, Ti | $\{0001\}$ | $\langle 11\bar{2}0 \rangle$ | 3 |
| | Ti, Mg, Zr | $\{10\bar{1}0\}$ | $\langle 11\bar{2}0 \rangle$ | 3 |
| | Ti, Mg | $\{10\bar{1}1\}$ | $\langle 11\bar{2}0 \rangle$ | 6 |

　すべり変形を理解するために単結晶を取り上げ
よう．図 8.1 に単結晶棒の引張りの様子を示す．
図の斜めの面で結晶がすべりを開始したとしよ
う．引張り方向とすべり方向のなす角度を $\lambda$ とす
れば，すべり方向に働くせん断力成分は $F \cos \lambda$
である．また，引張り方向とすべり面法線の角度
を $\phi$ とすれば，すべり面の面積は $A = A_0 / \cos \phi$ で
ある．したがって，すべりを起こすせん断応力は
次式で与えられる．

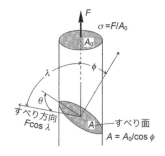

図 8.1　単結晶棒の引張りにおける
荷重とすべり系の関係

$$\tau = \frac{F \cos \lambda}{A} = \frac{F}{A_0} \cos \phi \cos \lambda = \sigma \cos \phi \cos \lambda \tag{8.4}$$

すべりは $\tau$ がある限界 $\tau_c$ に達したら起こる．この $\tau_c$ を臨界せん断応力（critical shear stress）という．引張りの降伏応力（$\sigma = \sigma_Y$）は引張方向と結晶方位の関係（$\lambda$ と $\phi$）に依存して変化するが，（8.4）式から計算される $\tau_c$ はすべり系に対して一定となる（例題 8.1 参照）．これをシュミットの法則（Schmidt's law）という．実測した $\tau_c$ の値は表 4.1 に示してある．

　一般の金属は無数の結晶粒が無秩序に配向した多結晶体である．金属全体が塑性変形するためには，すべりに都合の良くない方位をもつ結晶もすべり活動をする必要がある．また結晶粒間の境界である結晶粒界（grain boundary）では，隣り合う結晶粒のすべり系が異なるためすべり面は不連続となる．結晶粒界を越えてすべりが伝わるには，運動する転位が方向を変えて隣の結晶粒に侵入しなければならない．このとき結晶粒界は転位にとって移動の障害となる．結晶粒径が小さくなれば結晶粒界が増えるので，微細な結晶粒からなる多結晶体は降伏応力が大きくなる（（6.1）式参照）．

**【例題 8.1】** 亜鉛の単結晶棒を引張り，0.2% の塑性変形を与える応力および軸方向に対するすべり面とすべり方向の角度を測定したところ，表 8.3 のようになった．臨界せん断応力 $\tau_c$ を計算し，降伏応力 $\sigma_Y$ の違いは材料の強度のばらつきの結果ではなく結晶方位に起因することを示せ．

**[解]** （8.4）式に基づいて $\tau_c$ を計算すると表 8.4 の結果が得られる．$\tau_c$ はほぼ同じ値となり，降伏応力の違いは結晶方位の違いによって現れたものであることがわかる．

**表 8.3** 降伏応力 $\sigma_Y$ および軸方向に対するすべり面とすべり方向の角度

| 結　晶 | 降伏応力 $\sigma_Y$ (MPa) | $\phi$ | $\lambda$ |
|---|---|---|---|
| 1 | 2.24 | 45° | 54° |
| 2 | 2.67 | 30° | 66° |
| 3 | 3.01 | 50° | 66° |
| 4 | 3.77 | 60° | 60° |
| 5 | 7.98 | 70° | 70° |

**表 8.4** 臨界せん断応力 $\tau_c$

| 結　晶 | $\cos \phi \cos \lambda$ | 臨界せん断応力 $\tau_c$ (MPa) |
|---|---|---|
| 1 | 0.415 | 0.93 |
| 2 | 0.352 | 0.94 |
| 3 | 0.311 | 0.94 |
| 4 | 0.250 | 0.94 |
| 5 | 0.117 | 0.93 |

　図 8.2(a) のようにすべり変形は原子面がすべることで生じるが，すべりが起こりにくいときは図 8.2(b) のような双晶変形が起きる場合がある．双晶変形は原子が移動して結晶の方向が変化することで発生する．この変形では，図の矢印

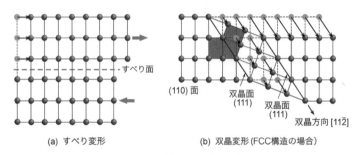

(a) すべり変形　　　　　　　　(b) 双晶変形(FCC構造の場合)

図 8.2　すべり変形と双晶変形の模式図

のように，各原子が双晶境界からの距離に比例してずれることにより，ずれた部分は動かなかった部分との境界に対して鏡に写したように対称な位置関係になる（薄墨色の部分に注目）．低温や高ひずみ速度では，すべり変形より双晶変形が優先する．

## 8.2　引　張　試　験

　材料の機械的性質を測定するためのもっとも基本的な材料試験が引張試験（tensile test）である．実用金属材料の引張試験の方法は JIS（日本工業規格）に規定されている．具体的な方法は，まず試験対象の素材から図 8.3 に示すような引張試験片（tensile specimen）を採取し，試験前に断面積 $A_0$ と基準長さである標点距離（gage length）$l_0$ を測定しておく．次に試験片を図 8.4 に示すような試験機でつかんで徐々に引張り変形を与え，材料の応答としての荷重 $P$ を測定する．このように変位を強制的に試験片に与えて荷重を測定する試験を変位制御試験（displacement controlled test）という．伸び $\Delta l$ は試験中の標点距離 $l$ から初期の標点距離 $l_0$ を差し引いた長さの変化である（$\Delta l = l - l_0$）．荷重と伸びの関係に（8.1）式と（8.2）式を適用すれば公称応力と公称ひずみの関係が得られる．一

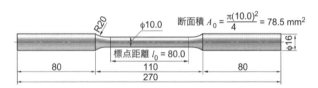

図 8.3　引張試験片の例（JIS 2 号試験片）

般に応力-ひずみ線図（stress-strain diagram）
といえばこれを指す．図 8.5 に典型的な応力-ひ
ずみ線図を示す．

　軟鋼では弾性変形（0 A）に続いて明瞭な降伏
が観察されるが，銅やアルミニウムなどの非鉄
金属では降伏点が明瞭に現れない．降伏後さら
に変形させると応力は増大する．途中で変形を
戻すと，図中の FG のように弾性変形だけをし
て応力は低下するが，応力がない状態でも 0G
の永久変形が残留する．すなわち，F 点の全ひ
ずみ（total strain）$\varepsilon_t$ は，弾性ひずみ（elastic
strain）$\varepsilon_e$ と塑性ひずみ（plastic strain）$\varepsilon_p$ の和となっている．FG の弾性変形
は（8.1）式のフックの法則に従うので，F 点の応力を $\sigma$ とすると次の関係が成立
する．

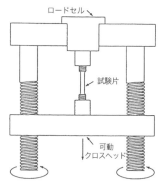

**図 8.4**　引張試験機

$$\varepsilon_t = \varepsilon_e + \varepsilon_p = \frac{\sigma}{E} + \varepsilon_p \tag{8.5}$$

除荷後ただちに G 点から変形を再び増大させると，最初は弾性変形だけをして応
力とひずみの関係は GF の経路を戻り，F 点付近で降伏を起こして塑性変形が再

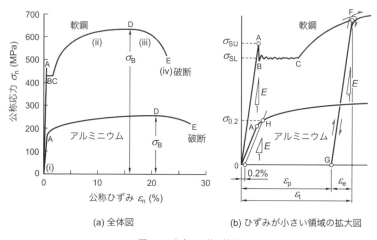

(a) 全体図　　　　　　　(b) ひずみが小さい領域の拡大図

**図 8.5**　応力-ひずみ線図

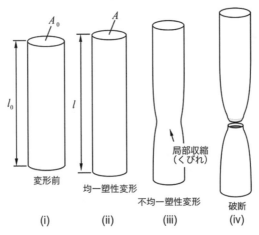

**図 8.6**　延性材料の引張試験における試験部の変形と破断

開する．このときの降伏応力はそれまでの塑性変形が大きいほど大きくなる．こ
れを加工硬化（work hardening）という．

　図 8.6 に，引張試験中における試験片の試験部（標点間）形状の変化を模式的
に示す．図 8.5 の D 点に達するまでは，断面積が一様に減少しながら変形が進む．
この領域を均一塑性変形の領域という．D 点を過ぎると試験片の一部が局部収縮
（necking）（くびれとも呼ばれる）を起こし，公称応力は低下して最後に試験片
は破断する．この領域を不均一塑性変形の領域という．

　以下では重要な機械的性質についてさらに説明しよう．

**a.　弾性係数**（elastic modulus）**またはヤング率**（Young's modulus）$E$

　図 8.5 の 0A や GF のように，材料が弾性変形するときの応力-ひずみ線図の勾
配であり，(8.3) 式の関係がある．弾性領域では応力の変化に比べてひずみ変化
が小さいので，$E$ の値を定めるにはひずみを高精度で測定する必要がある．

**b.　降伏応力**（yield stress）$\sigma_Y$ **または** $\sigma_S$

　軟鋼の場合は降伏が明瞭に現れ，降伏が始まる限界応力は降伏点（yield point）
と呼ばれている．降伏が最初に始まる A 点の公称応力を上降伏点（upper yield
point）$\sigma_{SU}$ という．$\sigma_{SU}$ に到達したら応力はいったん低下し，その後ほぼ一定の
応力の下でひずみだけが増加する（BC）．この公称応力を下降伏点（lower yield
point）$\sigma_{SL}$ という．$\sigma_{SU}$ は引張速度やちょっとした曲げに敏感で測定値がばらつ

くが，$\sigma_{SL}$ についてはばらつきが小さな値が測定される．降伏を許容しない設計の基準応力としてはもっぱら $\sigma_{SL}$ が用いられる．

降伏点が明瞭に現れない場合はオフセット法（offset method）によって降伏応力を定義する．図 8.5(b) のアルミニウムのように，0A に平行に右にずらして引いた直線と応力-ひずみ線図との交点 H の応力を耐力（proof stress）と称し，これを降伏応力として設計に用いる．オフセット量は 0.2% のひずみを採用するのがもっとも一般的で，この耐力を 0.2% 耐力（0.2% proof stress）と呼んで $\sigma_{0.2}$ の記号で表す．つまり $\sigma_{0.2}$ は荷重を取り除いた後に塑性ひずみ $\varepsilon_p = 0.002$ の永久変形を与える応力に相当する．

**c. 引張強さ**（ultimate tensile strength, tensile strength）$\sigma_B$

応力-ひずみ線図の最大値であり，最高荷重 $P_{max}$ を試験片の初期の断面積 $A_0$ で除した公称応力で定義する．

$$引張強さ： \quad \sigma_B = \frac{P_{max}}{A_0} \tag{8.6}$$

降伏後に破壊せずに塑性変形し続ける性質を延性（ductility）という．図 8.7 に同じ鉄鋼材料（S45C）に異なる熱処理を施した材料の応力-ひずみ線図を示す．低温焼戻し材のように破壊までの塑性変形が小さい脆性材料では，$\sigma_B$ は材料の強

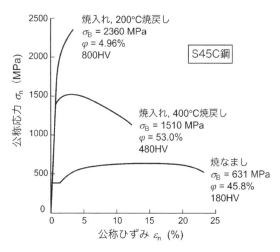

**図 8.7** 応力-ひずみ線図に及ぼす熱処理の影響

度を示す重要な指標である．しかし延性材料では，$\sigma_B$ に到達するまでに大きな塑性変形が生じるので，実際の設計において $\sigma_B$ を基準応力として用いることはほとんどない．図 8.7 のように，一般に強度を上げると延性が低下する傾向がある．延性が大きい材料は，降伏から破断までの変形の裕度が大きく，また塑性仕事に多くのエネルギーを消費するので耐衝撃性が高い．このような破壊に対して堅牢な性質をもつ材料は強度部材に使いやすい．高い強度と延性を併せもつ材料の開発が望まれている．

### d. 破断伸び（percent elongation after fracture）$\delta$

破断伸び（単に伸びともいう）は延性の大きさを表す機械的性質であり，次式で計算して百分率（%）で表す．

$$破断伸び：\quad \delta = \frac{l_F - l_0}{l_0} \times 100 \tag{8.7}$$

ここで，$l_F$ は破断後に試験片の破断面をつき合わせて測定した標点距離，$l_0$ は初期の標点距離である．

### e. 絞り（percent reduction in area）$\varphi$

延性の大きさを表すもう 1 つの機械的性質である．破断までの断面減少率で定義され，次式によって計算して百分率（%）で表す．

$$絞り：\quad \varphi = \frac{A_0 - A_F}{A_0} \times 100 \tag{8.8}$$

ここで，$A_F$ は破断後に試験片の破断面をつき合わせて測定した最小断面積，$A_0$ は初期の断面積である．

【例題 8.2】　高強度アルミニウム合金の引張試験を行って表 8.5 の荷重と標点距離の関係を得た．初期の試験片寸法は，直径 12.50 mm，標点距離 50.00 mm であった．試験終了後に試験片をつき合わせて測った最小断面の直径は 10.30 mm，標点距離は 53.08 mm であった．

(1)　公称応力-公称ひずみ線図を書け．

(2)　弾性係数，0.2% 耐力，破断伸び，絞りを求めよ．

(3)　この試験片に 64.0 kN を負荷したときの弾性ひずみ，塑性ひずみをそれぞれ求めよ．

[解]

(1)　初期の断面積は $A_0 = \dfrac{\pi(12.50\ \mathrm{mm})^2}{4} = 122.7\ \mathrm{mm}^2$ である．伸びは $\Delta l = l -$

表 8.5 高強度アルミニウム合金の引張試験データ

| 荷重 $P$ (kN) | 標点距離 $l$ (mm) | 公称応力 $\sigma_n$ (MPa) | 公称ひずみ $\varepsilon_n$ |
|---|---|---|---|
| 0 | 50.00 | 0 | 0 |
| 17.79 | 50.10 | 145.0 | 0.0020 |
| 35.59 | 50.20 | 290.0 | 0.0040 |
| 53.38 | 50.29 | 435.0 | 0.0058 |
| 57.82 | 50.36 | 471.2 | 0.0072 |
| 61.49 | 50.51 | 501.1 | 0.0102 |
| 71.04 | 51.26 | 578.9 | 0.0252 |
| 76.22 | 52.10 | 621.1 | 0.0420 |
| 77.72 (最大) | 52.70 | 633.3 | 0.0540 |
| 75.91 | 53.20 | 618.6 | 0.0640 |
| 72.89 (破断) | 53.49 | 594.0 | 0.0698 |

50.00 mm で計算する.（8.1）式と（8.2）式によって得られた $\sigma_n$ と $\varepsilon_n$ を表 8.5 に示す.応力-ひずみ線図は図 8.8 となる.

(2) 弾性変形の直線関係に対して,（8.3）式から

$$E = \frac{\sigma}{\varepsilon} = \frac{145\ \text{MPa}}{0.0020} \left( = \frac{290\ \text{MPa}}{0.0040} = \frac{435\ \text{MPa}}{0.0058} \right) = 7.25 \times 10^4\ \text{MPa} = 72.5\ \text{GPa}$$

が得られる.$\varepsilon_n = 0.002$ のひずみの位置で弾性領域の直線に平行に引いた線と応力-ひずみ線図の交点から $\sigma_{0.2} = 488$ MPa を読みとる.（8.7）式から破断伸びは

$$\delta = \frac{53.08\ \text{mm} - 50.00\ \text{mm}}{50.00\ \text{mm}} \times 100 = 6.4\%$$

破断後の断面積は

$$A_F = \frac{\pi (10.30\ \text{mm})^2}{4} = 83.3\ \text{mm}^2$$

なので,（8.8）式から絞りは

$$\varphi = \frac{122.7\ \text{mm}^2 - 83.3\ \text{mm}^2}{122.7\ \text{mm}^2} \times 100 = 32\%$$

となる.

(3) 公称応力 $\sigma_n = \dfrac{\text{荷重 } P}{\text{初期の断面積 } A_0} = \dfrac{64.0\ \text{kN}}{122.7\ \text{mm}^2} = 522\ \text{MPa}$

を計算する.この応力に対して,線図から公称ひずみ $\varepsilon_t = 0.0133$ を読みとる.（8.5）式の関係から,弾性ひずみ $\varepsilon_e = \sigma/E = 522\ \text{MPa}/(7.25 \times 10^4\ \text{MPa}) = 0.0072$ および塑性ひずみ $\varepsilon_p = $ 全ひずみ $\varepsilon_t -$ 弾性ひずみ $\varepsilon_e = 0.0133 - 0.0072 = 0.0061$ を計算する.$\varepsilon_t$, $\varepsilon_e$, $\varepsilon_p$ の関係は図 8.8(b) のようになる.

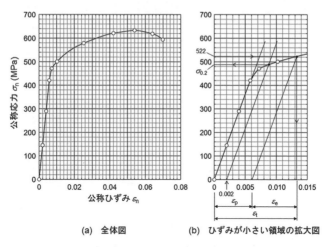

(a)　全体図　　　　　　(b)　ひずみが小さい領域の拡大図

**図 8.8**　高強度アルミニウム合金の応力-ひずみ線図

## 8.3　真応力-真ひずみ線図

　真応力（true stress）は荷重 $P$ を真の断面積 $A$ で除した応力であり，次式で与えられる.

$$\text{真応力：}\quad \sigma_\mathrm{t} = \frac{P}{A} \tag{8.9}$$

公称応力 $\sigma_\mathrm{n}$ の計算には初期の断面積 $A_0$ を用いたが，実際の断面積 $A$ は伸びとともに減少する．したがって，真応力を求めるためには引張試験中の真の断面積 $A$ を知る必要がある．標点間の材料の体積が不変であることを利用すれば，$A_0 l_0 = Al$ の関係から（図 8.6 参照），試験終了後に次式によって真応力を換算することができる.

$$\sigma_\mathrm{t} = \frac{P}{A} = \frac{P}{A_0} \cdot \frac{l}{l_0} = \sigma_\mathrm{n}(1+\varepsilon_\mathrm{n}) \tag{8.10}$$

ここで，$\sigma_\mathrm{n}$ は公称応力，$\varepsilon_\mathrm{n}$ は公称ひずみである．ただし局部収縮を起こした後の不均一塑性変形の領域では $A_0 l_0 = Al$ の関係は成立しないので，真応力を知るには試験中に断面積を計測する必要がある.

　真ひずみ（true strain）は，微小な伸び $dl$ を試験中に変化する真の標点距離 $l$ で除した微小ひずみ $d\varepsilon = dl/l$ を積分した値であり，均一塑性変形の領域であれ

ば次式で計算される.

$$\text{真ひずみ：}\quad \varepsilon_t = \int_{l_0}^{l} \frac{\mathrm{d}l}{l} = \ln\frac{l}{l_0} = \ln(1+\varepsilon_n) \tag{8.11}$$

真ひずみは対数ひずみ（logarithmic strain）とも呼ばれる. 不均一塑性変形の領域では, 真ひずみは試験部の場所によって異なるが, 試験中に断面積 $A$ を測定すればその場所の真ひずみは次式で与えられる（章末問題 8.4 参照）.

$$\varepsilon_t = \ln\frac{A_0}{A} \tag{8.12}$$

真応力-真ひずみ線図（true stress-strain diagram）を公称応力-公称ひずみ線図と比較して図 8.9 に示す. ひずみが小さい範囲では両者の差は小さいので, 通常の設計では計算に便利な公称応力と公称ひずみを用いる. 真応力と真ひずみは塑性の研究や材料開発のために用いられることが多い. 不均一塑性変形の領域（B' 点以降の点線）の真応力-真ひずみ線図は, 試験中に最

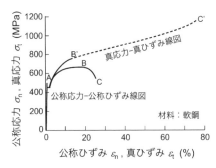

**図 8.9**　公称応力-公称ひずみ線図と真応力-真ひずみ線図の比較

小断面積を測定しないと得られないが, 最後の C' 点の真応力と真ひずみは, 真破断応力（true fracture stress）, 真破断ひずみ（true fracture strain）として次式で与えられる.

$$\text{真破断応力：}\quad \sigma_T = \frac{P_F}{A_F} \tag{8.13}$$

$$\text{真破断ひずみ：}\quad \varepsilon_T = \ln\frac{A_0}{A_F} = \ln\frac{100}{100-\varphi} \tag{8.14}$$

ここで, $P_F$ は破断時の荷重であるが, $A_F$ は破断後に荷重がない状態で測定した最小断面積であることに注意する. 公称応力は B 点で局部収縮が始まると低下するが, これは断面積の減少が考慮されていない見かけの値だからである. 実際には真応力はひずみの増加とともに単調に増加する. すなわち, 加工硬化は降伏後から破断まで絶えず進行して材料は強化され続ける.

　降伏後の真応力-真ひずみの挙動は次のべき乗則で表されることが多い.

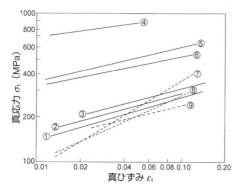

図 8.10　実用金属材料の真応力-新ひずみ線図（両対数）

$$\sigma_t = A\varepsilon_t^n \text{ または } \log \sigma_t = \log A + n \log \varepsilon_t \tag{8.15}$$

$n$ と $A$ は材料固有の定数である．$n$ は加工硬化指数（work hardening exponent）といい，加工硬化の進行度合いを示す指標である．この関係を両対数線図にプロットすると図 8.10 のように直線関係が得られ，$n$ はその勾配で $A$ は高さを表す．耐食材料としてステンレス鋼を自動車鋼板に用いようとしても，$n$ と $A$ が高いため，現在使われている低炭素鋼に比べて同じひずみを与えるのに必要な応力がきわめて高くなり，現実には加工は困難であろう．

【例題 8.3】　例題 8.2 のデータを用いて次の問いに答えよ．

（1）　降伏後の真応力-真ひずみ線図を両対数線図上に書け．

（2）　(8.5) 式の $n$ と $A$ の値を定めよ．

［解］　(1)　(8.10) 式と (8.11) 式を用いて計算する．ただし，この式は試験片のくびれが始まる最高荷重点（図 8.8 の B' 点）までだけに有効であることに注意する．破断のときの真応力と真ひずみの計算には (8.13) 式と (8.14) 式を使う．両対数線図上にプロットした真応力－真ひずみ線図を図 8.11 に示す．

（2）　プロット点を直線で近似して，その勾配から $n = 0.153$，また $\varepsilon_t = 1$ における $\sigma_t$ の値から $A = 1030$ MPa が得られる．

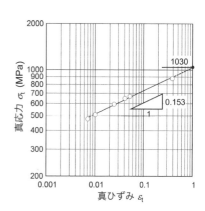

図 8.11　高強度アルミニウム合金の降伏後の真応力-真ひずみ線図（両対数）

# 8.4 硬 さ 試 験

硬さ試験（hardness test）の多くは，試験片または機械部品の表面に一定の荷重で硬質の圧子を押し込んでできた材料表面のくぼみの大きさを測定して行われる．図 8.12 に硬さ試験法と硬さの定義を示す．硬さの値に単位は付けない．

**a.** ブリネル硬さ（Brinell hardness）

金属球を一定の荷重で試料の表面に押しつけ，生じた永久くぼみ（圧痕）の大きさから硬さを測定する．硬さ＝（試験荷重）/（圧痕の表面積）で定義される．世界的に広く用いられているのは，圧子の金属が焼入れた鋼または超硬合金で，球の直径は 10 mm，荷重は 3000 kgf＝29.4 kN である．たとえば，250 の硬さが得られたら 250HB と表記する．球径 10 mm と荷重 3000 kgf を示したい場合は 250HB10/3000 と書く．ブリネル硬さは圧痕が大きいので平均的な硬さを測定するのに適している．

**b.** ビッカース硬さ（Vickers hardness）

ピラミッド状の対面角 136° の正四角錐のダイヤモンド圧子を用いて表面に圧痕を付ける方法である．硬さ＝（試験荷重 [kgf]）/（圧痕の表面積 [mm$^2$]）で定義される．たとえばビッカース硬さが 250 の場合は 250HV と表記し，試験荷重 10 kgf も示したいときは 250HV10 と書く．圧痕の形状は相似になるため，均質な材料であれば試験荷重に無関係に同一の値を示すのが特徴である．したがってビッカース硬さには，試験荷重によらず異なる材料の硬さの比較ができるほか，

| 硬さ試験 | 圧子形状 | 圧痕形状 | 試験荷重 | 硬さの式 |
|---|---|---|---|---|
| ブリネル硬さ |  $D$ | 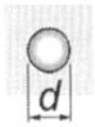 $d$ | $P$ | $HB = \dfrac{2P}{\pi D^2 (1 - \sqrt{1 - (d/D)^2})}$ |
| ビッカース硬さ | 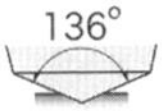 136° |  $d$　$d$ | $P$ | $HV = 1.854 \dfrac{P}{d^2}$　　単位：$P$ [kgf], $D$ & $d$ [mm] |
| ロックウェル硬さ　Aスケール　Cスケール | 120°　$h$ | | 60 kgf　150 kgf | $\left.\begin{array}{l} HRA \\ HRC \end{array}\right\} = 100 - 500h$ |
| Bスケール | 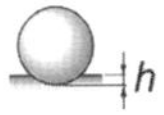 $h$ | | 100 kgf | $HRB = 130 - 500h$　　単位：$h$ [mm] |

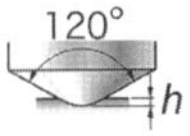

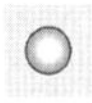

**図 8.12** 硬さ試験法

微小な部分の硬さ測定に適しているので，熱処理した部品断面の詳細な硬さ分布を調査できるなどの利点がある．JIS では試験荷重に 50 gf〜50 kgf を用いる方法が規定されている．

#### c. ロックウェル硬さ（Rockwell hardness）

円錐状のダイヤモンド圧子，鋼球圧子もしくは超硬合金圧子を一定の基準荷重と，それより大きい試験荷重で試料表面に押しつけ，再度試験荷重に戻したときの圧子の侵入深さの差から硬さを求める方法である．この方法の利点は，硬さをダイヤルから直接読みとるので測定が簡単な点にある．もっとも広く用いられるのは，ロックウェル B スケールと C スケールである．たとえば B スケールの場合には，直径 1/16 in（1.588 mm）の鋼球を用い，まず基本荷重 10 kgf をかける．次に 90 kgf を追加して合計 100 kgf の試験荷重を負荷する．その状態を 30 秒保持した後，基本荷重（10 kgf）に戻す．前後 2 回の基本荷重におけるくぼみの深さの差 $h$（mm）から次式によって硬さ（$HRB$）を求める．

$$HRB = 130 - 500\,h \tag{8.16}$$

この式に特別な物理的意味はなく，$h = 0$ の究極の硬さが 130 となり，また $h = 130/500 = 0.26$ mm 以上では硬さが負になるなど矛盾があるので，硬さに応じてスケールの使い分けが必要である．

#### d. 硬さと引張強さの関係

硬さ試験は塑性変形に対する抵抗の程度を測定するものである．加工硬化によって材料の硬さは高くなるので，図 8.13 に示すように，引張強さ $\sigma_B$ と硬さの間には良い相関がある．次の引張強さ $\sigma_B$ とブリネル硬さ $HB$ の関係は材料強度の品質管理などで広く使われる．

$$\sigma_B \cong 3.5HB\ (\text{MPa}) \quad \text{または} \quad \sigma_B \cong 0.36HB\ (\text{kgf/mm}^2) \tag{8.17}$$

### 8.5　衝撃試験と温度の影響

温度が破壊強度に及ぼす影響について述べる．もっとも一般的な材料試験はシャルピー衝撃試験（Charpy impact test）である．これは図 8.14 に示すように，断面が矩形の U あるいは V 型の切欠きをもった試験片を 40 mm 隔たった 2 つの支持台で支え，切欠き部の背面をハンマーによって衝撃を与えて破断し，吸収エネルギー $E$ を測定する試験である．

温度の影響は，試験片を所定の温度に保ち試験をすることにより調べる．FCC

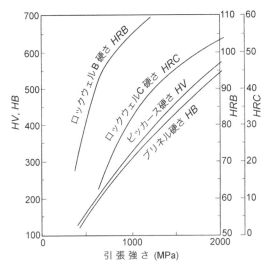

**図 8.13** 引張強さと硬さの関係

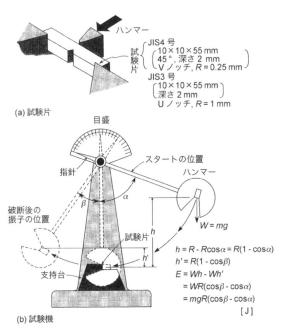

**図 8.14** シャルピー衝撃試験法

金属は低温において脆性を示さない. しかし BCC 金属や HCP 金属では, 図 8.15 のように, ある温度以下では脆性破壊をするという温度があり, これを延性–脆性遷移温度 (ductile-brittle transition temperature) という. この遷移温度は材料によって著しく異なり金属以外でも現れる. 金属や高分子材料では $-200 \sim$

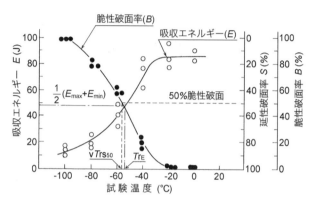

**図 8.15**　シャルピー衝撃吸収エネルギー, 破面率と温度の関係

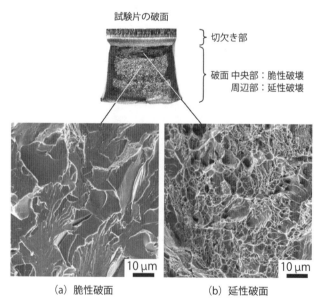

**図 8.16**　シャルピー衝撃試験片の破面形態 (S35C 焼きなまし材)

90 ℃, セラミックスでは 530 ℃ 以上である. 低温における強度が心配される場合は, 遷移温度が低い材料を選択しなければならない.

　炭素鋼や低合金鋼の破断面の様相は, 遷移温度の上下で著しく異なっている. 遷移温度よりも高い温度では延性破面を示し, 低い温度では脆性破面が多くみられる. 破面に占める脆性破面の割合を脆性破面率といい, 図 8.15 のように吸収エネルギーと良い相関がある. 図 8.16 は脆性破面と延性破面の走査電子顕微鏡写真を示す. 脆性破面は巨視的にはきらきら輝いており, 微視的にみるとリバーパターン（river pattern）が観察される. 延性破壊は暗灰色をしており, 微視的には塑性変形をともなったディンプルパターン（dimple pattern）が観察される. ディンプルの底には破壊の起点となった介在物がみられることが多い. 延性破壊の吸収エネルギーを高めるには介在物の数を少なく, 寸法を小さくすることが効果的である. 図 8.7 の例で示されるように, 強度が低くなると延性が大きくなる傾向があり, 破壊までに塑性仕事で多くのエネルギーが消費される. したがって, 一般に焼なましや高温焼戻しをした中・低炭素鋼は吸収エネルギーが高い. また, 遷移温度を低温側へ移行させるには結晶粒の微細化が有効である.

## 演 習 問 題

**8.1**　なぜ引張試験で得られた荷重と伸びの結果から, さらに応力とひずみの関係を作る必要があるかを設計の立場から考えよ.

**8.2**　図 8.5 の公称応力-ひずみ線図の D 点まで局部収縮を起こさずに均一塑性変形が進む理由を述べよ.

**8.3**　破断伸び $\delta$ は初期の標点距離 $l_0$ に依存する値である. その理由を述べよ. また, $l_0$ が極端に長い試験片を用いて引張試験を行うと応力-ひずみ線図はどうなるか予測せ

表 E.8.1

| 荷重（kN） | 標点距離（mm） |
|---|---|
| 0 | 50.00 |
| 30 | 50.11 |
| 45 | 50.14 |
| 60 | 50.20 |
| 75 | 50.27 |
| 105 | 50.38 |
| 120 | 50.55 |
| 170 | 51.31 |
| 175（最大） | 52.45 |
| 150 | 53.53 |

よ.

**8.4**　(8.12) 式が不均一塑性変形の領域でも成立する理由を述べよ.

**8.5**　表 E.8.1 に丸棒試験片の引張試験結果を示す. 試験片の初期の直径は 10.00 mm, 破断後の最小断面の直径は 6.94 mm であった. (1) 公称応力–公称ひずみ線図を書き, (2) 弾性係数, 0.2% 耐力, 引張強さ, 破断伸び, 絞りを求めよ.

**8.6**　演習問題 8.5 において, 引張試験で 120 kN まで荷重をかけた後, 完全に除荷したときの試験片の標点距離を推定せよ.

**8.7**　図 8.10 の極低炭素鋼と 17% Cr ステンレス鋼について (8.15) 式の $n$ と $A$ を求めよ.

**8.8**　(8.17) 式は工業的にきわめて重要である. その理由を考えよ.

# 9  金属の破壊と対策

破壊（fracture）とは，応力によって物体が 2 つあるいはそれ以上に分離することである．短時間で破壊する非時間依存型破壊としては，延性破壊（ductile fracture）と脆性破壊（brittle fracture）がある．一方，比較的長い時間をかけて破壊が進行する時間依存型破壊には，疲労破壊（fatigue fracture），クリープ破壊（creep fracture），応力腐食割れ（stress corrosion cracking：SCC），水素脆化（hydrogen embrittlement：HE）などがある．

## 9.1 延 性 破 壊

延性破壊は十分な塑性変形をした後に起こる破壊である．破壊までに伸びや絞りなどの著しい塑性変形をともなうので，機械や構造物が使用中に延性破壊で完全に分断されることはまれで，それ以前に正常に機能しなくなるなどの兆候が認められることが多い．一般に設計では，材料に大きな塑性変形を許容することはなく降伏条件が問題になる．

丸棒試験片の引張りでは，図 9.1 に示すようなカップアンドコーン破壊（cup-and-cone fracture）が一般的に起こる．図 9.2 には，カップアンドコーン型の破面が形成される過程を示している．最大荷重点を超えてくびれがはじまると試験片内部は 3 軸引張応力状態となって，すべりにくい力学状態となる．この試験片中央部において，介在物やもろい析出粒子を核として形成された多数の微小な空洞が合体してき裂となり，外周部に向かって拡大する．このき裂は引張軸に垂直な破面を形成する．き裂が外周表面付近まで成長すると，平面応力状態となるので材料はすべり変形し

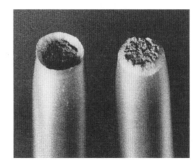

図 9.1　カップアンドコーン破壊
（S35C 焼なまし材）

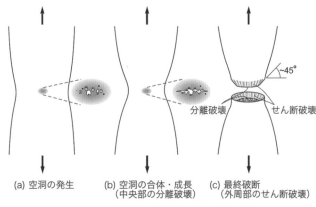

(a) 空洞の発生　　　(b) 空洞の合体・成長　　(c) 最終破断
　　　　　　　　　　　　（中央部の分離破壊）　　　（外周部のせん断破壊）

**図 9.2**　カップアンドコーン破壊の過程

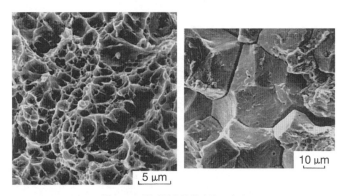

**図 9.3**　延性破壊と脆性破壊の破面
左：延性破壊にみられるディンプル破面（高張力鋼板 HT80）
右：水素脆化による脆性破面（高力ボルト）

やすくなり，最大せん断応力面に沿った約 45° の面でせん断破壊（shear fracture）
をして破面のカップとコーン部を形成する．破面中央上には，微小空洞を引裂い
た痕跡として，ディンプル（dimple）と呼ばれる無数の微小なくぼみが観察され
る（図 9.3）．
　薄板では断面全体が平面応力状態となるので，破面のほとんどがせん断破壊と
なる場合が多い．微小空洞の核となる微粒子がきわめて少ない高純度金属では，
微小空洞の合体による内部き裂が形成されずにくびれが進行するため，絞りが

100% に近い点状破壊（point fracture）や，のみの刃状破壊（chisel edge fracture）
となる．

## 9.2　脆　性　破　壊

　脆性破壊は塑性変形をほとんどともなわない破壊で，最大引張応力にほぼ垂直
な方向へのき裂の急速な拡大によって起こる．き裂面の拡大に要するエネルギー
は小さく，外力の仕事による新たなエネルギーの供給がない場合でもき裂が進展
する不安定現象となることが多い．き裂の進展速度はきわめて速く，大型構造物
が前ぶれなく瞬時に破壊することもあり，もっとも危険な破壊形態である．脆性
破壊による事故は疲労，降伏，座屈に比べると頻度は少ないが，いったん起こる
と人命や物質財産に致命的な損害を与えることが多いので，設計においては脆性
破壊防止が重要な課題となる．

### a.　へき開破壊

　体心立方格子（BCC）や稠密六方格子（HCP）などの結晶材料の一般的な脆性
破壊は，特定の格子面に沿って分離するへき開破壊（cleavage fracture）によっ
て起こり，この特定の格子面をへき開
面という．破面は，巨視的には引張方
向に直角で平坦であるが，微視的には
へき開面の方向が結晶ごとに変わるの
で，光を当てて肉眼で観察するときら
きらと輝いてみえる．また，き裂が結
晶から次の結晶へ伝播する際，複数の
平行したへき開面にまたがるため段が
でき，き裂が伝播するにつれて合流す

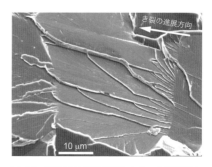

**図 9.4**　炭素鋼の衝撃試験によるへき開破面上
のリバーパターン

る結果，破面にはリバーパターン
（river pattern）と呼ばれる河川状の模様が形成される（図 9.4）．

### b.　脆性破壊を起こす因子

　通常の引張試験において延性を示す材料でも，① 切欠きの存在，② 低温，③
高ひずみ速度変形，などの特定条件の下では塑性変形が抑制され，き裂の不安定
的な成長によって破壊が起こるので注意が必要である．形状変化部である切欠き
底部の表面には，応力集中によって局所的に高い応力が発生するので，この部分

から降伏が開始する．しかし同時に，少し内部では3軸引張応力状態になって脆性破壊が生じやすくなる．また温度を下げたときやひずみ速度を増加させたときに降伏応力が増大する材料では，低温下の衝撃荷重において脆性破壊がみられる．遷移温度が低い材料は低温脆性に優れていることを意味する（8.5節参照）.

## 9.3　疲　労　破　壊

### a.　疲労破壊と破面の特徴

ある応力を1回負荷して破壊しない材料に，同じ応力を繰返し負荷すると破壊することがある．この現象を疲労（fatigue）という．応力の振幅が引張試験で得られる降伏応力より小さい場合でも，十分（たとえば $10^6$ 回）繰返すと疲労破壊が起こることがある.

延性金属材料の疲労破壊は，材料内の非可逆的なすべり変形によって発生した疲労き裂（fatigue crack）が，き裂先端の応力集中によって徐々にき裂面を拡大して起こる．材料あるいは部材全体の疲労強度（fatigue strength）は，一部のもっとも低い疲労強度に支配される．このように疲労破壊が局所的な現象である上，完全に破壊されるまでの繰返し数（疲労寿命，fatigue life）の大部分が，き裂発生とき裂が数 mm まで成長することに費やされるので，疲労き裂を破壊前に肉眼で発見できることは，まれである．このため，疲労破壊は一見何の前ぶれもなく突然起こるので，脆性破壊と並んで危険な破壊形態である.

巨視的な疲労破面は，延性金属材料でも，脆性破面のように引張応力にほぼ直

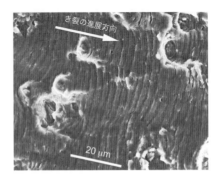

図 9.5　疲労破面にみられる貝殻模様（鉄道車両用車軸）

図 9.6　疲労破面にみられる疲労ストライエーション（アルミニウム合金）

角で平坦である．破面上には，しばしば図 9.5 のように貝殻模様（shell mark, beach mark）が観察される．これは荷重変動によって異なる速度で進展したき裂の前縁の痕跡である．また，電子顕微鏡などで疲労破面を微視的に観察すると，図 9.6 のようなサイクルごとに徐々に疲労き裂が進展したことを示す平行なしま模様が観察されることがある．これを疲労ストライエーション（fatigue striation）という．破面上に現れるこれらの情報は，破壊事故調査などにおいて，破壊の原因が疲労であることの証拠となるだけではなく，破壊の起点やき裂進展速度を定めるために重要となる．

### b. *S-N* 曲線と疲労限度

疲労強度特性を調べる材料試験として，疲労試験（fatigue test）が行われる．もっとも基本的な疲労試験は，試験片に応力を繰返し作用させて，試験片が破断するまでの繰返し数（number of cycles to failure）を求める試験である．実験で得られた応力振幅（stress amplitude）$\sigma_a$ と繰返し数 $N_f$ の関係を表した線図を *S-N* 曲線（*S-N* curve）といい，疲労強度設計の基礎データとして用いる．通常の金属材料の *S-N* 曲線は市販のデータ集（参考文献 3 参照）からも得ることができる．図 9.7 に *S-N* 曲線の例を示す．図中の軟鋼のように，多くの鉄鋼材料の場合，*S-N* 曲線は $N < 10^7$ で折れ点（knee point）と呼ばれる点で折れて水平となる．この応力は疲労で破断しない限界の応力振幅なので，疲労限度（fatigue limit）または耐久限度（endurance limit）と呼ばれる．たとえば図 9.7 の軟鋼の疲労限度は 180 MPa である．疲労限度は疲労で破壊させない設計を行う際の基準応力として重要である．

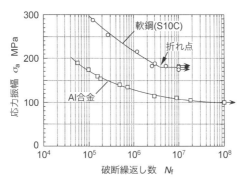

図 **9.7** *S-N* 曲線（平均応力＝0 の場合）

　鉄鋼材料の疲労限度 $\sigma_w$ は次式によって引張強さ $\sigma_B$ や硬さ $HV$ から近似的に求めることができる.

$$\sigma_w \cong 0.5\,\sigma_B \tag{9.1}$$

$$\sigma_w \cong 1.6\,HV \tag{9.2}$$

これらの式は経験式であるが, 実用的にはきわめて重要な式である.

　図 9.7 のアルミニウム合金などの非鉄金属には折れ点が存在せず, 疲労限度が定まらないことが多い. この場合は, 指定した破断繰返し数に対する応力を時間強度 (strength at finite life) と称して疲労限度の代用とする. たとえば, 図 9.7 のアルミニウム合金の $N = 10^8$ における時間強度は 100 MPa である.

### c. 疲労強度に影響を及ぼす因子

　機械や構造物の破壊事故の約 80% 以上が, 疲労を原因として起こるといわれている. これは, 疲労の影響因子を的確に評価することがいかにむずかしいかを物語っている. 疲労強度に影響を与える因子は非常に多く, 通常組み合わさって相互に関連するため複雑になる. その因子の一部を次に示す.

　**1) 平均応力**　同じ応力振幅でも引張りの平均応力 (mean stress) [=(最大応力+最小応力)/2] があると疲労強度は低下し, 圧縮の平均応力があると上昇する.

　**2) 切欠き効果**　疲労破壊を起こす発端となった場所を調査すると, その 100% 近くが, フィレット, 孔, ねじ, キーみぞなど部材の形状が変化している切欠き (notch) である. これは切欠き付近に他の部分より応力が高くなる応力集中 (stress concentration) が生じるからである.

　**3) 寸法効果**　形状が相似な試験片の疲労強度は, 一般に寸法が大きいほど低下する. これを寸法効果 (size effect) という. 小さな試験片を用いて得られた疲労強度のデータを大きな部材に適用する場合には注意が必要である.

　**4) 環　境**　腐食性の環境中で繰返し応力を受けると, 疲労強度は著しく低下する. これを腐食疲労 (corrosion fatigue) という. 一般の機械や構造物の破壊は意外に腐食疲労に起因したものが多いので, 常に使用環境に対する注意が必要である.

　**5) 変動応力**　機械や構造物に実際に作用する応力は, 一般に応力振幅と平均応力が不規則に変化する変動応力 (fluctuating stress, variable stress) である. 応力振幅が変動する場合の疲労寿命の推定には, 次の方法が広く用いられている.

　一定応力振幅 $\sigma_1, \sigma_2, \cdots, \sigma_i$ のときの寿命を，それぞれ $N_1, N_2, \cdots, N_i$ とする．この関係は S–N 曲線から得られる．次に，$\sigma_1, \sigma_2, \cdots, \sigma_i$ をそれぞれ $n_1, n_2, \cdots, n_i$ 回繰り返したときの疲労被害を $n_1/N_1, n_2/N_2, \cdots, n_i/N_i$ として，これを加算した次式の疲労被害 $D$ が 1 となったときが疲労寿命であると考える．

$$D = \frac{n_1}{N_1} + \frac{n_2}{N_2} + \cdots + \frac{n_i}{N_i} \tag{9.3}$$

これを線形累積損傷則（linear cumulative damage rule）またはマイナー則（Miner's rule）と呼んでいる．

**【例題 9.1】** 図 9.7 の Al 合金の S–N 曲線を用いて，次の問に答えよ．

　（1）　Al 合金試験片の疲労試験を平均応力 = 0 で行った．応力振幅 170 MPa で $2 \times 10^4$ 回繰返し，その後応力を下げて 120 MPa で $8 \times 10^5$ 回繰返したが破断しなかった．この時点の疲労被害 $D$ を（9.3）式を用いて計算せよ．

　（2）　この試験片の余寿命が $10^5$ 回となる応力振幅を予測せよ．ただし，疲労被害は線形累積損傷則にしたがって進行すると仮定してよい．

**[解]**　（1）　S–N 曲線から，応力振幅 170 MPa と 120 MPa の破断までの繰返し数はそれぞれ $N_1 = 10^5$ と $N_2 = 2 \times 10^6$ 回である．また，$n_1 = 2 \times 10^4$，$n_2 = 8 \times 10^5$ であるので，（9.9）式から，$D = 2 \times 10^4/10^5 + 8 \times 10^5/(2 \times 10^6) = 0.2 + 0.4 = 0.6$ となる．

　（2）　$D = 0.6 + 10^5/N = 1$ から $N = 2.5 \times 10^5$ となる．この $N$ に対応する応力振幅を S–N 曲線から読みとると，約 150 MPa と予測される．

## 9.4　クリープと破壊

### a.　クリープによる変形

　一定温度において，材料に一定応力を作用させたとき，ひずみが時間とともに増大する現象をクリープ（creep）という．一般に，この現象は材料の融点（絶対温度）の 1/3 以上で現れてくるので，クリープによる変形と強度の特性は，とくに高温で材料を使用する際に問題になってくる．たとえば，タービン，原子炉，蒸気・化学プラントなどのエネルギー変換に関連した機械や構造物はクリープを考慮した設計が必要になる．

　一定温度と一定応力の下で材料のクリープ挙動を観察して，ひずみと時間の関係を調べると，多くの材料で図 9.8 のようになる．この関係はクリープ曲線（creep curve）と呼び，曲線の勾配 $d\varepsilon/dt$ はクリープ速度（creep rate）という．図中に点線で示すように，クリープ速度は温度が高いほど，応力が高いほど増大し，ま

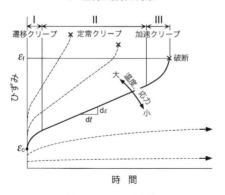

**図 9.8**　クリープ曲線

た破断までの時間も短くなる．クリープの過程は，通常次の 3 つの領域からなる．

①　領域 I　遷移クリープ（transient creep）：初期のひずみ $\varepsilon_0$ に続いて，ひずみ速度が時間とともに漸減する．

②　領域 II　定常クリープ（steady state creep）：ひずみ速度はクリープ過程中でもっとも遅く，ほぼ一定でクリープ曲線は直線状になる．すなわち，$d\varepsilon/dt =$ 一定．

③　領域 III　加速クリープ（accelerating creep）：最終破断までひずみ速度は急増する．

領域 II は，全クリープ過程の時間の大部分を占めるので，定常クリープがとくに重要となる．多くの材料に対して，定常クリープ速度について次式が与えられている．

$$\frac{d\varepsilon}{dt} = A\sigma^n \exp\left(\frac{-Q_c}{RT}\right) \tag{9.4}$$

ここで，$A$ と $n$：材料定数，$Q_c$：クリープ活性化エネルギー，$R$：気体定数（8.31 J·mol$^{-1}$K$^{-1}$），$\sigma$：応力，$T$：絶対温度である．ただし，$A$ と $n$ は常に材料定数ではなく，応力と温度によって変化することがある．したがって，上式はある特定の範囲で成立すると考えるべきである．

**【例題 9.2】**　蒸気タービン発電機のケーシングがボルトで締結されている．高温のクリープ変形によってボルトの締結力が低下して蒸気が漏出しないように定期的にボルトを締直す必要がある．ボルトの軸応力が初期応力 $\sigma_i$ の半分になったときを再締結時期として，（9.4）式を用いて適切な締結の時間間隔 $t_p$ を設定せよ．ただし，使用温度は一定，

ケーシング材は剛体, ボルト材の縦弾性係数は $E$ とする.

[**解**] ボルト軸の全長は変化しないので, ボルト軸の弾性変形によるひずみ $\varepsilon_e$ とクリープ変形によるひずみ $\varepsilon_c$ の和 $\varepsilon_t$ は常に一定である.

$$\varepsilon_t = \varepsilon_e + \varepsilon_c = \text{一定} \tag{9.5}$$

ここで, フックの法則と (9.4) 式から,

$$\varepsilon_e = \frac{\sigma}{E} \tag{9.6}$$

$$\frac{d\varepsilon_c}{dt} = \frac{d\varepsilon}{dt} = B\sigma^n \tag{9.7}$$

とおける. $T=$ 一定なので, 上式では $A\exp[-Q_c/(RT)] = B$ (一定) とおいた. (9.5) 式を時間 $t$ で微分して, (9.6), (9.7) 式を代入すると,

$$\frac{d\varepsilon_e}{dt} + \frac{d\varepsilon_c}{dt} = \frac{1}{E}\frac{d\sigma}{dt} + B\sigma^n = 0 \tag{9.8}$$

となる. $t=0$ の $\sigma = \sigma_i$ から $t = t_p$ の $\sigma = \sigma_p$ まで積分すると,

$$\frac{1}{\sigma_p^{n-1}} - \frac{1}{\sigma_i^{n-1}} = (n-1)BEt_p \tag{9.9}$$

が得られ, ここで, $\sigma_p = \sigma_i/2$ とおくと,

$$t_p = \frac{2^{n-1}-1}{(n-1)BE\sigma_i^{n-1}} \tag{9.10}$$

となる.

ボルト材の $A$, $n$, $Q_c$, $E$ と使用温度 $T$ が与えられれば, (9.10) 式から時間間隔 $t_p$ を計算することができる. ボルトの初期締結応力 $\sigma_i$ が大きすぎるとすぐに役に立たなくなるので, 締めすぎないように注意が必要である. たとえば, 通常金属では $n=5$ 程度であり, $\sigma_i$ が2割高いと時間間隔 $t_p$ は半分以下になる.

### b. クリープによる破壊と強度評価

材料がクリープ変形によって破断することをクリープ破断 (creep rupture) という. 破断に要する時間は 10 年以上になる場合がある. 一般に, 高温におけるクリープ中の材料の損傷は, 結晶粒界すべりによる割れや第二相粒子を起点として発生した空洞 (ボイド) の合体によって進行する. したがって, 破面には粒界に沿った割れやくぼみが多く観察される. クリープ過程の領域Ⅲでは, こうした空洞の成長によって断面積が減少して真応力が増加する. (9.4) 式から, クリープ速度は $\sigma^n$ ($n=\sim5$) に比例して増加するので, 変形は最終破断直前に著しく

加速する.

クリープ破断試験 (creep rupture test) では,種々の温度で応力と破断時間の関係を求める.こうして得られた線図をクリープ破断曲線 (creep rupture curve) といい,応力(縦軸)と破断時間(横軸)の関係は,両対数グラフ上でおおむね右下がりの曲線になる.長時間(たとえば 10 年)のクリープ試験が不可能な場合は,温度を上げて加速試験をしたり,短時間のデータによる曲線を長時間側に延長して評価するなどの方法がとられる.

## 9.5  環境の影響による損傷と破壊

### a.  応力腐食割れ (SCC)

応力腐食割れは引張応力と特殊な腐食環境の相互作用によって,き裂が発生する現象である.応力腐食割れの特徴は,金属表面全体の腐食の程度はわずかであるが,局部に鋭いき裂が進展することである.SCC の原因となる引張応力は外荷重による場合や,機械装置の不均一な冷却,熱処理時の相変態,冷間加工,溶接などで生じた残留応力によることが多い.

SCC は特定の合金と環境の組合せの場合にのみ生ずることが知られているが,その組合せには一定の法則はない.たとえば,ステンレス鋼は塩化物環境で SCC が生ずるがアンモニア環境では生じない.一方,真鍮(Cu-Zn 合金)はこの逆で,アンモニア環境で SCC を生じるが塩化物環境では発生しない.

**1)  応力腐食割れの機構**    SCC は種々の合金がさまざまな環境で生じるため,その発生機構は簡単でなく,種々の機構が組み合わさって生じるものと考えられる.SCC の機構はき裂の発生とその進展の過程で異なっている.

き裂の発生は金属表面のピットや表面の凹凸,介在物,形状の不連続部を起点とすることが多い.き裂が発生すれば,部材に加えられた引張応力によってき裂先端は高い応力にさらされる.き裂先端では局部電池が形成され,陽極反応によって金属が溶出する.き裂は引張応力に垂直方向に進展する(図 9.9).もちろん,引張応力あるいは腐食環境がなくなれば,き裂の成長は止まる.

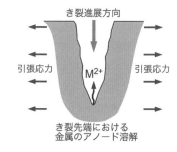

**図 9.9**  応力腐食割れの機構

**2) 応力腐食割れの防止方法**　　応力腐食割れの機構はまだ完全には解明されていないために，防止方法は経験的なものである．

①　き裂の発生原因となる引張残留応力を応力除去焼なまし（stress relief anneal）などにより低減させる．炭素鋼では 600〜650 ℃，オーステナイト系ステンレス鋼では 815〜925 ℃ の温度で応力除去を行う．

②　腐食環境を緩和する．あるいは材料を取り替える．たとえば，海水と接する熱交換器はステンレス鋼をチタニウム合金と交換する．

③　外部電力または消耗電力により，陰極防食（cathodic protection）を行う．陰極防食とは腐食される金属に電子を供給することによって防食する方法である．たとえば，酸性雰囲気中の鉄鋼の腐食は次の電気化学的反応である．

$$Fe \longrightarrow Fe^{2+} + 2\,e^-$$

$$2\,H^+ + 2\,e^- \longrightarrow H_2$$

したがって金属に電子が供給されれば，金属の溶解は抑制される．電子の供給は外部の直流電源を用いるか，より卑（anodic）な金属とガルバニ電池をつくらせることによる．たとえば地中に埋設された鉄鋼性のパイプの防食には，マグネシウムとパイプを導線でつなぎ，マグネシウムを陽極にした電池をつくり，マグネシウムを犠牲にして腐食させることが行われている．

④　可能ならば腐食阻害剤（inhibitor）を使用する．阻害剤とは反応速度を小さくする物質のことである．

**b. 水 素 脆 化**

高強度鋼などの金属材料では，環境から材料内に侵入した水素が原因で延性が低下する（図 1.14 参照）．この現象を水素脆化（hydrogen embrittlement：HE）という．材料中を拡散する水素によって水素脆化が引き起こされるため，応力が負荷された部材が，ある時間経過後に突然破壊することがある．水素脆化は水素を燃料とするロケットエンジンや燃料電池自動車等の水素関連機器の開発で問題になる．水素脆化による高力ボルトの破面を図 9.3 の右図に示した．

**c. エロージョン・コロージョン**（erosion corrosion）

金属表面と腐食液の相対的な運動によって，腐食が加速される現象である．金属表面に接する腐食流体の相対速度が大きいときには，金属表面は機械的摩耗の影響を受けて腐食速度が速くなる．土砂や鉱石を水とともに運送するラインパイプの腐食はこれにあたる．

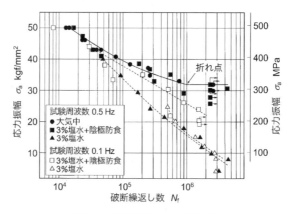

**図 9.10** 腐食疲労の $S$-$N$ 曲線の例

### d. キャビテーション（cavitation）

流体中の圧力差により気泡が発生し短時間に消滅する現象である．このときに生じる高い圧力波によって金属表面が損傷することがある．この損傷はポンプの羽根車や船舶のプロペラのように高速流体中で圧力変動の大きい部品の表面にみられる．

### e. フレッティング（fretting）

接触部分に微小な振動があり，そのすべり運動によって摩耗する現象をフレッティングという．軸とベアリングなどの機械構造物の締結部にみられ，その相対すべり量はせいぜい 10 µm 程度である．とくにこれに酸化作用が加わる場合をフレッティング・コロージョン（fretting corrosion）という．接触部分に堆積した酸化摩耗粉の研磨作用により表面にピットなどが形成される．さらにフレッティングの損傷を受ける部分が同時に変動荷重を受ける場合には，きわめて低い応力で疲労破壊が生じることがある．この現象をフレッティング疲労（fretting fatigue）という．

### f. 腐食疲労（corrosion fatigue）

繰返し応力と腐食の相互作用によってき裂が発生する現象で，腐食の影響がない場合に比較して著しく低い応力で破壊が生じる（図 9.10）．したがって，腐食環境下で疲労荷重を受ける海洋構造物や化学プラントなどの疲労設計には十分注意する必要がある．

## 9.6 機械や構造物の強度設計の基礎

機械部品や構造物部材内の孔，段，キーみぞ，ねじなどのように形状が変化する部分では局部的に応力が高くなる．この現象を応力集中（stress concentration）といい，形状変化部は応力集中部（stress concentrator）または切欠き（notch）と呼ばれる．応力集中部は破壊の起点となりやすい．

また，き裂先端の応力場の強さは，応力拡大係数（stress intensity factor）と呼ばれる単一のパラメータで定量的に取扱うことができ，き裂材の脆性破壊や疲労強度特性を評価するのに威力を発揮する．

### a. 応力集中係数

応力集中の度合は，次の式で定義される応力集中係数（stress concentration factor）で表す．

$$K_t = \frac{\sigma_{max}}{\sigma_n} \tag{9.11}$$

ここで，$\sigma_{max}$ は応力集中部の最大応力（maximum stress）であり，$\sigma_n$ は応力集中を考慮せずに計算した応力で，公称応力（nominal stress）という．定義から $K_t$ の値は無次元である．種々の応力集中部の $K_t$ 値は，弾性解析，コンピュータによる数値計算，実験あるいはハンドブック（参考文献 2 参照）から得られる．

**【例題 9.3】**　中央に円孔をもつ帯板の応力集中係数が図 9.11 の線図に与えられている．直径 60 mm の円孔をもつ幅 200 mm，厚さ 10 mm の帯板を遠方で 3000 kgf の力で引張るとき，円孔縁に発生する最大応力の値を求めよ．

［解］　図 9.11 において，$a/b = 30\,\text{mm}/100\,\text{mm} = 0.3$ から，応力集中係数 $K_t = 2.35$ が読みとれる．定義されている公称応力は，$\sigma_n = 3000\,\text{kgf}/[2 \times (100\,\text{mm} - 30\,\text{mm}) \times 10\,\text{mm}] = 2.14\,\text{kgf}/\text{mm}^2$ となるので，最大応力は（9.11）式から，$\sigma_{max} = K_t \sigma_n = 2.35 \times 2.14\,\text{kgf}/\text{mm}^2 = 5.03\,\text{kgf}/\text{mm}^2$（または 9.81 倍して 49.3 MPa）と計算される．

### b. 応力拡大係数

広い板の中央の $x$ 軸上に長さ $2a$ のき裂が存在して，$y$ 軸方向に遠方から一様引張応力

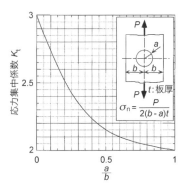

**図 9.11**　応力集中係数 $K_t$（引張り）

を受ける場合を考えてみよう（図 9.12）．弾性計算によれば，き裂先端近傍の $x$ 軸上の応力分布は次式で表される．

$$\sigma_y = \frac{\sigma_0 \sqrt{\pi a}}{\sqrt{2\pi r}} \tag{9.12}$$

$r$ はき裂先端からの距離である．この式のように，応力 $\sigma_y$ はき裂先端（$r = 0$）で無限大となるので，き裂の場合は応力集中の程度を最大応力を用いて表現できない．しかし，応力はき裂先端からの距離の平方根 $\sqrt{r}$ に反比例して減少する特性がある．すなわちき裂の場

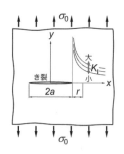

**図 9.12**　長さ $2a$ の二次元き裂をもつ無限板の一様引張り

合は，き裂近傍の応力分布の「形」（相対応力分布）は常に同じとなり，この特性はき裂の長さや種類に関係なく一般的に成立する．さらには応力分布の「高さ」を決定するのは次式の $K_I$ であることがわかる．

$$K_I = \sigma_0 \sqrt{\pi a} \tag{9.13}$$

この値が応力拡大係数であり，き裂先端近傍の応力場の強さを代表する重要なパラメータである．

き裂先端近傍の変形様式（モード）は，図 9.13 に示す 3 種類に分けることができる．各モードの応力拡大係数は $K_I$, $K_{II}$, $K_{III}$ と表示して，それぞれモード I，モード II，モード III の応力拡大係数と呼ぶ．モード I の応力拡大係数の例を図 9.14 に示す．部材とき裂の形状および荷重条件の影響はすべて応力拡大係数に反映され，応力拡大係数の値が同じであれば，き裂先端近傍の弾性分布応力は同じになる．

モード I の場合について，き裂先端近傍の応力を図 9.15 の極座標を用いて具体的に表すと次のようになる．

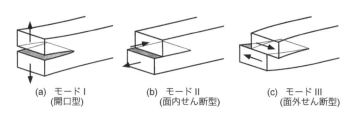

(a)　モード I
(開口型)

(b)　モード II
(面内せん断型)

(c)　モード III
(面外せん断型)

**図 9.13**　き裂先端近傍の 3 つの独立な変形様式

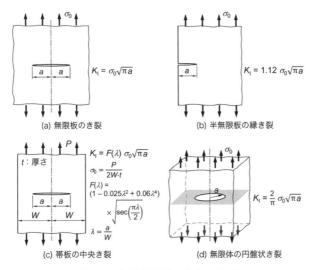

図 **9.14** 応力拡大係数の例（モード I）

$$
\left.\begin{aligned}
\sigma_x &= \frac{K_\mathrm{I}}{\sqrt{2\pi r}} \cos \frac{\theta}{2} \left[ 1 - \sin \frac{\theta}{2} \cdot \sin \frac{3\theta}{2} \right] \\
\sigma_y &= \frac{K_\mathrm{I}}{\sqrt{2\pi r}} \cos \frac{\theta}{2} \left[ 1 + \sin \frac{\theta}{2} \cdot \sin \frac{3\theta}{2} \right] \\
\tau_{xy} &= \frac{K_\mathrm{I}}{\sqrt{2\pi r}} \cos \frac{\theta}{2} \cdot \sin \frac{\theta}{2} \cdot \cos \frac{3\theta}{2}
\end{aligned}\right\}
\tag{9.14}
$$

モード II, モード III についても同様の式がある
（参考文献 4 参照）.

応力集中係数は無次元数であったが, 応力拡
大係数は,（9.13）式からわかるように, kgf·
$\mathrm{mm}^{-3/2}$ あるいは $\mathrm{MPa\cdot m}^{1/2}$ などの単位をもっ
た値である. 種々の部材とき裂形状・寸法およ
び荷重条件に対する応力拡大係数の値は, ハン
ドブック（参考文献 1 参照）にまとめられている.

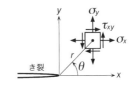

図 **9.15** き裂先端近傍の応力の定義

**【例題 9.4】** 幅 $2W = 300$ mm, 厚さ $t = 1$ mm の帯板の中央に長手方向に垂直な長さ $2a = 120$ mm のき裂がある. この帯板に遠方でき裂と垂直な方向に $500$ kgf の引張荷重

が作用するとき，き裂先端の応力拡大係数 $K_\mathrm{I}$ の値を求めよ．ただし，$K_\mathrm{I}$ の単位には MPa·m$^{1/2}$ を用いよ．

[**解**]　図 9.14(c) の式から，$\lambda = a/W = 60\ \mathrm{mm}/150\ \mathrm{mm} = 0.4$，

$F(\lambda) = (1 - 0.025 \times 0.4^2 + 0.06 \times 0.4^4)\sqrt{1/\cos(\pi \times 0.4/2)} = 1.109$，

$\sigma_0 = 500\ \mathrm{kgf}/(300\ \mathrm{mm} \times 1\ \mathrm{mm}) = 1.67\ \mathrm{kgf/mm^2}$（9.81 倍して 16.4 MPa），

$K_\mathrm{I} = 1.109 \times 16.4\ \mathrm{MPa} \times \sqrt{\pi \times 0.06\ \mathrm{m}} = 7.90\ \mathrm{MPa \cdot m^{1/2}}$ と計算される．

### c. 応力拡大係数を用いた強度設計法

き裂先端の塑性変形した領域がき裂長さに比べて十分小さい場合を，小規模降伏（small scale yielding）の状態と呼ぶ．同一の均質材料について 2 つの部材のき裂の応力拡大係数が同じ場合で，この小規模降伏の条件が満足されているときは，き裂先端近傍の弾性応力分布だけではなく，降伏後の弾塑性応力分布も等しくなる．このとき一方のき裂先端である現象が起これば，他方のき裂先端でも同じ現象が起こるはずである．この考えに基づく強度設計法の例を以下に示す．

**1）　破壊靭性**　　応力拡大係数を用いたき裂材の脆性破壊の限界条件は次のように与えられる．

$$K_\mathrm{I} = K_\mathrm{c} \tag{9.15}$$

この $K_\mathrm{c}$ を破壊靭性（fracture toughness）という．

【**例題 9.5**】　使用応力を降伏応力の 1/3 とした場合，表 9.1 の材料で，脆性破壊を起こさないき裂の寸法 $2a$ の最大値 $2a_\mathrm{c}$ を求めよ．ただし，き裂（長さ $2a$）は，広い板の中央に引張荷重方向に垂直に存在し，遠方から一様な応力を受ける．また，小規模降伏の条件は満足されるとする．

表 9.1

| 材　料 | 降伏応力 $\sigma_\mathrm{Y}$ (kgf/mm$^2$) | 破壊靭性 $K_\mathrm{c}$ (kgf·mm$^{-3/2}$) |
|---|---|---|
| 軟　鋼 | 30 | 750 |
| マルエージング鋼 | 170 | 300 |
| 高力 Al 合金 | 54 | 96 |

[**解**]　図 9.14(a) の式と (9.15) 式から，

$K_\mathrm{I} = \dfrac{\sigma_\mathrm{Y}}{3}\sqrt{\pi a} = K_\mathrm{c}$. これから限界の最大き裂長さは，$2a_\mathrm{c} = \dfrac{18}{\pi}\left(\dfrac{K_\mathrm{c}}{\sigma_\mathrm{Y}}\right)^2$ となる．

計算結果は表 9.2 のようになる．ほかの 2 つ

表 9.2

| 材　料 | 最大き裂寸法 $2a_\mathrm{c}$ (mm) |
|---|---|
| 軟　鋼 | 3580 |
| マルエージング鋼 | 17.8 |
| 高力 Al 合金 | 18.1 |

の材料には，軟鋼に比べて，かなり小さなき裂が原因で脆性破壊する危険性があることがわかる．

**2)　疲労き裂の伝ぱと寿命予測**　　疲労によってき裂が進展する場合，1回の繰返し当たりに進展するき裂長さを疲労き裂伝ぱ速度（fatigue crack growth rate）といい，$da/dN$ で表す．例えば，図9.6では $da/dN = 20\,\mu m/9 = 2.2 \times 10^{-6}$ m/cycte である．モードＩの応力拡大係数 $K_I$ の変動幅 $\Delta K$ と $da/dN$ の間には良い相関があり，両対数線図で縦軸に $da/dN$，横軸に $\Delta K$ をとってデータを整理すると，通常逆Ｓ字型の曲線になる．とくに中間領域の広い範囲でほぼ直線となり，次式が成り立つ．

$$\frac{da}{dN} = C(\Delta K)^n \tag{9.16}$$

この関係は通常パリス則（Paris law）と呼ばれている．$C$, $n$ は材料固有の定数で $n = 2 \sim 8$ の範囲にある．

**【例題9.6】**　き裂伝ぱ速度が（9.16）式で，応力拡大係数の変動幅が $\Delta K = \Delta\sigma\sqrt{\pi a}$ で与えられるとき，き裂寸法が $a_i$ から $a$ に成長するまでに要する繰返し数 $N$ を求めよ．ただし，$\Delta\sigma = $ 一定，$n > 2$ とする．

$$[\text{解}] \quad N = \int_0^N dN = \int_{a_i}^a \frac{da}{C(\Delta K)^n} = \frac{1}{C(\Delta\sigma\sqrt{\pi})^n}\int_{a_i}^a \frac{da}{a^{n/2}}$$
$$= \frac{1}{C(\Delta\sigma\sqrt{\pi})^n(n/2-1)}\left[\frac{1}{a_i^{n/2-1}} - \frac{1}{a^{n/2-1}}\right] \tag{9.17}$$

## 演 習 問 題

**9.1**　丸棒の脆性破壊で，曲げとねじりによる破面の方向をそれぞれ予測せよ．

**9.2**　疲労破面の情報から，破壊の起点やき裂進展速度を定める方法を述べよ．

**9.3**　応力集中係数は切欠きの底近傍の応力場の強さを表す量といえるか．応力拡大係数と比較して答えよ．

**9.4**　中央に直径 80 mm の円孔をもつ幅 200 mm，厚さ 5 mm の帯板を遠方で引張るとき，円孔縁が降伏しない最大の引張荷重を求めよ．ただし，この材料の降伏応力を 20 kgf/mm² とする．

**9.5**　破壊靱性が $K_c = 150$ kgf·mm$^{-3/2}$ の材料でできた広い板の中央に，引張荷重方向に垂直に長さ $2a = 20$ mm のき裂があり，遠方から一様な応力を受ける．小規模降伏の条件は満足されるとして，脆性破壊しない応力の最大値 $\sigma_{max}$ を求めよ．また，き裂の長さを半分の $2a = 10$ mm にしたとき，$\sigma_{max}$ の値は何倍になるか．

## Tea Time

### Alexander L. Kielland 号の破壊事故とジェット旅客機 Comet の連続墜落事故

　五角形の石油掘削プラットホームは,1980 年 3 月北海において下部支えパイプの溶接部から疲労破壊を生じ，乗員 212 名とともに転覆し，乗組員 123 名が死亡した．ノルウェー政府は沈没しているプラットホームの引上げに成功し，破壊原因について詳細な解析を行った.

　その結果，水中聴音器を保持するパイプを溶接で取付けた部分の溶接欠陥から疲労き裂が進展し,大きな下部支えパイプに広がったのが原因であることが判明した.このように，構造的にそれほど重要でない二次構造物の欠陥が原因で，重要な一次構造物の破壊をもたらすことがある.

　主要検査は 4 年ごとに行われていたが，この事故は主要検査の行われる 3 か月前の時点で発生した．この事故解析では,破壊力学を用いてき裂の進展速度を計算し,定期検査の間隔を定量的に求めている．破壊力学が事故解析のみならず，検査期間を明確にした最初のことであった(右図参照).

　1952 年にジェット推進による初の旅客機として就航した英国のコメット機は，就航 1 年後にインドで離陸後まもなく墜落事故を起こした.ついで,翌 1954 年 1 月と 4 月にいずれもローマ沖の地中海上空で離陸後 20 分程度で最高高度に達したあたりで爆発・墜落する事故が発生した．機体が引上げられ調査が開始された.

　就航していた 1 機のコメット機を使用して，水圧タンク中で機体に飛行荷重に等しい圧力を繰り返し負荷したところ，1830 回で客室が破壊した．破壊の起点は客室窓のコーナ部であった．エルバ島沖の事故は 1290 回，ナポリ沖の事故は

半潜水式プラットホーム

客室の内圧 0.57 気圧，慣性力 1.3 G の荷重時の応力分布

フープストレス＝124MPa　　破壊の起点

コメット機の破壊箇所

900 回の飛行回数後に発生したものであった．エルバ島沖より多くの機体の残骸が引上げられ，調査の結果，事故は疲労が原因であることが判明した．

　疲労き裂の発生場所は四角な窓の高い応力を受ける取付け孔で，試験の結果，き裂発生部分は塑性域までの大きな繰返し応力を受けたことを示していた．

　この結果は，塑性域までの繰返し応力を受ける場合の寿命を推定するマンソン-コフィン（Manson-Coffin）の式の発展につながった．

　以上の例にみられるように，大きな事故の後に徹底的な調査・研究が行われた場合には技術の飛躍的な進歩がみられる．ヨーロッパの技術者の徹底的に事故原因を解明しようとする姿勢に，われわれも見習う必要がある．

# 10　セラミック材料

　セラミック材料（ceramic materials）を用いた身のまわりの製品としては，陶磁器・ガラス製の食器，花瓶，バスタブなどの日用品やタイル，れんが，セメントなどの建築材料がある．これらは伝統的セラミックス（traditional ceramics）と呼ばれている．今日ではそれらの多くは自動化により大量生産されているが，粘土類から成形して，乾燥の後，焼成する（窯で焼く）という基本工程は約3000年前から変わっていない．

　セラミック材料には，もろく，成形や加工がしにくいという弱点があるが，一般に，傷つかない，錆びない，腐らない，汚れない，高温に耐える，燃えないなど金属や高分子材料にはない優れた特性がある．これらの特性を活かし，さらに新しい機能を与えたセラミック材料が最近急速に開発されてきており，ニューセラミックス（new ceramics），ファインセラミックス（fine ceramics）などのいろいろな呼び名で呼ばれている．ニューセラミックスはその多様性と豊富な機能から，最先端技術の実用化の鍵を握る新しい材料として期待されている．

　伝統的セラミックスがシリカ $SiO_2$（silica）を主成分とする天然資源を直接利用してつくられ，一般に不純物が多く不均一な組織をもつのに対して，ニューセラミックスは精製された粉末原料から高度な焼結技術によってつくられ，その特性は目的に応じて精細に制御されている．

## 10.1　セラミック材料の分類および機能

　化学組成で分類すると，表10.1のように酸化物セラミックス（oxide ceramics）と非酸化物セラミックス（non-oxide ceramics）に大別される．結晶学的構造で分類すると，もっとも典型的なセラミック材料の組織は多結晶であるが，ほかに単結晶，非晶質（ガラス），多孔体，薄膜，繊維，複合体などの組織・構造を有するものがある．表10.2に，ニューセラミックスを中心に機能別に分類して用途と材料の例を示す．セラミック材料が機能材料として広い分野で使用されているこ

**表 10.1** セラミック材料の化学組成による分類

| 酸化物セラミックス | 非酸化物セラミックス |
|---|---|
| **2元系酸化物**<br>シリカ $SiO_2$, アルミナ $Al_2O_3$,<br>チタニア $TiO_2$, ジルコニア $ZrO_2$,<br>トリア $ThO_2$, ウラニア $UO_2$,<br>ベリリア BeO, マグネシア MgO<br>**多元系酸化物**<br>チタン酸バリウム $BaTiO_3$,<br>ニッケル・フェライト $NiFeO_4$,<br>スピネル $MgO \cdot Al_2O_3$,<br>フォルステライト $Mg_2SiO_4$ | **炭化物**<br>炭化ケイ素 SiC,<br>炭化チタニウム TiC,<br>炭化タンタル TaC,<br>炭化タングステン WC,<br>炭化ボロン $B_4C$, 炭化ニオブ NbC<br>**窒化物**<br>窒化ボロン BN,<br>窒化ケイ素 $Si_3N_4$,<br>窒化アルミニウム AlN<br>**ホウ化物**<br>$TiB_2$, $ZrB_2$<br>**フッ化物**<br>$CaF_2$, $BaF_2$, $ZrF_4$–$ThF_4$–$BaF_2$<br>**硫化物**<br>ZnS, $TiS_2$ |

とがわかるであろう.

## 10.2 セラミック材料の構造

セラミック材料の結晶構造は,結合形式,構成原子の寸法,イオン性の強さに依存しており,単純なものから複雑なものまで多くの種類がある.またその性質は,原子尺度の結晶構造だけではなく結晶粒尺度の微細構造にも密接に関係している.

**a. セラミック材料の結晶構造**(原子尺度の構造)

セラミック材料は陽性元素(金属元素)と陰性元素が結合した非金属性の無機固体材料である.この結合には一般にはイオン結合(ionic bonding)と共有結合(covalent bonding)が共存している.結合の割合は構成原子間の電気陰性度(electronegativity)(2.3 節参照)の差に依存しており,この差が大きいほどイオン結合性が強くなる.2元素からなる代表的なセラミック材料について,イオン/共有結合割合と電気陰性度差の関係を図 10.1 に示す.この図からわかるように,酸化物セラミックスはイオン結合性が高く,逆に非酸化物セラミックスは共有結合性が高い.炭化物,ホウ化物はほとんど共有結合である.以下では単純な構造の材料を例に結合のしかたについて解説する.

**1) ケイ酸塩** まず多くの酸化物セラミックスの主成分であるケイ素原子

**表10.2**　ニューセラミックスの機能と用途および材料の例[1]

| 機　　能 | | 応　　用 | 物　質　と　状　態 |
|---|---|---|---|
| 電磁気的機能 | 絶　縁　性 | 集積回路基板<br>放熱性集積回路基板 | $Al_2O_3$（高純度ち密焼結体，薄板状単結晶）<br>$BeO$（高純度ち密焼結体） |
| | 半　導　性 | PTC ヒータ<br>抵抗発熱体<br>バリスタ，非線形素子<br>ガスセンサ | $BaTiO_3$（半導性組織制御焼結体）<br>$LaCrO_3$，$SiC$，$MoSi_2$（組織制御焼結体）<br>$ZnO\text{-}Bi_2O_3$（組織制御焼結体）<br>$SnO_2$（多孔質焼結体） |
| | イオン導電性 | 固体電池，酸素センサ<br>Na-S 電池 | $C\text{-}ZrO_2$（ち密焼結体）<br>$\beta\text{-}Al_2O_3$（ち密焼結体） |
| | 誘　電　性 | コンデンサ | $BaTiO_3$（高純度組織制御焼結体） |
| | 圧　電　性 | 着火素子，セラミックフィルタ<br>水晶発振子，表面波フィルタ | $Pb$（$ZrxTi_{1-x}$）$O_3$（分極処理ち密焼結体）<br>$SiO_2$（単結晶薄板），$LiTaO_3$，$LiNbO_3$（単結晶薄板） |
| | 焦　電　性 | 赤外線検出素子 | $Pb$（$ZrxTi_{1-x}$）$O_3$（分極処理ち密焼結体） |
| | 電子放射性 | 電子銃用熱陰極 | $LaB_6$（単結晶） |
| | 軟　磁　性 | トランスコアー，記憶素子<br>磁気テープ | $Zn_xMn_{1-x}Fe_2O_4$（粒界制御ち密焼結体）<br>$\gamma\text{-}Fe_2O_3$（微粉末） |
| | 硬　磁　性 | 永久磁石<br>可とう性磁石 | $BaFe_{12}O_{19}$（配向性ち密焼結体）<br>$SrFe_{12}O_{19}$（粉体分散ゴム） |
| 光学的機能 | 透　光　性 | 耐熱耐食材料(ナトリウムランプ管)<br>透明電極<br>レーザー窓 | $Al_2O_3$（透光性ち密焼結体）<br>$SnO_2$（半導性透明皮膜）<br>$ZnSe$（単結晶） |
| | 導　光　性 | 光通信ファイバ | $SiO_2$（高純度繊維） |
| | 反　射　性 | 太陽熱集光器<br>赤外線反射膜，選択吸収膜 | $TiN$（光沢表面）<br>$SnO_2$（塗布膜） |
| | 蛍　光　性 | 電子励起蛍光体（カラーテレビ用）<br>X 線励起蛍光体<br>レーザー<br>発光ダイオード<br>電場発光<br>シンチレータ | $Y_2O_2S：Eu$（粉体）<br>$CaWO_4$（粉体）<br>$Y_3Al_5O_{12}：Nd$（単結晶）<br>$GaAs$（単結晶）<br>$ZnS：Cu$（粉体）<br>$NaI：Tl$（単結晶） |
| | 偏　光　性 | 電気光学偏光素子 | $PLZT$（透明ち密焼結体） |
| 熱的機能 | 耐　熱　性 | 耐熱材料 | $ZrO_2$，$ThO_2$，$C$（焼結体） |
| | 断　熱　性 | スペースシャトル断熱材<br>不燃性壁材 | $SiO_2$（繊維タイル）<br>$CaO \cdot nSiO_2$（多孔体） |
| | 伝　熱　性 | 集積回路基板 | $BeO$，$SiC$（高純度ち密焼結体），$C$（単結晶） |
| | 耐熱衝撃性 | 高温熱交換器 | $2\,MgO \cdot 2\,Al_2O_3 \cdot 5\,SiO_2$（焼結体） |
| 機械的機能 | 高温高強度性 | ガスタービン・セラミックエンジン | $Si_3N_4$，$SiC$（ち密焼結体） |
| | 剛　　性 | 旋盤ベット | $Al_2O_3$，$SiC$，$Si_3N_4$（焼結体） |
| | 耐摩耗性 | 軸受，ダイス | $SiC$，$Si_3N_4$，$Al_2O_3$，$WC\text{-}Co$（焼結体） |
| | 高　硬　度　性 | 切削工具<br>砥石，研磨材 | $TiN$，$Al_2O_3$，$WC\text{-}Co$，$TiC$，$C$（ち密焼結体）<br>$Al_2O_3$，$SiC$，$C\text{-}BN$，$C$（多孔質焼結体，粉粒体） |
| その他 | 担　持　性 | 触媒担体，固定化酵素担体 | $Al_2O_3$（多孔体），ゼオライト，$SiO_2$（孔径制御多孔体） |
| | 触　媒　能 | 触媒，耐熱触媒 | $K_2OnAl_2O_3$，フェライト（多孔質焼結体） |
| | 生体適合性 | 人工歯，人工骨 | $Al_2O_3$，アパタイト（焼結体，単結晶），結晶化ガラス |
| | 耐　食　性 | 化学反応容器 | $Al_2O_3$，$SiO_2$，$h\text{-}BN$，$Si_3N_4$，$SiC$，$C$（焼結体） |
| | 耐　放　射　能 | 原子炉材，核融合炉材 | $UO_2$，$UC$，$SiC$，$C$，$BeO$，$B_4C$（焼結体） |

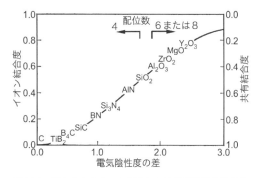

**図 10.1** 種々のセラミック材料における電気陰性度差と
イオン結合度または共有結合度の関係[2]

**図 10.2** $SiO_4^-$ 四面体構造
4 個の酸素原子が 1 個のケイ素原子
を中心に取り囲む構造になってい
る. 各酸素原子は他の原子と結合で
きる 1 個の原子をもっている.

と酸素原子が結合したシリカ $SiO_2$ を考えてみよう. 地殻のおよそ 75% がケイ素
と酸素の 2 元素からできているため, シリカとその化合物は材料の原料の中でも
っとも量的に豊富で広く分布しており安価である. 天然セラミック材料では, 砂,
粘土, 長石, 水晶, 準宝石のガーネット (ざくろ石) などがある. 伝統的セラミ
ックスのほとんどはシリカを主成分としたケイ酸塩 (シリケート, silicate) を単
位構造としてできている.

　ケイ酸塩の基本構造は, 図 10.2 に示すように, 4 個の酸素原子 (O) がより小
さな 1 個のケイ素原子 (Si) を均等に取り囲んだ $SiO_4^-$ の正四面体である. それ
ぞれの酸素原子は結合可能な 1 個の電子をもっており, 互いに直接つながったり
ほかの金属イオンとつながって異なるケイ酸塩を形成する. $SiO_4^-$ 正四面体の 2
つの角の酸素原子を共有して互いに連結すると, 図 10.3(a), (b) に示す鎖状や
環状構造を形成する. この種のケイ酸塩はアスベスト (石綿) などの繊維質とな
る. 3 つの角の酸素原子を共有すると板状構造を形成する. 滑石 (タルク), 雲母,
カオリナイト (含水ケイ酸アルミニウムで磁器用粘土の成分) がその例である.
さらに 4 つ全部の酸素原子を共有すると立方晶シリカを形成する. 図 10.4(a) は
立方晶シリカの 1 つであるクリストバライトの構造である. この構造が図 10.4
(b) のダイヤモンド立方構造において炭素原子をそれぞれ $SiO_4$ 正四面体で置き
換えた強固な結晶構造になっていることに注目すべきである.

　**2) ガラス**　　ガラスもシリカの正四面体構造を基本とする構造からなるが,
配列はランダムで非晶質な網目構造である. 図 10.5(a) に純粋なシリカガラスの

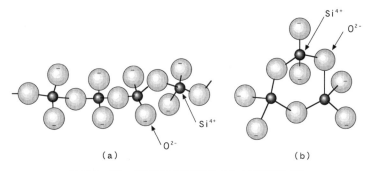

**図10.3** SiO$_4^-$ 正四面体の鎖状構造（a）と環状構造（b）

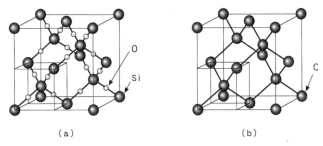

**図10.4** 立方晶シリカ（a）とダイヤモンド（b）の結晶構造の比較

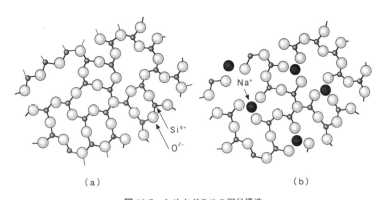

**図10.5** シリカガラスの網目構造
（a）純粋なシリカガラスの構造：ランダムな（非晶質）構造.（b）ソーダ・シリカガラスの構造：Na$^+$ イオンがガラスの網目構造の空間に入り込み結合力を低下させる.

構造を示す.この構造のガラスは強度と化学的安定性に優れているが,このままでは軟化点が1200℃と高く粘性も高いので加工しにくい.そこで,市販のガラスはこれに$Na_2O$や$CaO$などの酸化物を添加して,図10.5(b)に示すように,金属イオンで網目構造を壊すことによって軟化点と粘性を低下させて加工性を向上させている.

**3) マグネシア** マグネシア$MgO$の基本構造は,図10.6に示すように$FCC$構造に最密充填した酸素原子の正八面体空隙のすべてに$Mg$原子を配置した構造になっている.きわめて安定な構造であり,このためマグネシアの融点は2000℃以上に達し,炉の高温耐火材として用いられる.

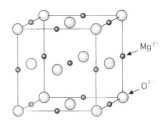

**図10.6** マグネシア$MgO$の結晶構造

**4) アルミナ** アルミナ$Al_2O_3$の結晶構造は,図10.7に示すように,$HCP$最密充填した酸素原子の正八面体空隙の2/3に$Al$原子を配置した構造になっている.この構造もきわめて安定しており,融点は2050℃と高くかつ耐薬品性にも優れて非常に硬いので,耐火用れんが,陶器,化学用容器,研磨剤,切削工具の原料として用いられる.

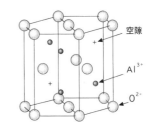

**図10.7** アルミナ$Al_2O_3$の結晶構造

**5) 炭化ケイ素** 非酸化物セラミックスの代表は炭化物(carbide)と窒化物(nitride)である.図10.8に炭化ケイ素$SiC$(silicon carbide)の結晶構造を示す.この構造は図10.4(b)のダイヤモンド立方構造の炭素原子の半分をケイ素に置き換えた構造になっている.ダイヤモンドと同様に共有結合性が高く,このためダイヤモンドについで硬い材料の1つである.

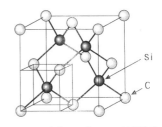

**図10.8** 炭化ケイ素$SiC$の結晶構造

研磨剤としてカーボランダム(Carborundum)の商品名で有名である.

**b. セラミック材料の微細構造**

金属や高分子材料とは異なるセラミック材料特有の性質は,原子尺度の結晶構

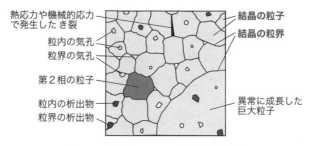

熱応力や機械的応力
で発生したき裂

粒内の気孔

粒界の気孔

第2相の粒子

粒内の析出物

粒界の析出物

結晶の粒子

結晶の粒界

異常に成長した
巨大粒子

**図 10.9**　多結晶セラミック材料の微細構造

造によって決定されるが，強度やそのほかの多くの性質は，図 10.9 に模式的に示す 0.01〜1000 μm の微細構造にも大きく支配される．たとえば，セラミック材料はほとんど例外なく組織内に孔やき裂状の微小な欠陥をもっており，これらがき裂発生源となる．セラミック材料は脆性材料であるため，き裂が発生すると急速に進展拡大して破壊に至るので，その強度は微小な欠陥の大きさ，形状，分布状態に著しく依存する．化学組成や結晶粒，粒界，第 2 相，気孔の大きさ，形状，分布状態などを定量化して材料の特性を評価することをキャラクタリゼーション（characterization）という．セラミック材料の信頼性を向上させるには，キャラクタリゼーションが確立されなければならない．

## 10.3　セラミック材料の特性

　セラミック材料の一般的特徴を金属材料の特徴と比較して表 10.3 に示す．また，セラミック材料と競合するほかの金属材料，高分子材料の性質との違いを代表的な数値で比較して表 10.4 に示す．

　以下ではセラミック材料の機械的特性，とくにその強度について解説する．

### a. 弾 性 係 数

　イオン結合や共有結合がその構造上大きい剛性を示すので，セラミック材料の弾性係数 $E$ は一般に金属や高分子材料の $E$ より大きい．たとえば，軟鋼の $E=206\,\text{GPa}$ に対して炭化ケイ素 SiC は $E=560\,\text{GPa}$，アルミナ $\text{Al}_2\text{O}_3$ は $E=460\,\text{GPa}$ と高く，ダイヤモンドの $E=1200\,\text{GPa}$ につぐ大きさである．また，セラミック材料の密度は比較的小さいので，比剛性率（弾性係数/比重）は非常に高い．ガラス繊維やセラミック繊維が複合材料の強化材として用いられる理由の 1 つ

**表 10.3**　金属材料とセラミック材料の相対的な比較

| 金属材料 | セラミック材料 |
|---|---|
| 金属結合 | イオン／共有結合 |
| 多くの自由電子 | 獲得電子 |
| 大きい電気伝導性 | 小さい電気伝導性 |
| 大きい熱伝導性 | 小さい熱伝導性 |
| 高い引張強さ | 低い引張強さ |
| 低いせん断強さ | 高いせん断強さ |
| 低い高温強度 | 高い高温強度 |
| 延性 | 脆性 |
| 塑性変形あり | 塑性変形ほとんどなし |
| 衝撃荷重に強い | 衝撃荷重に弱い |
| 高い熱衝撃抵抗 | 低い熱衝撃抵抗 |
| 中間的硬さ | 極端に硬い |
| 無孔質 | 多孔質 |
| 高密度 | 低密度 |
| 比較的重い | 比較的軽い |
| 不透明 | 透明（薄い場合） |

**表 10.4**　セラミック材料と他材料の特性（代表値）の比較

| 特　性 | | セラミック材料 | | | 他材料 | | |
|---|---|---|---|---|---|---|---|
| | | アルミナ | 炭化ケイ素 | ジルコニア | 炭素鋼<br>(焼ならし) | アルミニウム | ナイロン |
| 比重 | | 3.8 | 3.2 | 6.0 | 7.8 | 2.7 | 1.1 |
| 機械的性質 | | | | | | | |
| 硬さ（モース） | | 9 | 9 | 8 | 5 | 3 | 2 |
| （ビッカース） | kgf/mm$^2$ | 1400〜1900 | 2400 | 1200〜1300 | 200 | | |
| 縦弾性係数 | GPa | 〜400 | 〜600 | 〜250 | 206 | 69 | 3.3 |
| 引張強さ(室温) | GPa | | | | 0.7 | 0.1 | 0.07 |
| 曲げ強さ(室温) | GPa | 0.3〜0.5 | 0.45〜0.8 | 1〜1.5 | | | |
| 圧縮強さ(室温) | GPa | 2.5〜3.5 | 0.6〜4.2 | | | | 0.07 |
| 破壊靭性値 | MPa$\sqrt{\text{m}}$ | 3〜4 | 2〜6 | 6〜15 | 80〜100 | 30 | |
| 熱的性質 | | | | | | | |
| 融点（概数） | ℃ | 2050 | 2220 | 2500 | 1400 | 660 | 215 |
| 熱伝導率(室温) | cal/cm sec ℃ | 0.09 | 0.2 | 0.007 | 0.12 | 0.55 | |
| 線膨張係数(室温) | ×10$^{-6}$℃$^{-1}$ | 8 | 4 | 7 | 11 | 24 | 90 |
| 電気的性質 | | | | | | | |
| 体積固有抵抗 | Ω cm | 10$^{14}$〜10$^{16}$ | 100〜10$^5$ | >10$^{10}$ | | | 10$^{12}$〜10$^{14}$ |
| 絶縁耐圧 | kV/mm | >20 | | | | | 15〜20 |
| 最高使用温度 | ℃ | 〜2200 | 〜2500 | 〜2600 | | | 422 |

は，これらを添加することにより，材料全体の比重に対する剛性を大幅に大きくできるからである．

### b. 降伏応力と硬さ

セラミック材料は，イオン結合や共有結合が転位の運動に対して大きな抵抗を示すので，本質的に塑性変形しにくい材料である．したがって，セラミック材料は降伏応力がきわめて高く，そして非常に硬い．アルミナや炭化ケイ素は，ダイヤモンドについで硬い材料である．硬いので耐摩耗性に優れており，切削工具，研磨材料あるいは機械のしゅう動部の材料として使われる．一方同じ理由で，セラミック材料は塑性加工ができず，機械加工も容易ではないという欠点をもっている．

### c. 破壊強度

セラミック材料はき裂に敏感な，いわゆるもろい性質をもっている．図10.9に示したように，微小な気孔やき裂はセラミック材料の微細構造の特徴である．これらは製造工程においてつくられたり，製造後も，結晶粒や相の間の弾性係数や熱的変形の差による熱応力や機械的応力でき裂が発生する．これらの微小な欠陥は応力集中部として働き，き裂の発生源となる．セラミック材料は塑性変形をほとんどしないので，金属のような塑性変形によるき裂先端の応力の緩和は期待できず，いったん発生したき裂は，き裂先端の高い応力集中によって急速に拡大して破壊を引き起こす．化学組成と結晶構造が同じであっても，強度は材料内の微小な欠陥の大きさ，形状，分布によって異なるので，強度設計は材料内にき裂が存在することを考慮して行われることが多い．この場合，設計応力はき裂の長さおよびき裂の進展抵抗を表す破壊靭性（fracture toughness）$K_c$（材料固有の定数）から計算される（例題10.1参照）．さらに強度のばらつきが大きいので設計応力の設定に統計学的手法が頻繁に用いられるのもセラミック材料の特徴である．

セラミック材料の圧縮強度は引張強度に比べてはるかに大きい（約15倍）．たとえば，コンクリート構造物は荷重を圧縮で支持してコンクリートに引張荷重が作用しないように設計されている．

また，セラミック材料は塑性変形仕事による吸収エネルギーが小さいので，衝撃荷重に対する抵抗が非常に小さいことも設計の際に注意すべきことである．

**【例題10.1】** き裂をもつセラミック材料の破壊靭性$K_c$が次式で与えられるとする．

$$K_c = \sigma_B \sqrt{\pi a} \tag{10.1}$$

ここで，$2a$ はき裂の長さ，$\sigma_B$ は引張強さである．

破壊靭性 $K_c = 2\,\mathrm{MPa \cdot m^{1/2}}$ のセラミック材料が $200\,\mathrm{MPa}$ の引張強さを達成するために許容される最大のき裂寸法 $2a_c$ を求めよ．

[**解**] $2a_c = 2(K_c/\sigma_B)^2/\pi = 2[2\,\mathrm{MPa \cdot m^{1/2}}/200\,\mathrm{MPa}]^2/\pi = 64 \times 10^{-6}\,\mathrm{m} = 64\,\mathrm{\mu m}$

### d. 高温強度

高温用のセラミック材料としては，窒化ケイ素 $Si_3N_4$ と炭化ケイ素 SiC がもっとも有望である．これらの材料は共有結合性がきわめて高いので，高温まで高い結合強度を維持する．しかも熱膨張が小さく耐食性に優れているので，ガスタービンなどの過酷な高温環境下で使用する機械材料として期待されている．タービン翼材には $1300\,^\circ\mathrm{C}$ の高温に耐える材料が要求されるが，それほど高温でない場合はアルミナ $Al_2O_3$ やジルコニア $ZrO_2$ などの酸化物セラミックスも有望である．ジルコニアの中には破壊強度が $1000 \sim 1500\,\mathrm{MPa}$，破壊靭性値が $10 \sim 15\,\mathrm{MPa \cdot m^{1/2}}$ に達する部分安定化ジルコニア（partially stabilized zirconia：PSZ）のようなセラミック材料の中で最高の強度を示すものがある．表 10.5 にこれらの材料の強度および熱特性を示す．

高温ではセラミック材料も金属のようにクリープによって時間とともに変形して破断することがある．クリープは一般に融点の 3 分の 1 以上の温度で問題になるので，もともと融点が高いセラミック材料はクリープ強度の点からも金属材料より一般に有利である．

### e. 熱衝撃抵抗

冷たいガラスコップに熱湯を注いでコップが割れた経験はないだろうか．これ

**表 10.5** 高温用セラミック材料の性質[1]

| 材　料 | 性　質 | 密度 (g/cm³) | 曲げ強さ（室温）(MPa) | 曲げ強さ（1200 ℃）(MPa) | 縦弾性係数 (GPa) | 熱伝導率 (W/(m·K)) |
|---|---|---|---|---|---|---|
| $Si_3N_4$ | 反応焼結 | 2.70 | 290 | 290 | 240 | |
| | 常圧焼結 | 3.20 | 830 | 700 | 270 | 14 |
| | ホットプレス | 3.27 | 980 | 880 | 310 | 29 |
| SiC | Si 注入 | 3.15 | 450 | 430 | 400 | 21 |
| | 常圧焼結 | 3.15 | 340 | 370 | 400 | 92 |
| $Al_2O_3$ | 常圧焼結 | 3.98 | 340 | | 390 | |
| $ZrO_2$ | 常圧焼結 PSZ | 6.05 | 1170 | | 200 | 1.9 |

は材料の表面と内部の温度差によって発生した熱応力による材料内の傷を起点とした破壊である．この現象を熱衝撃（thermal shock）という．セラミック材料の熱伝導率 $k$ が極端に低く，弾性係数 $E$ が大きく，また脆性材料であることからこの問題が生じる．セラミック材料は高温まで高い強度を維持できるので高温用機械材料として有望な材料であるが，熱衝撃抵抗（thermal shock resistance）を向上させることが今後の課題の１つである．

　熱衝撃に関与する材料パラメータには，弾性係数 $E$，ポアソン比 $\nu$，線膨張係数 $\alpha$，熱伝導率 $k$，引張強さ $\sigma_B$ または破壊靭性 $K_c$ などがある．材料選択の際に参考にする熱衝撃抵抗の尺度の１つとして，次の熱衝撃係数（thermal shock index, TSI）がある．この値が大きいほど熱衝撃抵抗に優れていることを意味する．

$$\mathrm{TSI} = \frac{k\sigma_B}{E\alpha} \tag{10.2}$$

**【例題 10.2】**　E ガラス繊維と S ガラス繊維の熱衝撃係数 TSI を求め，熱衝撃抵抗に優れた材料を選択せよ．これらの材料の性質を表 10.6 に示す．

**表 10.6**

| | | E ガラス繊維 | S ガラス繊維 |
|---|---|---|---|
| 弾性係数 | $E$, GPa | 75 | 86 |
| 引張強さ | $\sigma_B$, GPa | 3.4 | 4.6 |
| 熱伝導率 | $k$, W/m ℃ | 1.04 | 1.05 |
| 線膨張係数 | $\alpha$, ℃$^{-1}\times10^{-6}$ | 5.1 | 2.9 |

[解]
E ガラス繊維：
$$\mathrm{TSI} = \frac{1.04\ \mathrm{W/m℃}\times3.4\ \mathrm{GPa}}{75\ \mathrm{GPa}\times5.1\times10^{-6}\ ℃^{-1}} = 0.92\times10^4\ \mathrm{W/m}$$
S ガラス繊維：
$$\mathrm{TSI} = \frac{1.05\ \mathrm{W/m℃}\times4.6\ \mathrm{GPa}}{86\ \mathrm{GPa}\times2.9\times10^{-6}\ ℃^{-1}} = 1.9\times10^4\ \mathrm{W/m}$$
S ガラス繊維の値が大きく，したがって熱衝撃抵抗が優れている．

## 演 習 問 題

**10.1**　セラミック材料が本質的に脆性材料である理由を述べよ．

**10.2** セラミック材料を構造用材料として使用する際の注意点を述べよ.

**10.3** セラミック材料の引張強度が圧縮強度より格段に高い理由を考えよ.

**10.4** 熱衝撃係数（TSI）を決める 4 つのパラメータを示し，それぞれがどのように熱衝撃に関与するかを説明せよ.

# 11 高分子材料

　高分子材料（high polymer material）は有機化合物（organic compound：炭素化合物のことで，有機体から得られたのでこの名称がある）の分子を重合して生成する高分子化合物である．一般にプラスチック（plastic）と呼ばれる．プラスチックは可塑性という意味の言葉で，熱，圧力またはその両者によって成形できる材料またはその成形品の名称であるが，最近ではこの定義の範囲を超えた高分子材料が使用されるようになった．

　プラスチックは石油，天然ガス，石炭などの天然資源を主な原料として，これらを高分子に合成反応させることによって，炭素，水素，酸素，窒素，塩素などの原子を，鎖状や網状に連結させ長大な分子に合成したものである．

　プラスチックはほかの材料では得ることのできない広範囲の機械的性質をもっており，重要な機械材料である．すなわち，プラスチックは軽量，耐水性，耐食性，耐衝撃性，電気絶縁性，優れた成形性などの特長がある．プラスチックを利用することによって，軽量化が容易となり，表面処理や潤滑を省略でき，機械設計が簡略化され，装置の騒音を低減できるなどの利点がある．産業界におけるプラスチックの利用は年々増大しており，とくに自動車への応用は著しく増大している．また，最近の情報関連機器の多くがプラスチックからできており，機械設計にあたってプラスチックの知識はきわめて重要になっている．さらに，プラスチックは充填剤や補強剤などを複合することによって，複合材料としての利用範囲がますます広がっている．

## 11.1　プラスチックの種類

　金属に鉄やチタニウムなど種々の材料があるように，プラスチックにもポリエチレンやナイロンのように種々の材料がある．プラスチックの構造によって，熱可塑性（thermo-plastic）プラスチックと熱硬化性（thermo-setting）プラスチックに大別される．そのほか，エラストマー（elastomer）と呼ばれ，常温付近

でゴムのような弾性をもった高分子材料がある.

## 11.2　熱可塑性プラスチック

　熱可塑性プラスチックは加熱すると流動性をもち，冷却すると固体状となり，これが可逆的であるような性質をもった高分子材料である．したがって，高温で必要な形状に成形すれば常温ではその形状が保たれている．この材料は，ほとんど機械的性質を損なうことなく，何回も成形し直して再利用することができる.

　熱可塑性プラスチックは，炭素が共有結合した長い鎖状の分子構造をしており，しばしばその鎖の中に酸素，窒素，硫黄原子などが共有結合して異なった性質をつくり出している.

### a.　熱可塑性プラスチックの構造

　多くの熱可塑性プラスチックの合成は，重合反応による．重合反応とは単純な共有結合している化合物，すなわち単量体（モノマー，monomer）から重合体（ポリマー，polymer：簡単な分子モノマーが多数繰り返して結合することによって生じた分子量のきわめて大きい化合物，すなわち高分子）を生ずる反応である.

　たとえば，エチレン（ethylene）分子$C_2H_4$は図 11.1 に示すように 2 個の炭素原子が二重結合し，それぞれの炭素原子に水素原子が単結合（一重共有結合）をしている構造である．このエチレン分子を熱や圧力を加えて活性化すれば，炭素原子間の二重結合は開放されて，図 11.2 に示すような単結合となる．その結果，エチレン分子はほかの分子と共有結合するための自由電子をもつことになる．したがって，多数のエチレン分子が共有結合により鎖状につながり，図 11.3 のように高分子（ポリエチレン）がつくられる．この鎖分子は長く，皿に盛られたスパゲティのように物理的に絡み合っており，高分子の多くの性質に影響を及ぼしている.

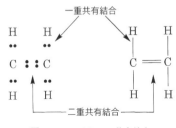

**図 11.1**　エチレンの共有結合

**図 11.2**　活性化されたエチレンの共有結合の構造

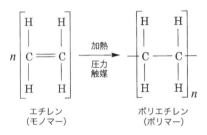

**図11.3** エチレンの重合反応

　エチレンのような構造の水素原子をほかの原子あるいは分子と置換することによって，有用な高分子を得ることができる．モノマーの水素原子の１つがほかの原子と置換された高分子をビニルポリマー（vinyl polymer）という．ポリプロピレン（polypropylene）などがその例で，図 11.4 に示すように種々の融点をもった高分子材料が製造されている．複数の水素原子が置換された場合のビニルポリマーをビニリデンポリマー（vinylidene polymer）と呼ぶ．

**【例題 11.1】**　ポリ塩化ビニルを塩化ビニルから製造するときに，どのようなエネルギー交換が行われるか．その反応は瞬時に起こるか．

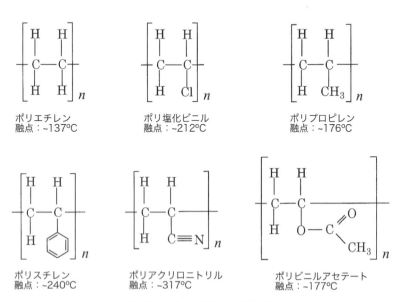

**図11.4**　ビニルポリマーの構造式

結合エネルギー（kJ/mol）を C−C：368，C＝C：678，C≡C：819 とする．

[**解**] 反応は図 11.5 のように表される．

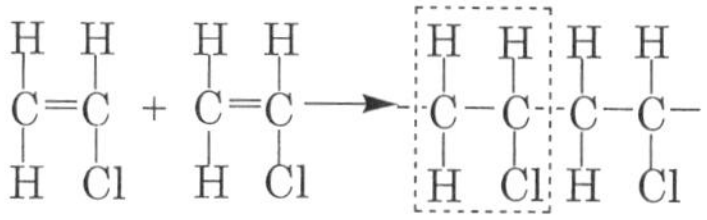

**図 11.5**

すなわち 2 C＝C 結合→ 4 C−C 結合

$$2\times678 = 1356\,\text{kJ/mol} \longrightarrow 4\times368 = 1472\,\text{kJ/mol}$$

最終製品よりも反応物質の結合エネルギーは小さい．したがって，反応は瞬時に生ずる．

### b. 熱可塑性プラスチックの機械的性質

代表的な熱可塑性プラスチックの機械的性質を表 11.1 に示す．機械材料としてのプラスチックの特長は比重が小さいことである．表にみられるように，比重はほぼ 1.0 程度であり，鉄鋼材料の比重 7.8，アルミニウムの比重 2.7 よりもきわめて小さい．

プラスチックの引張強さは金属材料に比較してきわめて低く，表に取り上げた材料の引張強さは 90 MPa 以下である．したがって，機械・構造用の強度部品として用いられることは少ない．

**表 11.1** 一般用熱可塑性プラスチックの機械的性質

| プラスチック | 比重 (g/cm³) | 引張強さ (MPa) | 衝撃値(アイゾット) (J/m) | 絶縁強度 (V/mm) | 最大使用温度 (℃) |
|---|---|---|---|---|---|
| 高密度ポリエチレン (HDPE) | 0.95〜0.97 | 20〜37 | 22〜216 | 18900 | 80〜120 |
| 塩化ビニル（PVC） | 1.49〜1.58 | 41〜52 | 22〜1117 | 12000〜16000 | 110 |
| ポリプロピレン（PP） | 0.90〜0.91 | 33〜38 | 21〜120 | 25600 | 107〜150 |
| スチレン・アクリロニトリル（SAN） | 1.08 | 69〜83 | 21〜27 | 17000 | 60〜104 |
| アクロニトリル・ブタジエン・スチレン（ABS） | 1.05〜1.07 | 41 | 320 | 15200 | 71〜93 |
| ポリメタクリル酸メチル（PMMA） | 1.11〜1.19 | 76 | 11〜22 | 17730〜19700 | 54〜110 |
| ポリテトラフルオロエチレン（PTFE） | 2.1〜2.3 | 7〜28 | 134〜215 | 15760〜19700 | 288 |

　プラスチックの衝撃値は切欠きを入れた試験片に衝撃力を与え，破断までに吸収されたエネルギーを求める，アイゾット衝撃試験（Izod impact test）で求められる．衝撃値は 10〜1000 J/m 程度である．

　プラスチックは電気絶縁材料として用いられるが，その絶縁性は絶縁性が失われる限界電圧勾配で表示される．すなわち，絶縁強度（dielectric strength）は V/mm で表される．表にみられるように，絶縁強度は 10000〜25000 V/mm 程度である．

### c. 一般の熱可塑性樹脂の特長と用途

　**1）　ポリエチレン**（polyethylene：PE）　　白色，半透明の熱可塑性プラスチックで，一般に種々に着色された薄いフィルムとして製造されている．PE は室温から−70 ℃ 程度の低温まで高い延性を有し，耐食性，気密性，耐水性に優れ，しかも匂いや味がないという特徴があり，プラスチックの中でもっとも多く使用されている．

　用途は電気の絶縁部品，家庭用品，化学用パイプ，飲料水用ボトル，包装などである．

　**2）　ポリ塩化ビニル**（polyvinyl chloride：PVC）　　PE についで多く使用されているプラスチックである．その理由は，優れた耐薬品性と種々の混合物を添加することによって，いろいろな機械的性質や物理的性質を得ることができるためである．PVC は表 11.1 にみられるように比較的強度があり，絶縁性も高く，耐薬品性に優れている．しかし，PVC そのものは衝撃に弱く，成形が困難であるために弾性のある樹脂を添加した硬質 PVC（rigid PVC）や可塑剤を添加した PPVC（plasticized PPC）などが実用化されている．前者は建築用パイプ，窓枠，樋，電気配線用導管などに用いられている．後者は電線の被覆，フロアーマット，冷蔵庫のガスケット，家具などに用いられている．

　**3）　ポリプロピレン**（polypropylene：PP）　　もっとも安価なプラスチックであり，3 番目に多く使用されている．ポリエチレンの水素をメチル基で置換した構造は分子鎖の回転を抑制するため，ポリエチレンよりも強度は高いが，やや延性が低い．しかし，融点は 165〜177 ℃ と高く，変形することなく 120 ℃ 程度の温度まで使用することができる．家具，梱包用品，箱，ひも，種々の形状のボトルなどに使用されている．

　**4）　ポリスチレン**（polystyrene：PS）　　匂いのない透明なプラスチックであ

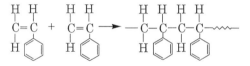

**図 11.6**　スチレンの重合反応

るが，そのままでは延性のない材料である．フェニル基の存在のために室温でも
変形しにくい．そのためゴムを添加して，変形能を付与し剛性を下げた高分子が
用いられている．自動車の内装品，電話のダイヤル，ドアの取手，家具などに使
用されている．

**【例題 11.2】**　スチレンの重合反応を書き，熱可塑性プラスチックか熱硬化性プラスチッ
クかを述べよ．

**[解]**　重合反応は図 11.6 の通りである．分子鎖は直線的であって，フェニル基間の重合
反応はなく，三次元的網状構造ではない．したがって，熱可塑性プラスチックである．

5)　**ポリアクリロニトリル**（polyacrylonitrile：PAN）　　高い引張強さのた
め，繊維としてセーターや外套に用いられている．

6)　**ポリメタクリル酸メチル**（polymethyl methacrylate：PMMA）　　アクリ
ル樹脂とも呼ばれ，硬くて耐候性のある透明なプラスチックである．ガラスより
も衝撃に強い．透明性が高いので，航空機の風防ガラス，自動車のランプのレン
ズなどに用いられている．

7)　**スチレンアクリロニトリル**（styreneacrylonitrile：SAN）　　スチレンと
アクリロニトリルがランダムに混合した高分子材料で，非晶質である．そのため，
ポリスチレンよりも高温強度が高く，靭性もあり高荷重に耐えられる．成形性も
よい．自動車のダッシュボード，ガラスの支持枠，タンブラやマグなどに使われ
る．

8)　**ABS**　　SAN とブタジエン（butadiene polymer）などのゴムの成分が混
合されたもので，その組合せによって耐衝撃性，高強度のものがつくられる．パ
イプや継手，コンピュータの枠などに使われている．

9)　**フッ素樹脂**（fluoroplastics）　　1 つ以上のフッ素原子をもつ高分子材料の
総称である．一般に耐薬品性に優れていて電気絶縁性がきわめて良い．フッ素原
子の割合が高いほど摩擦係数が低く，自己潤滑性をもつ．多くのフッ素樹脂が製
造されているが，ポリテトラフルオロエチレン（polytetrafluoroethylene：
PTFE）とポリクロロトリフルオロエチレン（polychlorotrifluoroethylene：

PCTFE) がもっとも多く用いられている．PTFE は図
11.7 のようにエチレンの水素原子を全部フッ素に置
き換え重合させた高分子材料であり，テフロン
(Teflon) の商品名で知られている．フッ素原子が小さ
いために炭素原子は高密度で整然と鎖状に配列してお
り，密度は 2.1〜2.3 とほかのプラスチックよりも高

軟化点：370°C

**図 11.7**　PTFE の基本構造

い．用途は耐食性の必要なパイプやポンプの部品，電
気器具，テープ，潤滑用被覆などである．PCTFE は PTFE のフッ素原子の 1 つ
を塩素原子に置き換えたもので，PTFE よりも分子鎖が整然と並んでいないため
に，融点が低く，成形性が良い．電気部品や O-リング，シールなどに用いられ
ている．

## 11.3　工業用熱可塑性プラスチック

ここでは工業用プラスチック（エンジニアリングプラスチック）の性質と特長
を述べる．工業用プラスチックとは一般用に比べて，強度や衝撃値を高めてより
工業部品に使いやすくしたプラスチックである．しかし，やはり金属材料に比べ
て引張強さはかなり低く 55〜83 MPa 程度である．一方で，クリープ性が小さ
く，耐摩耗性，耐薬品性，絶縁性に優れた材料である．比重は 1.1〜1.4 程度であ
り，機械構造物の軽量化に 当たっては欠くことのできない材料となっている．

### a.　工業用プラスチックの特長と用途

ここで取り上げる工業用プラスチックの機械的性質を表 11.2 に示す．

**1)　ポリアミド**（polyamides：PA）　　アミド基（-C-N-）を基本鎖とする高
分子であり，代表的な商品にナイロン（Nylon）がある．高温強度，延性，低摩
擦係数，耐薬品性に優れている．その中で重要なプラスチックはナイロン 6,6 で
図 11.8 のようにヘキサメチレンジアミン $C_6H_{16}N_2$ とアジピン酸 $C_6H_{10}O_4$ の重合
反応生成物である．ナイロン 6,6 の数字はこの炭素数を示す．

ナイロンは多くの工業で用いられている．とくに無潤滑歯車・軸受など比較的
高温で摩擦を受ける機械要素や電気部品，衝撃を受ける部品たとえば自動車のワ
イパや速度計のギヤなどに用いられている．ガラス繊維強化ナイロンはエンジン
のブレード，タンクなどに用途は広がっている．

**2)　ポリフタルアミド**（polyphthalamide：PPA）　　芳香族とアミドの結合し

**表 11.2** 工業用熱可塑性プラスチックの機械的性質

| 材料 | 密度 (g/cm³) | 引張強さ (MPa) | 衝撃値(アイゾット) (J/m) | 絶縁強度 (V/mm) | 最高使用温度 (℃) |
|---|---|---|---|---|---|
| ナイロン 6,6 | 1.13〜1.15 | 62〜83 | 107 | 15170 | 82〜150 |
| ポリアセタール | 1.42 | 69 | 75 | 12600 | 90 |
| ポリカーボネイト | 1.20 | 62 | 640〜854 | 15000 | 120 |
| ポリエステル<br>　PET<br>　PBT | <br>1.37<br>1.31 | <br>72<br>55〜57 | <br>43<br>64〜70 | <br><br>23200〜27500 | <br>80<br>120 |
| ポリフェニレン<br>オキサイド | 1.06〜1.10 | 54〜66 | 64〜610 | 15800〜19700 | 80〜105 |
| ポリスルホン | 1.24 | 70 | 64 | 16700 | 150 |
| ポリフェニレン<br>サルファイド | 1.34 | 69 | 16 | 23400 | 260 |

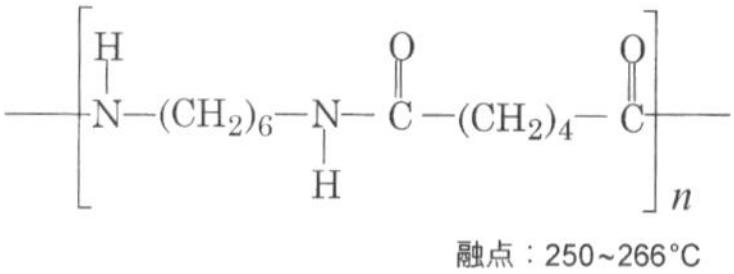

融点：250~266℃

**図 11.8** ナイロン 6,6 の基本構造

たモノマーよりなる高分子材料で, 強度は高くナイロンよりも高温で使用できる. とくに疲労, クリープ, 耐薬品性に優れている. たとえば, 引張強さ 104 MPa で伸びが 6.4% の材料が開発されている. またガラス繊維強化により, 引張強さ 262 MPa, 伸びが 2.0% の材料もつくられている.

**3)　ポリカーボネイト** (polycarbonate：PC)　　高強度, 高靭性, 寸法の安定性などの特長があり, 工業用に広く使用されている代表的な工業用プラスチックである. 2つのフェニル基とメチル基が図 11.9 のように結合しており, きわめて強固な分子構造をしている. 炭素と酸素の一重結合が比較的変形しやすいため,

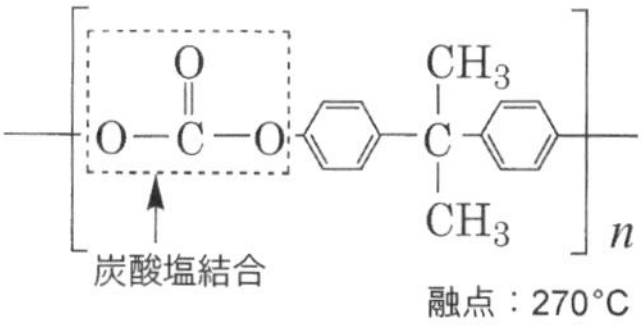

融点：270℃

**図 11.9** PC の基本構造

優れた耐衝撃性を有している．室温における引張強さは 62 MPa で比較的高く，とくに衝撃値は 640〜854 J/m ときわめて高い．機械設計においては，透明であること，高い電気絶縁性，高温における変形能の高いことも考慮されている．

　用途としては，カムや歯車，航空機用部品，ボートの推進用プロペラ，自動車のライトのカバーやレンズ，コンピュータの部品などで広く用いられている．

**4）　ポリフェニレンオキサイド**（polyphenylene oxiside：PPO）　ノリルの商標で知られている工業用プラスチックで，図 11.10 のフェニレンの結合が高分子の回転を阻止しているため剛性が高く，高い耐食性を与えている．この材料の特長は広い温度範囲（−40〜150℃）で優れた機械的性質とクリープ変形の少ないこと，高い剛性，耐水性，耐薬品性である．テレビのチューナなどの電気接点，自動車のダッシュボード，事務機器の枠などに用いられている．

軟化点：130℃

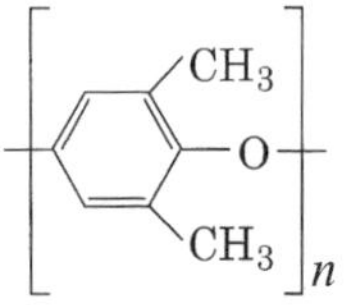

**図 11.10**　PPO の基本構造

**5）　ポリアセタール**（polyacetal：POM）　取り上げた材料のなかでもっとも強度が高く（69 MPa），曲げ剛性の高いプラスチックである．POM の構造は図 11.11 に示すように，高い規則性と対称性があり，そのために強度と靭性が高い．そのほか，形状の安定性，高疲労強度，成形性の良いことなどから，亜鉛や真鍮，アルミニウムの鋳物部品の代替として，精密部品の歯車，軸受，カムなどに用いられている．そのほか，自動車のシートベルト，窓のハンドル，釣り具のリール，ジッパ，筆記用ペンなど身近な事務用品，レジャー用具にも使用されている．

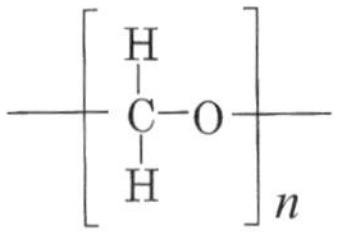

融点：175℃

**図 11.11**　POM の基本構造

**6）　ポリブチレンテレフタレート**（polybutylene terephthalate：PBT）　図 11.12 に示すように，フェニル基にカルボニル基が付いている構造で，大きな分子の繰返しで高分子を形成している．フェニル基は材料の剛性を高めているが，ブチレンが成形性を補っている．PBT は強度も高く（55〜57 MPa），結晶構造のため耐薬品性に優れている．また，温度と湿度によらず高い電気絶縁性をもつことで知られている．

　この優れた絶縁性のために，コネクタ，スイッチ，高圧電気用部品，IC の基盤などに使われている．工業用には，ポンプの羽根車，ブラケットのハウジング，

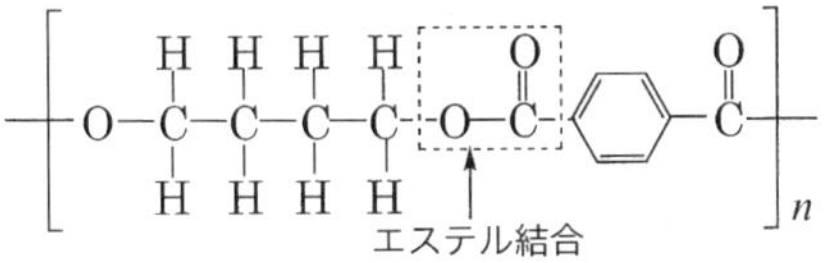

**図 11.12** PBT の基本構造

自動車の外装部品，速度計の枠や歯車など用途は広い.

**7）　ポリエチレンテレフタレート**（polyethylene terephthalate：PET）
PET は PBT のブチレンがエチレンに置き換わった構造であり，食品梱包用フィルム，ボトル，あるいは繊維として衣服やカーペット，タイヤ，コードに広く用いられている.

**8）　ポリスルホン**（polysulfone：PSU または PSF）　　透明で，靭性があり，耐熱性の高いプラスチックである. フェニル基がスルホンで結合した構造をしており，高分子の回転を抑制しており，高い強度と剛性をもっている. 機械設計に利用される性質は，高温（170 ℃）まで曲げ剛性があること，150〜170 ℃ の温度での優れたクリープ特性を有することである. また，フェニル基の間の酸素原子による結合は，耐アルカリ性と耐酸性を高めている. 電気部品としてコネクタ，電線被覆，テレビの部品，電気回路の基板，医薬用品として医療器具，医療用トレイ，そのほか耐食性の必要なパイプやポンプなどに用いられている.

**9）　ポリエチレンサルファイド**（polyethylene sulfide：PPS）　　高温で比較的高い強度と靭性がありながら優れた耐薬品性をもったプラスチックである. 図11.13 に示すようなフェニル基に –S– が付いた構造が連なって高分子を形成し，剛性も強度も高い材料となっている. この簡単な構造が結晶性を高め，S 原子の存在がきわめて優れた耐化学薬品性を与えている. たとえば200 ℃ 以下ではどの化学薬品にも侵されることはない. PPS は室温で 65 MPa の引張強さがあり，その結晶性構造のため温度が高くなっても強度低下割合は小さい.

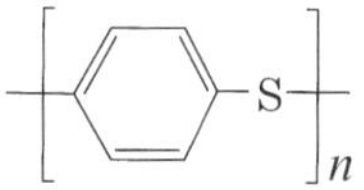

融点：288℃

**図 11.13** PPS の基本構造

用途は化学品製造プロセスの各種部品の羽根車，翼，ポンプなど，自動車では排気ガスやガソリンの影響を受けるエミッション制御用部品などである. また，優れた耐食性から石油関連パイプ，バルブ，継手などの被覆に使用されている.

## 11.4　熱硬化性プラスチック

　熱硬化性プラスチックは加熱すると流動性をもつが，鎖状分子は三次元網状結合となり不溶不融となり，不可逆的であるプラスチックである．したがって，熱硬化性プラスチックは，いったん形状が成形されれば，高温にしても形状を変更することができない．その意味では，リサイクルのできない材料である．多くの熱硬化性プラスチックは，炭素原子が三次元的に網目状に共有結合して固体となった構造をしており，酸素，窒素，硫黄原子がその中に共有結合している．

　熱硬化性プラスチックは，室温で流動状態にある分子鎖に，ほかの分子と結合するための反応基をもたせておき，架橋剤とともに型に流し込み，型内で加熱し反応固化させる方法で成形される．架橋反応前の粘度は低くできるので，型に流し込むのも容易であり，熱可塑性の簡単な装置で成形できる．また繊維や粉末などを補強剤として成形時に混入することも容易であり，強化プラスチックのマトリックスとして用いられることも多い．

### a.　熱硬化性プラスチックの性質

　熱硬化性プラスチックの特長は，高温安定性，高剛性，形状安定性，耐クリープ特性，軽量性，電気・温度絶縁性にある．

　表 11.3 に熱硬化性プラスチックの性質を示す．比重は 1.3〜2.3 程度でありほかのプラスチックよりもやや大きい．引張強さは 30〜100 MPa 程度で，ほかのプラスチックよりもやや低い．衝撃値は 10〜1000 J/m 程度で，ガラス繊維で補強したプラスチックが大きな衝撃値を示す．最高使用温度はほかのプラスチックと同様に，高くても 280 ℃ 程度に限られている．ここでは主要な熱硬化性プラスチックについて説明する．

### b.　熱硬化性プラスチックの特長と用途

　**1）　フェノール樹脂**（phenolics, PF）　　ベークライトの名前で知られ，古くから用いられた樹脂である．安価で優れた電気絶縁性があるため，今日でも多く用いられている．容易に成形できるが，色は黒色か褐色である．用途は電気部品のコネクタ，スイッチ，自動車用のブレーキ部品，トランスミッション部品などで，ガラス繊維強化プラスチック（glass fiber reinforced plastic：GFRP）が使用されている．また鋳造用の砂型のバインダとしても用いられている．

　**2）　エポキシ樹脂**（epoxy resin：EP）　　分子に架橋用エポキシ基を複数個も

表 11.3 熱硬化性プラスチックの性質

| 熱硬化性プラスチック | 比重 (g/cm³) | 引張強さ (MPa) | 衝撃値(アイゾット) (J/m) | 絶縁強度 (V/mm) | 最高使用温度 (℃) |
|---|---|---|---|---|---|
| フェノール樹脂 | | | | | |
| 　木粉補強 | 1.34～1.45 | 34～62 | 10～32 | 10200～15700 | 150～177 |
| 　マイカ補強 | 1.65～1.92 | 38～48 | 16～21 | 13800～15800 | 120～150 |
| 　ガラス補強 | 1.69～1.95 | 34～124 | 16～980 | 5500～15760 | 177～288 |
| ポリエステル | | | | | |
| 　ガラス補強 SMC | 1.7～2.1 | 55～138 | 425～1170 | 12600～15760 | 150～177 |
| 　ガラス補強 BMC | 1.7～2.3 | 27～70 | 800～850 | 11800～16550 | 150～177 |
| メラミン | | | | | |
| 　セルロース補強 | 1.45～1.52 | 35～62 | 11～21 | 13790～15760 | 120 |
| 　羊毛補強 | 1.50～1.55 | 48～62 | 21～27 | 11820～13002 | 120 |
| 　ガラス補強 | 1.8～2.0 | 35～69 | 32～960 | 11820～15760 | 150～200 |
| ウレア樹脂（セルロース補強） | 1.47～1.52 | 38～89 | 11～21 | 11820～15760 | 77 |
| アルキッド（アルキド） | | | | | |
| 　ガラス補強 | 2.12～2.15 | 28～66 | 32～530 | 13790～17730 | 230 |
| 　ミネラル補強 | 1.60～2.30 | 20～62 | 16～27 | 13790～17730 | 150～230 |
| エポキシ樹脂 | | | | | |
| 　無補強 | 1.06～1.40 | 27～89 | 10～53 | 15760～25610 | 120～260 |
| 　ミネラル補強 | 1.6～2.0 | 40～103 | 16.0～21.4 | 11820～15760 | 150～260 |
| 　ガラス補強 | 1.7～2.0 | 69～207 | — | 11820～15760 | 150～260 |

った樹脂の総称で，種々の樹脂がある．ほかの材料との優れた接着性をもっており，耐化学薬品性，電気絶縁性も良い．そのために，被覆剤としての用途が広い．たとえば缶などの内張り，自動車用ワイヤの被覆などに用いられる．電気部品にも優れた絶縁性，接着性，耐環境性を利用して絶縁体，トランジスタの保護膜などに用いられている．

**3) 不飽和ポリエステル樹脂**（unsaturated polyester：UP）　図 11.14 に示すようにカルボン酸（R-COOH）とアルコール（R-OH）のエステル（R-COO-R′）で，二重結合をもつ不飽和ポリエステルを重合したものの総称で，種類は非常に多い．ここで，R，R′ はメチル基（CH$_3$-）やエチル基（C$_2$H$_5$-）などである．一般に粘性は低いので多量の補強材とともに成形することができる．たとえば，重量比で 80% のガラス繊維強化材料をつくることができる．ガラス繊維強化ポリエステル樹脂の引張強さは 170～340 MPa 程度であり，耐衝撃性や耐食性にも優れている．用途は自動車のパネルや車体部品，ボートの船殻，浴槽などである．

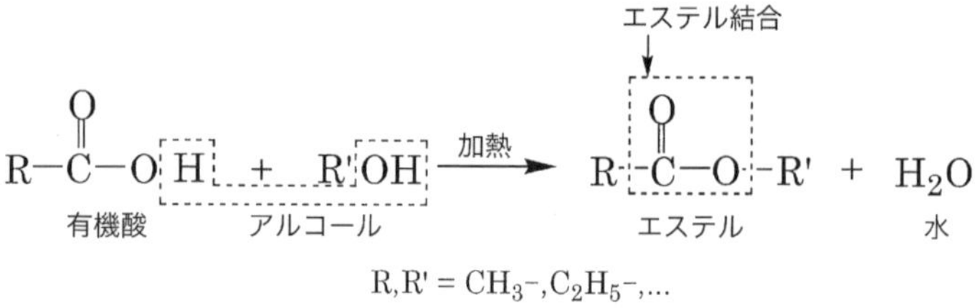

エステル結合

$$R-\overset{\overset{\displaystyle O}{\|}}{C}-O\;\overline{H}\;+\;\overline{R'\;OH}\;\xrightarrow{\text{加熱}}\;R-\overset{\overset{\displaystyle O}{\|}}{\underline{C}-O}-R'\;+\;H_2O$$

有機酸　　　アルコール　　　　　　　エステル　　　　　水

$$R, R' = CH_3-, C_2H_5-, \ldots$$

**図11.14** UP の基本構造

## 11.5　ゴ　　　　ム

　ゴム（elastomer, rubber）は高分子材料のうち常温付近でゴム弾性をもつものの総称である。一般に、力を加えるとその寸法が大幅に変化し、力を取り去るとほとんど元の形状に戻る性質がある。ゴムは熱可塑性プラスチックの一種であるが、上に述べた性質の特異性からゴムと呼ばれている。

　**a.　ゴムの機械的性質**

　天然ゴムと合成ゴムの機械的性質を表11.4に示す。ほかの高分子材料と異なって、引張強さは低いが伸びが著しく大きい。多くのゴムの使用最高温度は100 ℃程度であるが、シリコンゴムでは300 ℃まで使用できるものがつくられている。

　**b.　ゴムの種類と性質**

　**1）　天然ゴム**（natural rubber : NR）　　天然ゴムは主として東南アジアに栽培されているゴムの木から採取されるもので、各種合成ゴムが開発された現在でも世界のゴム市場の30%を占めている。天然ゴムは主として図11.15に示すよう

**表11.4**　ゴムの機械的性質

| エラストマー | 引張強さ（MPa） | 伸び（%） | 密度（g/cm³） | 使用温度範囲（℃） |
|---|---|---|---|---|
| 天然ゴム（NR） | 17.2〜24.1 | 750〜850 | 0.93 | −50〜82 |
| スチレンブタジエンゴム（SBR） | 1.4〜24.1 | 400〜600 | 0.94 | −50〜82 |
| ニトリルゴム（NBR） | 0.5〜0.9 | 450〜700 | 1.0 | −50〜120 |
| クロロプレンゴム（CR） | 20.7〜27.6 | 800〜900 | 1.25 | −40〜115 |
| シリコンゴム | 4.1〜9.0 | 100〜500 | 1.1〜1.6 | −115〜315 |

な構造の cis-1,4 ポリイソプレンの高分子材料であ
る．ここで cis とは図に示すように炭素の二重結合の
同じ側にメチル基と水素原子が付いている異性体を意
味する．ゴムの分子鎖は長く絡み合っているが，これ
に硫黄を加えて分子間を架橋し，強度を高めることが
行われる．このように硫黄により高温で分子間を架橋

cis-1,4ポリイソプレン

**図 11.15**　NR の基本構造

させることを加硫（vulcanization）という．さらに，ゴムにはカーボンブラック
などの添加物を添加し，強度を上げ自動車用に使用されている．カーボンブラッ
クの粉末は粒子が小さいほど強度が高くなり，耐摩耗性やせん断強度を高くする
ことが知られている．

**2)　スチレンブタジエンゴム**（styrene-
butadiene rubber：SBR）　もっとも広く
使われている合成ゴムである．SBR は図
11.16 に示すようにブタジエンとスチレンの
共重合体（複数の単量体が重合した生成物）
である．ブタジエンの中の二重結合が硫黄に

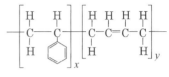

ポリスチレン　　ポリブタジエン

**図 11.16**　SBR の基本構造

よる加硫（架橋）を可能にしている．また，スチレンの存在が強度を高め，しか
もフェニル基の存在によって高応力下でも結晶化しにくくしている．合成ゴムは
天然ゴムよりも安価であり耐摩耗性が高いので，自動車のタイヤなどに使用され
ている．欠点は油やガソリンを吸収しやすいこと，応力による発熱があることな
どである．

**3)　ニトリルゴム**（nitrile rubber：NBR）　アクリロニトリル・ブタジエン
ゴムとも呼ばれる．ブタジエンとアクリロニトリルの共重合体であり，ニトリル
の存在によって油や溶剤に対する抵抗も高くなり，耐摩耗性や耐熱性も改善され
ている．しかし高価なため，耐油性が必要な燃料ホースやガスケットなどに使わ
れる程度である．

**4)　クロロプレンゴム**（polychloropirene rubber：CR）　クロロプレンの重
合によって得られる合成ゴムで，ネオプレンという商
品名で知られている．イソプレン（$C_5H_8$）の二重結合
の片方のメチル基が図 11.17 に示すように Cl 原子と
置換した構造をしたものである．この Cl 原子が酸素，

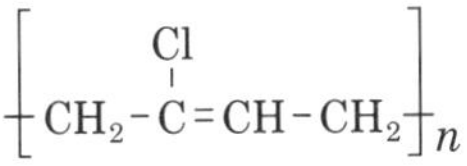

$$\left[ CH_2-\underset{\underset{Cl}{|}}{C}=CH-CH_2 \right]_n$$

**図 11.17**　CR の基本構造

オゾン，熱，光，湿度に対する抵抗を高め，ほかのゴムよりも高い強度と耐油性をもっている．しかし低温での延性に乏しく，高価であるためワイヤやケーブルの被覆，工業用ホース，ベルトなどに使われている程度である．

**5) シリコンゴム（silicon rubber）**　ケイ素原子は炭素原子と同じく原子価4であるため，共有結合によって高分子をつくることができる．ケイ素高分子のモノマーは図11.18に示すように –Si-O– が分子鎖の基本となっている．ここで，X, X′は水素原子かメチル基（$CH_3-$）あるいはフェニル基（$C_6H_5-$）である．シリコンゴムの中でもっとも一般的な構造は，X と X′ がメチル基のものである．架橋剤を用いて常温で架橋することができる．

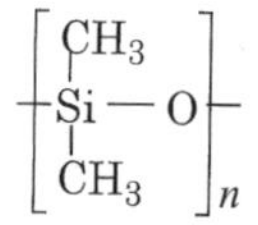

$$\left[ \begin{array}{c} CH_3 \\ -Si-O- \\ CH_3 \end{array} \right]_n$$

**図 11.18**　シリコンゴムの基本構造

シリコンゴムは広範囲の温度（$-115 \sim 315\ ℃$）で使用することが可能であり，自動車のシール材，ガスケット，絶縁体，点火用ケーブルなどに利用されている．

## 11.6　ポリマーアロイ

以上述べたように，種々の特長をもったプラスチックが開発されてきたが，それぞれのプラスチックをブレンドすることによって新しい性質の材料をつくることができる．このような混合して新しい性質をもった高分子材料をポリマーアロイ（polymer alloy）と呼ぶ．

初期のポリマーアロイとしては，ABS のようなゴム状のプラスチックを硬質の塩化ビニルに添加して靭性を高めるものであったが，最近では，PBT と PET を混合して表面の艶をよくし，しかもコストを下げるものも開発されている．その組合せの例として，ABS/ポリカーボネイト，ABS/塩化ビニル樹脂，ポリカーボネイト/ポリエチレン，PBT/PET などが商品化されている．いずれも，耐衝撃性，耐熱性，各種使用温度における弾性率の向上，耐薬品性の改善などが図られている．

**【例題 11.2】**　自動車部品にはプラスチックが鉄鋼，アルミニウムなどの代替品として用いられている．いま，ドアのハンドル，キャブレータ，バンパーの例を挙げて，その特長を述べよ．

**[解]**　表 11.5 のようにプラスチックのもつ軽量で成形性の良い点を利用して代替が進められている．

表 11.5

| 部　品 | 材　料 | 長　所 | 短　所 |
|---|---|---|---|
| ドアのハンドル | ビニル樹脂<br>鋼（クロムメッキ） | 成形性，軽量<br>耐衝撃性，耐摩耗性 | 低温の衝撃性<br>コスト |
| キャリブレータ<br>部品 | アセタール樹脂<br>アルミニウム　ダイキャスト | 成形性，軽量高靭性<br>強度，耐摩耗性 | 耐摩耗性<br>コスト |
| バンパー | ポリカーボネイト<br>鋼（クロムメッキ） | 高靭性，軽量，耐食性<br>強度，補修しやすさ | コスト<br>耐食性 |

# 演 習 問 題

**11.1**　自動車の内装品に使われているプラスチックの例を挙げ，その特長と目的を述べよ．

**11.2**　自動車の外装品に使われているプラスチックの例を挙げ，その特長と目的を述べよ．

**11.3**　電子部品に使われているプラスチックの例を挙げ，その特長と目的を述べよ．

**11.4**　家庭電気製品に使われているプラスチックの例を挙げ，その特長と目的を述べよ．

**11.5**　スポーツ・レジャー用品に使われているプラスチックの例を挙げ，その特長と目的を述べよ．

## Tea Time

### プラスチックの生い立ち

　1870 年にアメリカの印刷工ハイヤット兄弟により，ニトロセルロースにショウノウとアルコールを加えることによって成形可能な熱可塑性樹脂（セルロイド）が発明された．セルロイドは工業化され，ビリヤードの玉や映画用のフィルムに使われたが，引火しやすく火災の原因となることが多かった．これが最初のプラスチックだといわれている．セルロイドは人形にも採用され，セルロイド製の人形が，アメリカから各国へ輸出された．当時の最先端材料であり，文明の香りがしたものであった．日本では次のような童謡が流行した．「青い目をしたお人形は，アメリカ生まれのセルロイド，日本の港に着いたとき一杯涙を浮かべていた．可愛い日本の嬢ちゃんよ，やさしく遊んでやっとくれ，〜」それ以後，130 年難燃性プラスチックをはじめとして数多くの優れた性質のプラスチックが工業化され，1995 年日本では1200 万トン（世界の 12.5%）生産され各国に輸出されている．

# 12 複 合 材 料

　複合材料は複数の材料を組合わせて，用途に応じて特別の性質をもつように設計された材料である．特殊な性質をもった繊維または強化金属と結合材としての樹脂などの基地により構成されている．これらの要素は互いに溶解し合うことはなく，物理的に境界が明確である．複合材料には多くの種類があるが，その多くは母相に粒子が分散したもの，あるいは繊維が分散したものに分類される．

　工業的に用いられている先端複合材料としては，ポリエステルやエポキシ樹脂を炭素繊維で強化した材料がよく知られている．本章では，機械工学や材料工学に携わる技術者が機械設計に必要な複合材料の特徴とその製造法について述べる．

## 12.1　繊維など強化材料とその性質

　複合材料とは「2つ以上の異なる材料要素を組み合わせて，個々の要素にない特別な性質をもたせた人工の材料」と定義することができる．複合材料の特徴は，軽量でかつ強度が高いことに加え，必要な強度を設計してつくることが可能ということである．設計ができるという意味は，強化する材料と基地の材料の組合せ，あるいは強化繊維の配合の仕方により，強度や性質などの要求特性に応じた材料をつくることができることである．たとえば，基地がプラスチックの場合には腐食しにくい材料をつくることができる．そのため，最近では船体やスポーツ用具以外にも航空機など，とくに軽量化を必要とする分野で多く使われつつある．

　複合材料の種類は，その基地となる材料と強化材料により分類される．強化材料として，粒子あるいは繊維を使ったものはそれぞれ粒子分散強化複合材料，繊維強化複合材料と呼ばれる．基地がプラスチック，金属，セラミックス，炭素の場合にはそれぞれプラスチック基，金属基，セラミックス基，炭素基複合材料と呼ばれる．このほか，セメントやゴムをベースとするセメント基，およびゴム基の繊維強化材料も一般に使われている．もっとも多く使用されているのはガラス

繊維や炭素繊維で強化したプラスチック，すなわち繊維強化プラスチック（fiber reinforced plastic：FRP）である．FRP は各家庭用の浴槽，便槽をはじめ各種のタンクや船舶，あるいは建材など，年間 45 万トン程度使用されている．

現在，もっとも多く使用されている複合材料は繊維強化材料である．その性能は同じ基地であれば，強化繊維材料で決められる．表 12.1 に現在使用されている主要な強化繊維の物性値を示す．

繊維強化複合材料の特徴は軽くて強い性質であり，この特徴を表すための指標として繊維の比強度（単位重量当たりの強度），および比弾性率（単位重量当たりの弾性率）が用いられる．金属材料など単体の材料では，これらの値は表 12.2 に示すようにそれぞれ $3.0 \times 10^4$ m，$3.0 \times 10^6$ m 以下である．繊維自体の比強度や比弾性率はそれよりも高く，一般に繊維強化複合材料の繊維含有率は 60% 程度であることを考えると，高強度金属合金より軽くて強い繊維強化複合材料をつくることができる．

表 12.1　主要繊維の物性値

| 繊維 | 種類 | 繊維径 (μm) | 密度 (g/cm³) | 引張強さ (GPa) | 弾性率 (GPa) |
|------|------|------------|-------------|--------------|-------------|
| ガラス | S-2 | 9 | 2.49 | 3.6 | 71 |
| 炭素 | PAN系HT* | — | 1.75〜1.82 | 3.5〜4.5 | 230〜260 |
| アラミド | HM** | — | 1.45 | 3 | 130 |
| 炭化ケイ素 | 蒸着法 | 100 | 3.3〜3.4 | 3 | 135 |
| ボロン | 蒸着法 | 50〜100 | 2.5〜3.0 | 3.5〜3.7 | 400 |
| アルミナ | 住友化学法 | 9 | 3.2 | 2.6 | 250 |
| ウィスカー | SiC 原料 | — | 3.2 | 3〜14 | — |

*High Tensile, **High Modulus

表 12.2　比重量，比強度，比弾性率の比較

| 材料 | 材料，繊維種別 | 比重量 (kN/m³) | 比強度 (×10⁴ m) | 比弾性率 (×10⁶ m) |
|------|--------------|---------------|----------------|------------------|
| 高強度金属 | 高張力鋼 | 76 | 1.82 | 2.76 |
| | ジュラルミン | 26 | 1.96 | 2.80 |
| | Ti-6 V-4 Al | 43 | 2.32 | 2.60 |
| 繊維 | 高強度ガラス | 24 | 19.0 | 3.61 |
| | 高強度炭素 | 17 | 17.6 | 13.5 |
| | アラミド (Kevlar) | 14 | 20.0 | 9.29 |
| | ボロン | 25 | 12.0 | 16.0 |
| | 炭化ケイ素 (SiC) | 25 | 10.0 | 7.2 |

**【例題 12.1】** 図 12.1 の複合材料のモデルについて繊維に平行に荷重がかかる場合と，繊維に直角に荷重がかかる場合の弾性率と破壊強度を求めよ．ここで，$P$, $E$, $V$, $\sigma$, $\varepsilon$ はそれぞれ荷重，弾性率，体積率，強度（引張強さ），ひずみであり，サフィックスの c, m, f はそれぞれ複合材料，基地，繊維を表す．

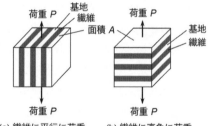

(a) 繊維に平行に荷重　　(b) 繊維に直角に荷重

**図 12.1** 複合材料のモデル

**[解]**　(1)　繊維に平行に荷重がかかる場合

$$P_c = P_f + P_m \quad \text{または} \quad \sigma_c A_c = \sigma_f A_f + \sigma_m A_m \tag{12.1}$$

書き直すと，

$$\sigma_c V_c = \sigma_f V_f + \sigma_m V_m \tag{12.2}$$

ひずみは一様であるため，

$$\varepsilon_c = \varepsilon_f = \varepsilon_m \tag{12.3}$$

$V_c = 1$ を考慮して，(12.2)，(12.3) 式より，

$$\sigma_c/\varepsilon_c = \sigma_f V_f/\varepsilon_f + \sigma_m V_m/\varepsilon_m \tag{12.4}$$

すなわち

$$E_c = E_f V_f + E_m V_m \tag{12.5}$$

破壊強度は (12.2) 式より

$$\sigma_c = \sigma_f V_f + \sigma_m V_m \tag{12.6}$$

(2)　繊維に直角に荷重がかかる場合

応力はどの部位も同じであるため，

$$\sigma_c = \sigma_f = \sigma_m \tag{12.7}$$

複合材料のひずみは繊維のひずみと基地のひずみを加えたものとなる．

$$\varepsilon_c = \varepsilon_f V_f + \varepsilon_m V_m \tag{12.8}$$

したがって

$$\sigma_c/E_c = \sigma_c V_f/E_f + \sigma_c V_m/E_m \tag{12.9}$$

$$1/E_c = V_f/E_f + V_m/E_m \tag{12.10}$$

$\alpha$, $\beta$ は繊維の形態によって決まる係数で，$\alpha$, $\beta$ とも一方向強化の場合は 1.0，二直交方向強化の場合～0.5，繊維方向がランダムのときには～3/8 であるとすれば (12.5)，(12.6) 式ではなく，次式で与えられる．

$$E_c = \alpha E_f V_f + E_m (1 - V_f) \tag{12.11}$$

$$\sigma_c = \beta \sigma_f V_f + \sigma_m (1 - V_f) \tag{12.12}$$

## 12.2 プラスチック基複合材料

半世紀以上前にガラス繊維強化のポリエステル樹脂が開発された．現在では表12.1 に示すように強度，弾性率が高い炭素繊維，あるいはアラミド繊維で強化したプラスチックが用途を広げている．表 12.3 に炭素繊維強化プラスチック（carbon fiber reinforced plastic：CFRP）の用途と必要な特性を示す．カーボンロッド（釣竿）やゴルフシャフトはよく知られた用途であるが，軽量化の必要な航空機や自動車産業への応用が進んでおり，最近では燃料電池自動車の高圧水素ガスを貯蔵するための圧力容器にも使用されている．図 12.2 にカーボンロッド（釣竿）への応用例を示す．

FRP 成形用プラスチックには，熱可塑性プラスチックと熱硬化性プラスチックがある．とくに高温下で使用される部位には熱硬化性プラスチックが用いられている．それぞれを基地とする FRP は，特別に fiber reinforced thermoset plastic（FRTS），fiber reinforced thermo-plastic（FRTP）と呼ばれる．一般に FRP と

表 12.3 CFRP の用途とその要求特性

| 分野 | 用途（含む開発品） | 要求特性 |
|---|---|---|
| スポーツ・レジャー | 1. ゴルフシャフト，ヘッド<br>2. 釣竿，釣り用リール<br>3. テニス用などのラケット<br>4. スケートボード，ヨット，ボード | 比強度，比弾性<br>軽量化<br>振動低減<br>耐食性，成形性 |
| 航空・宇宙 | 1. 戦闘機，民間機，ヘリコプタ<br>2. ロケット部品，衛星部品 | 比強度，比弾性<br>軽量化 |
| 産業・自動車 | 1. フライホイール，ロボット部品<br>2. 軸，板バネ，ホイール，バンパ | 軽量化<br>比強度，比弾性 |

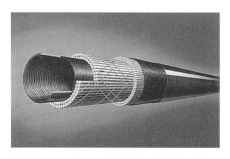

図 12.2 カーボンロッド（釣竿）の例（提供：東レ）

表 12.4 代表的なプラスチックの特性

| プラスチック種別 | 樹 脂 | 密 度 (g/cm³) | 引張強さ (MPa) | 弾性率 (GPa) |
|---|---|---|---|---|
| 熱可塑性プラスチック | ポリエーテルエーテルケトン（PEEK）<br>ポリアミドイミド（PAI）<br>ポリアミド（PA） | 1.30<br>1.38<br>1.14 | 157<br>118<br>78 | 3.9<br>3.6<br>2.8 |
| 熱硬化性プラスチック | 不飽和ポリエステル（UP）<br>エポキシ（EP）<br>ポリイミド（PI） | 1.14-1.23<br>1.15-1.35<br>1.40 | 59-78<br>49-67<br>98 | 3.5-4.6<br>3.1<br>3.6 |

は後者を指している．表 12.4 に代表的樹脂の特性を示す．

【例題 12.2】 次の一方向強化 FRP の弾性率，引張強さを計算せよ．

（a）ガラス繊維 60% 含有のエポキシ樹脂 FRP，（b）アラミド繊維 58% 含有の PEEK 樹脂 FRP，（c）アルミナ繊維 55% 含有のエポキシ樹脂 FRP．ただし，引張強さについては，樹脂の寄与分を無視してよい．

[解] （12.5），（12.6）式より一方向強化複合材料の弾性率 $E_c$，引張強さ $\sigma_c$ を求める．繊維，樹脂のそれぞれの弾性率，引張強さは表 12.1 と表 12.4 より求められる．

(a) $E_c = 71\,\text{GPa}\times0.60+3.1\,\text{GPa}\times(1-0.60) = 43.84\,\text{GPa}$

$\sigma_c = 3.6\,\text{GPa}\times0.60 = 2.16\,\text{GPa}$

(b) $E_c = 130\,\text{GPa}\times0.58+3.9\,\text{GPa}\times(1-0.58) = 77.04\,\text{GPa}$

$\sigma_c = 3\,\text{GPa}\times0.58 = 1.74\,\text{GPa}$

(c) $E_c = 250\,\text{GPa}\times0.55+3.1\,\text{GPa}\times(1-0.55) = 138.90\,\text{GPa}$

$\sigma_c = 2.6\,\text{GPa}\times0.55 = 1.43\,\text{GPa}$

## 12.3 金属基複合材料

金属基複合材料もその優れた高温強度，軽量化の特性が期待されて研究・開発が行われてきた．強化材料としては，長繊維，短繊維，および粒子分散が最近では一般的である．基地としては，軽量化を目的とする場合にはアルミニウム，マグネシウムが，耐熱性が要求される場合にはチタニウム，耐熱合金が，導電性，高温伝導率が要求される場合には銅が，耐食性が要求されれば鉛などが利用される．表 12.5 にアルミニウムを基地とした場合の強度と弾性率を各種強化方法によって比較した例を示す．

金属基複合材料においては，とくに航空宇宙分野の耐熱性と軽量化が重視される部材への適用が検討されている．自動車用としてアルミナ繊維強化ピストンリングやステンレス繊維強化アルミコンロッドなどが研究開発されている．現在ま

**表 12.5**　アルミニウム基複合材料の機械的性質

| 分類 | 材料 | 引張強さ (MPa) | 弾性率 (GPa) | 破断伸び (%) |
|------|------|:---:|:---:|:---:|
| 長繊維強化 (一方向) | Al2024-T6 [45%B]<br>Al6061-T6 [51%B] | 1458<br>1417 | 220<br>231 | 0.81<br>0.74 |
| 短繊維強化 | Al2124-T6 [20%SiC]<br>Al6061-T6 [20%SiC] | 650<br>480 | 127<br>115 | 204<br>5 |
| 粒子分散強化 | Al2124 [20%SiC]<br>Al6061 [20%SiC] | 552<br>496 | 103<br>103 | 7.0<br>5.5 |
| 母材 | Al2124-F<br>Al6061-F | 455<br>310 | 71<br>68.9 | 9<br>12 |

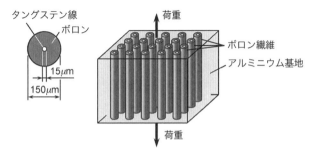

**図 12.3**　ボロン繊維強化 6061 アルミニウム

で繊維強化が金属基複合材料の主体であったが，ジュラルキャン（Duralcan）がタンデムでの撹拌技術を開発したことにより，粒子分散アルミニウムを比較的安価で供給することができるようになったため粒子分散材料も普及しはじめている．

**【例題 12.3】**　図 12.3 のボロン繊維強化 6061 アルミニウム（繊維体積率は 35%）の弾性率を求めよ．ここで，タングステンの弾性率は 410 GPa とする．

**[解]**　ボロン，タングステン，アルミニウムの 3 つが入っても，同じ考え方で複合則を用いて対処できる．ここで W，B はそれぞれタングステン，ボロンを表す．ボロンの弾性率は表 12.1 より求められる．

$$E_c = V_f E_f + V_m E_m = V_W E_W + V_B E_B + V_m E_m$$
$$= \left(\frac{15\,\mu m}{150\,\mu m}\right)^2 \times 0.35 \times 410\,\text{GPa} + \frac{(150\,\mu m)^2 - (15\,\mu m)^2}{(150\,\mu m)^2} \times 0.35$$
$$\times 400\,\text{GPa} + 0.65 \times 68.9\,\text{GPa} = 184.8\,\text{GPa}$$

## 12.4  セラミック基複合材料

セラミック基複合材料においては，主としてセラミックの弱点であるもろさ，すなわち破壊靱性値をカバーするため，金属基複合材料と同様に，長繊維，短繊維，粒子分散強化による材料開発が進められている．セラミックス基複合材料の曲げ強度は基地のセラミックス材料によって，強化される場合と変わらない場合がある．一方，破壊靱性値はウィスカによる強化で向上する．

**【例題 12.4】** 30% 体積率 SiC 長繊維強化のガラスセラミックスに関して，次のき裂がすでに存在すると仮定して，以下のデータを用いてき裂から破壊が生じはじめる応力を求めよ．ただし，$K_{IC}=\sigma\sqrt{\pi a}$ の関係を利用する．

 (1)  ガラスセラミックス基地の定数：$E_m=94$ GPa，$K_{IC}=2.4$ MPa·m$^{1/2}$
     最大のき裂長さは $2\,a=10\ \mu$m
 (2)  SiC 繊維の定数：$E_f=350$ GPa，$K_{IC}=4.8$ MPa·m$^{1/2}$
     最大の表面き裂の深さは $a=5\ \mu$m

**[解]**  まず複合材料の弾性率は $E_c=0.30\times350$ GPa$+0.70\times94$ GPa$=170.8$ GPa
複合材料，繊維，基地に作用するひずみは同じであり，

$$\sigma_c/E_c=\sigma_f/E_f=\sigma_m/E_m$$

したがって，基地からき裂が生じるときは

$$\sigma_c=E_c\sigma_m/E_m=E_c(K_{IC,m}/\sqrt{\pi a})(1/E_m)$$
$$=170.8\times(2.4/\sqrt{\pi\times5\times10^{-6}})\times(1/94)=1100\ \text{MPa}$$

繊維からき裂が生じるとすれば，

$$\sigma_c=E_c\sigma_f/E_f=E_c(K_{IC,f}/\sqrt{\pi a})(1/E_f)$$
$$=170.8\times(4.8/\sqrt{\pi\times5\times10^{-6}})\times(1/350)$$
$$=591\ \text{MPa}$$

したがって，繊維のき裂から破壊が生じはじめ，その応力は 591 MPa となる．

## 12.5  炭素基複合材料

C/C コンポジット（carbon reinforced carbon composite）として知られる炭素基複合材料は高温で使用される構造材料として期待されている．比強度，比弾性，耐熱性，対熱衝撃性，耐食性，摩擦・摩耗に優れており，航空・宇宙分野でのブレーキ材料，ロケットの噴射用ロケットノズル，スペースシャトルの耐熱タイル材料などへの応用が進められている．たとえば，ジャンボジェットのブレーキにC/C コンポジットが使用されている．ブレーキ時の使用温度は 1000 ℃ を超えて

おり，鉄鋼などの金属では耐久性が確保されない温度域である．

## 12.6 複合材料の製造方法

複合材料の製造方法には多くの方法がある．代表的な製造方法を材料の種別ごとに紹介する．

### a. プラスチック基複合材料の製造方法

一般的には（1）ハンドレイアップ，（2）フィラメントワインディング，（3）引抜き法が多い．そのほか，レジンインジェクション，プリプレグシートワインド，内圧マッチドダイなどの方法も利用される．

**1）ハンドレイアップ法**　繊維に樹脂を含浸させたシート（あらかじめ樹脂を含浸したという意味の preimpregnated のプリとプレグをつなぎ，プリプレグシートと呼ばれる）を重ね合わせて形をつくっている．一部自動化はできるが人間による作業が多い．成形後，オートクレーブあるいはホットプレスで固める方法である．ボート，風力発電用ブレード，風呂タブに使われる方法である．

**2）フィラメントワインディング**　FW（filament winding）法とも呼ばれる．繊維の束を樹脂液の中を通して樹脂を含浸させ，これをそのまま旋盤型機械を利用して回転している型に自動的に巻き付けそのまま硬化させる方法である．繊維の配列方向は，マンドレルと呼ばれる巻き取りボビンに相当する型の形と，繊維を供給する位置を計算通りに動かすことによって決定される．タンク類のような閉鎖容器をつくる場合には，可溶性石膏や低溶融金属などがマンドレル材料として使われ，パイプのようなものをつくるときにはマンドレルに鋼管を使うことが多い．ロール，圧力容器，フライホイール，遠心分離機などの FRP 製品に使われる．

**3）引抜き法**　断面が一様な材料，すなわち棒状やパイプ状の FRP 製品をつくるときに利用される．プリプレグシートを重ね合わせ，型の中を通して樹脂をさらに含浸させながら製造する．引抜き法（pultrusion）による FRP は製造コストがハンドレイアップ，フィラメントワインディングに比べ1/3以下となるが，同じ断面のため適用が限られる．コンクリート構造物補強用の薄板や鉄筋代替のための長尺丸棒の製造に使われている．

### b. 金属基複合材料

繊維強化の金属基複合材料（metal matrix composite：MMC）はまず繊維と金

属との塗れ性を高め，あるいは両者の反応を抑制するための前処理を行う．とくに CVD（chemical vapor deposition）や PVD（physical vapor deposition）で繊維の表面をコーティングした後，あるいはコーティングしながら，予備成形（プリフォーミング）を行う．プリフォームの形としては，ワイヤ状，シート状，ブロック状がある．これらのプリフォーム品を複合化成形法で最終製品に近い形に成形する．複合化成形法として，固相法と液層成形法とがある．固相法は，母材を変形させ，繊維の間隔に充填するとともに，母材金属どうしの接合を行わせる方法である．ホットプレス，ロール成形，HIP（hot isostatic press）などの方法がある．液相成形法は，液体にした金属を繊維の間隔に充填させる方法であり，基本的には鋳造法である．とくに 10〜100 MPa 程度の圧力を加えて鋳造する高圧鋳造法が用いられる．

繊維強化以外には粒子分散強化金属基複合材料がある．これには鋳造凝固法，粉末冶金法，スプレーフォーミング法がある．

**c. セラミック基複合材料**

セラミック基複合材料の場合には，上記の金属複合材料とほぼ同様なプロセスが使われる．

**d. 炭素基複合材料**（C/C コンポジット）

C/C コンポジットの場合には，まず炭素繊維の 2D（二次元）や 3D（三次元）の織物をつくり，その間に炭素を含浸させる方法が多い．最近の旅客機に使用される C/C コンポジットには，CVI（chemical vapor infiltration）により工程が短縮され，価格を低減する努力が払われている．

## 12.7　複合材料の破壊

複合材料の破壊形態はその強化材料と配合方法，基地，さらに製造方法によって異なる．材料の構成や製造方法が同じでも，均一材料である金属と比べ，かなりばらつきがあると考えなければならない．

複合材料の力学的取扱いや破壊に関しては，詳しくは参考書を見ていただきたい．

### 演 習 問 題

**12.1**　複合材料とは何か．定義を述べよ．プラスチック基複合材料の繊維，プラスチッ

クの種類を 5 つずつ挙げよ.

**12.2** 複合材料の使われている工業界での実用例を 5 つ挙げよ.

**12.3** 体積含有率 65% の炭素繊維を含んだエポキシ基の複合材料について，重量含有率と平均密度を計算せよ．炭素繊維，エポキシの密度はそれぞれ，1.8 g/cm$^3$, 1.2 g/cm$^3$ とする.

**12.4** 複合材料の成形法を 3 つ挙げて説明せよ.

### ∞∞∞∞∞ **Tea Time** ∞∞∞∞∞

#### 二宮忠八—技術者の創造性

　英国で産業革命が起こって以来，ほとんどの機械は英国を中心としたヨーロッパあるいは一部米国でつくられた．日本人が寄与したのはほとんど第二次世界大戦後であり，それも改良技術，効率化の追求である．オリジナルな機械工学の仕事にはあまり関与していなかった．21 世紀には創造あふれる技術の革新ができる機械，材料工学者が日本で育ち，日本，そして世界をリードしなければならない．複合材料はそのような創意工夫が生かせる分野である．創意工夫はあるいは創造性はちょっとしたヒントと後は粘りではないかと思う．次に 1 人の技術者の例を挙げる.

　二宮忠八は明治時代の技術者で，ライト兄弟より早く，飛行機を完成していたかもしれない創造性あふれる人材である．しかし，名前は一部の人にしか知られていないほどで，あまり有名ではない.

　二宮忠八は 1866 年愛媛県八幡浜に生まれた．長じて陸軍歩兵連隊の看護兵であった時代に演習場で群がるカラスを見て飛行機のヒントを得た．模型飛行機だったが，日本初の動力式カラス型模型飛行機をつくった．1891 年に 30m の飛行に成功した．次に鳥や昆虫類約 100 種の水平飛行の観察記録や写生図を集めて，強い風があれば，翼を動かさなくても飛べるはずと考えついた．ライト兄弟のような固定翼を考えついたのである．1893 年玉虫型模型飛行機をつくった後，本物の飛行機の製造を陸軍の上司に上申した．敵地観察に優れ，戦争に勝てると説明した．しかしながら，当時の上官は実際のもので飛んだことのない提案は取上げなかった．この上官の将軍はライト兄弟が成功した 1903 年のずっと後に，雑誌に詫び文を発表した.

　この二宮忠八の飛行機が実現しなかったのは日本でのエンジン技術が未熟であったこと，上官などの理解者がいなかったことが挙げられる．しかしながら，日本全体でもう少し粘りをもって挑む体質があってくれたらと残念に思えてならない．日本人はこのように創造性では世界に対して負けるところはないと思うが，粘り強い日本人を育てる，あるいは創造性を育てる仕組みが必要ではなかろうか.

# 参 考 文 献

**第1〜8章**

1) ASM: ASM handbook, Vol.1, Properties and selection; irons, steels, and high performance alloys, 1995.
2) ASM: ASM handbook, Vol.3, Alloy phase diagrams, 1995.
3) ASM: ASM handbook, Vol.4, Heat treating, 1995.
4) ASM: Atlas of continuous cooling transformation diagrams of engineering steels, 1980.
5) ASM: Atlas of time-temperature transformation diagrams for iron and steels, 1991.
6) ASM: Phase transformation kinetics and hardenability of medium—carbon alloy steels, 1980.
7) Cias, W. W.: Phase transformation kinetics and hardenability of medium carbon alloy steels, Climax Molybdenum, 1972.
8) Flinn, R. A. et al.：Engineering materials and their applications, Houghton Mifflin, 1986.
9) Gelbart, G. et al.: Courbes de transformation de aciers de fabricaion française, IRSID, 1960.
10) ISI special report No.56: Atlas of isothermal transformation diagrams of B. S. En Steel, 1956.
11) McMahon, Jr., C. J. et al.: Introduction to engineering materials—The bicycle and the walkman, Merion Books, 1992.
12) NASA, SAFETY STANDARD FOR HYDROGEN AND HYDROGEN SYSTEMS, Guidelines for Hydrogen System Design, Materials Selection, Operations, Storage, and Transportation, 2005.
13) Pickering, F. B. Ed.: Materials science and technology, Vol.7, A comprehensive treatment, VCH, 1991.
14) Rose, A. et al.: Atlas zur Warmebehndlung der Stähle; Max-Plank-Institute für Eisenforschung, 1958.
15) Shewmon, P. G.：Transformation in metals, McGraw-Hill, 1969.
16) U. S. Steel: Atlas of isothermal transformation diagrams, 1959.
17) 須藤　一，田村今男，西澤泰二：金属組織学，丸善，1978.
18) 鉄道総合技術研究所：鉄道車両構体の材料と構造，RRR，**73**（10）：28-31，2016.
19) 中沢隆吉，伊原木幹成：航空機におけるアルミニウム合金の利用の概況と今後，JFA，**45**：17-27，2014.
20) 日本金属学会編：金属データブック，丸善，1974.
21) 日本金属学会編：金属便覧，丸善，1990.

22) 日本鉄鋼協会編：鉄鋼便覧（I）基礎，（Ⅳ）鉄鋼材料，試験・分析，丸善，1982.

23) 日本鉄鋼協会編：鋼の熱処理，丸善，1969.

24) 日本鉄鋼協会編：溶接構造用鋼の溶接性 CCT 図集，1997.

25) 橋口隆吉編：金属学ハンドブック，朝倉書店，1983.

26) 村上陽太郎，亀井　清，長村光造，山根壽己編：金属材料学，朝倉書店，1994.

27) 森　久史，辻村太郎：車両用材料技術の変遷，RRR，**67**（3）：8-11，2010.

28) 矢島悦次郎，市川理衛，古沢浩一：若い研究者のための機械・金属材料，丸善，1974.

29) http://toyota.jp/pages/contents/mirai/001_p_001/image/style/carlineup_mirai_style_04_0331_pc.png

**第9章**

1) Murakami, Y. et al. Ed.: Stress intensity factors handbook, Pergamon, Vol.1 & 2, 1987, Vol.3, 1992, Vol.4 & 5, 日本材料学会，2001.

2) 西田正孝：応力集中，森北出版，1967.

3) 日本材料学会編：Databook on fatigue strength of metallic materials, Elsevier, 1996.

4) 村上敬宜：弾性力学，養賢堂，1985.

**第10章**

1) 日本機械学会編：機械工学便覧 応用編 B4 材料学・工業材料，日本機械学会，1990.

2) 日本材料学会編：先端材料シリーズ 破壊と材料，裳華房，1989.

3) 堀内　良，他訳：材料工学——材料の理解と活用のために，内田老鶴圃，1992.

**第11章**

1) Smith,W. F. : Principles of materials science and engineering, McGraw-Hill, 1995.

2) 大石不二夫：プラスチックのはなし，日本実業出版社，1997.

3) 大阪市立工業研究所プラスチック読本編集委員会・プラスチック技術協会編：プラスチック読本，プラスチックスエージ，2015.

**第12章**

1) Becker, P. F. et al. : Fracture Mechanics of Ceramic Materials, vol.7, Plenum Press, 1986.

2) Chamis, C. C.: Simplified composite micromechanics equation for strength, fracture, toughness and environmental effects SAMPE Quarterly, 1984.

3) Shalek, P. D. et al. : Am. Cerasm. Soc. Bull., **65**（2）：351, 1986.

4) 大谷杉郎：つくる立場からみた複合材料入門，裳華房，1995.

5) 日本機械学会編：先端複合材料，技報堂出版，1990.

6) 日本複合材料学会編：おもしろい複合材料のはなし，日刊工業新聞社，1997.

7) 福田　博，邊　吾一：複合材料の力学序説，古今書院，1989.

8) 藤井太一，座古　勝：複合材料の破壊と力学，実業出版，1978.

# 演習問題解答

## 第1章

**1.1** 本文 1.1 節 a. 項図 1.1 参照

**1.2** 本文 1.1 節 b. 項表 1.1 参照

**1.3** 本文 12.2 節，表 12.3 参照

**1.4** 本文 1.1 節 c. 項表 1.2 参照

## 第2章

**2.1** 図 A.2.1.

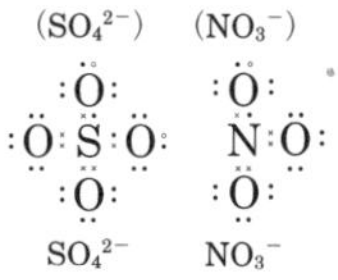

$$(SO_4{}^{2-}) \quad (NO_3{}^-)$$

$$
\begin{array}{cc}
:\ddot{O}: & :\ddot{O}: \\
:\ddot{O}:\ddot{S}:\ddot{O}: & \ddot{N}:\ddot{O}: \\
:\ddot{O}: & :\ddot{O}: \\
SO_4{}^{2-} & NO_3{}^-
\end{array}
$$

**図 A.2.1**

**2.2** 炭素は4個，窒素は3個，水素は1個の電子をもっている．そこで，$CH_4$ と $CCl_4$ について考えてみよう．電子配列をみれば，それは対称性があり基本的な共有結合をしていることがわかる．図 A.2.2 は平面的なものであるが，三次元的にも対称性を保っていることがわかる（炭素-水素結合の角度は 109° である）．$CH_4$ と $CCl_4$ の差は分子の質量である．同じ程度の対称性をもっている場合に，結合力は質量の大きいほど大となる．一方，水素-窒素結合の角度は 107° で炭素-水素の場合とあまり変わらないが，$NH_3$ の非対称が大きい．したがって，$NH_3$ と $CH_4$ の質量はあまり変わらないが，$NH_3$ は $CH_4$ よりも高い沸点をもつ．

**2.3** 熱可塑性プラスチックの特徴については，2.2 節 d. 項参照．

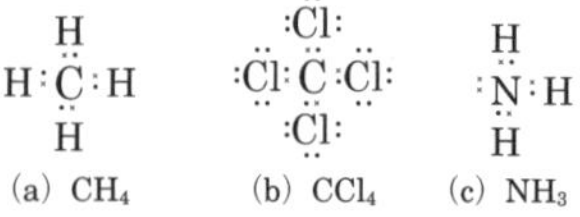

$$
\begin{array}{ccc}
H & :\ddot{Cl}: & H \\
H:\overset{H}{\underset{H}{C}}:H & :\ddot{Cl}:\overset{:\ddot{Cl}:}{\underset{:\ddot{Cl}:}{C}}:\ddot{Cl}: & :\overset{H}{\underset{H}{N}}:H \\
\text{(a) } CH_4 & \text{(b) } CCl_4 & \text{(c) } NH_3
\end{array}
$$

**図 A.2.2**

**2.4** （1）　共有結合　（2）　金属結合

（3）　Al の重量 ＝ 1 kg×0.01%×2×(Al の原子量/3)×酸素の原子量 ＝ 0.11 g

**2.5** 金属材料の例：鉄（内外装鋼板，トランスミッション歯車，エキゾーストマニホールド，マフラーなど），非鉄（アルミホイール，アルミエンジンブロック，銅製ハーネスワイヤー，Pb 蓄電池など）；金属結合

　　　セラミックスの例：点火プラグ，IC 基盤，ガラスなど；共有結合

　　　プラスチックの例：バンパー，ダッシュボードなど；共有結合とファンデルワールス力

## 第 3 章

**3.1**　図 A.3.1.

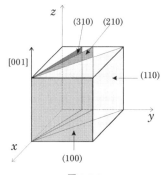

**図 A.3.1**

**3.2**　(100)面の面密度 $= \dfrac{1\,\text{原子}}{a^2} = \dfrac{1\,\text{原子}}{8.18(\text{Å})^2}$

　　　(110)面の面密度 $= \dfrac{2\,\text{原子}}{\sqrt{2}\,a^2} = \dfrac{2\,\text{原子}}{11.57(\text{Å})^2}$

**3.3**　[112]方向の線密度 $= \dfrac{1\,\text{原子}}{\sqrt{\dfrac{3}{2}}\cdot a} = \dfrac{1\,\text{原子}}{4.43(\text{Å})}$

　　　(111)面の面密度 $= \dfrac{2\,\text{原子}}{\sqrt{\dfrac{3}{2}}\cdot a^2} = \dfrac{2\,\text{原子}}{11.35(\text{Å})^2}$

**3.4**　(HCP)の(0001)面の面密度 $= \dfrac{3\,\text{原子}}{\dfrac{3\sqrt{3}}{2}a^2} = \dfrac{2}{\sqrt{3}\cdot a^2} = \dfrac{1}{2\sqrt{3}R^2}$

$$(\text{FCC})\text{の}(111)\text{面の面密度}=\frac{2\,\text{原子}}{\sqrt{\dfrac{3}{2}}\,a^2}=\frac{4}{\sqrt{3}\,a^2}=\frac{1}{2\sqrt{3}R^2}$$

$a$：格子定数，$R$：原子半径

**3.5** 図 A.3.2.

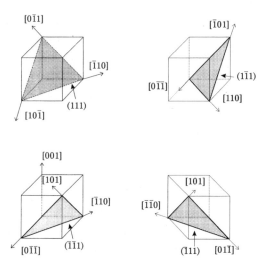

**図 A.3.2**

**3.6** 図 A.3.3.

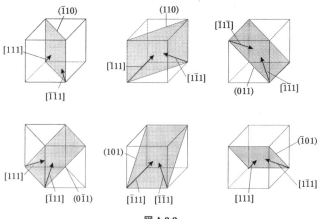

**図 A.3.3**

**3.7** 密度 $= \dfrac{重量}{体積} = \dfrac{(原子数/単位格子)×原子量}{アボガドロ数}$

$19.5 \text{ g/cm}^3 = \dfrac{(2 \text{ 原子}/a^3)×183.85 \text{ g/原子}}{6.02×10^{-23}}$

$a = 3.17 \text{ Å}, \ R = a·\sqrt{3}/4 = 1.37 \text{ Å}$

**3.8** $21.5 \text{ g/cm}^3 = \dfrac{(4/a^3)×195.09}{6.02×10^{-23}}$

$a = 3.92 \text{ Å}, \ R = a·\sqrt{2}/4 = 1.39 \text{ Å}$

## 第 4 章

**4.1** 図 A.4.1

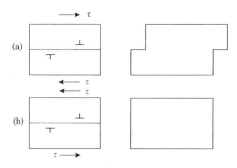

**図 A.4.1**

**4.2** （1） $D = 0.25 \text{ cm}^2/\text{sec}×\exp\left(\dfrac{-34500 \text{ cal/mol}}{1.987 \text{ cal/md·K}×T}\right)$

$T = 925 \text{ ℃} = 1198 \text{ K} \qquad T = 1000 \text{ ℃} = 1273 \text{ K}$

$D_{925} = 0.128×10^{-6} \text{ cm}^2/\text{sec} \qquad D_{1000} = 0.30×10^{-6} \text{ cm}^2/\text{sec}$

（2） $\dfrac{C_s - C_x}{C_s - C_0} = \dfrac{0.90 - C_x}{0.90 - 0.20} = \text{erf}\left\{\dfrac{0.025}{2\sqrt{0.128×10^{-6}×36000}}\right\}$

$C_x = 0.76\%$

（3） $\dfrac{0.90 - 0.76}{0.90 - 0.20} = \text{erf}\left\{\dfrac{0.025}{2\sqrt{0.30×10^{-6}\,t}}\right\}$

$t = 160 \text{ sec}$

（4） 浸炭温度を高くすると，浸炭時間の大幅な短縮が可能となるが，オーステナ
イト結晶粒の粗大化や加熱炉の寿命が短くなることに留意．

**4.3** $D = A \exp\{-40000/(1.987×1000)\}$

$10D = A \exp\{-40000/(1.987×T)\}$

$\therefore T = 1129 \text{ K} = 856 \text{ ℃}$

**4.4**　$\dfrac{C_s - 0.5\,C_s}{C_s - 0} = 0.5 = \mathrm{erf}\left[\dfrac{x}{2\sqrt{Dt}}\right]$　　　$\therefore t \fallingdotseq x^2/D$

## 第 5 章

**5.1**　(1)　550 ℃ では $\alpha$ 単相である．急冷した場合は Si を 1% 固溶した $\alpha$ 単相である．
　　　(2)　徐冷により約 530 ℃ で $\alpha$ 相の粒界から $\beta$ 相が析出しはじめ，温度の低下とともに $\beta$ 相が増加する．たとえば 500 ℃ においては $\{(99-1.0)/(99-0.5)\}$ $\times 100 = 99.5\%$ の $\alpha$ 相と 0.5% の $\beta$ 相になる．

**5.2**　(1)　液相線との交点 630 ℃
　　　(2)　$\alpha$ 相 $= \{(9-5)/(9-1.2)\} \times 100 = 51\%$，液相 $= 49\%$
　　　(3)　1.2%
　　　(4)　9%
　　　(5)　初晶 $\alpha = \{(12.6-5)/(12.6-1.65)\} \times 100 = 69.4\%$
　　　　　共晶 $\alpha + \beta = 30.6\%$
　　　(6)　全 $\alpha = \{(99-5)/(99-1.65)\} \times 100 = 96.6\%$，全 $\beta = 3.4\%$
　　　　　共晶 $\alpha = $ 全 $\alpha -$ 初晶 $\alpha = 27.2\%$（共晶 $\alpha + \beta$ 中の $\alpha$ の計算から求めてもよい）
　　　　　共晶 $\beta = $ 共晶 $\alpha + \beta -$ 共晶 $\alpha = 3.4\%$（$=$ 全 $\beta$）

**5.3**　(1)　組成を $x\%$ とすると $0.68 = (12.6-x)/(12.6-1.65)$　$\therefore x = 5.2\%$
　　　(2)　全 $\alpha = (99-5.2)/(99-1.65) = 96.4\%$

## 第 6 章

**6.1**　$\sigma_Y = \sigma_0 + kd^{-1/2}$ より $\sigma_0 = 22.9\ \mathrm{kgf/mm^2}$，$k = 50\ \mathrm{kgf/mm^2 \cdot \sqrt{\mu m}}$
　　　(1)　$d = 20\mu$ の場合：$\sigma_Y = 34.0\ \mathrm{kgf/mm^2}$
　　　(2)　$d = 5\mu$ の場合：$\sigma_Y = 45.3\ \mathrm{kgf/mm^2}$

**6.2**　酸素はすべて $Al_2O_3$ になると仮定すると，析出する Al 量 $= 0.002 \times 2 \times 27/3 \times 16$ $= 0.002\ \mathrm{wt\%}$．残りの Al 量 0.038 wt% が AlN として析出に関係する．析出する Al 量を $x$ wt% とすると，
　　　$\log(0.038-x)(0.005-x \times 14/27) = -6700/1173 + 1.03$
　　　$\therefore x = 0.008\ \mathrm{wt\%}$，析出 AlN 量 $= 0.012$ wt%，析出 N 量 $= 0.004$ wt%，固溶 N 量 $= 0.001$ wt%，固溶 Al 量 $= 0.030$ wt%

**6.3**　(1)　$\log[V][C] = -9660/T + 6.81$, $\log[V][N] = -10500/T + 5.20$
　　　　　VN が完全に固溶する温度 $= 1235\ \mathrm{K}$（962 ℃），
　　　　　VC が完全に固溶する温度 $< 1096\ \mathrm{K}$（823 ℃）（図 A.6.1 参照）
　　　(2)　VN の溶解積が小さいので，VN として析出する V 量を $x$ wt% とする．
　　　　　$\log(0.10-x)(0.005-x \times 14/51) = -10500/1073 + 5.20$
　　　　　$\therefore x = 0.017\ \mathrm{wt\%}$，VN $= 0.022$ wt%，

同様に 700 ℃ では $x = 0.018$ wt%, VN $= 0.023$ wt%.

次に固溶している V が VC として析出する量を $y$ wt% とする.

$\log(0.083 - y)(0.10 - y \times 12/51) = -9660/1073 + 6.81$

$\therefore y = 0.016$ wt%, VC $= 0.020$ wt%,

同様に 700 ℃ では $y = 0.071$ wt%, VC $= 0.088$ wt%

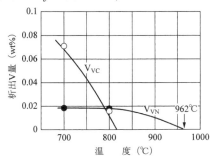

図 A.6.1

# 第 7 章

**7.1** (1) FCC 構造の中心を通る水平面, あるいは各面に最大の隙間がある.

格子定数 $a$, 原子半径 $R$, 空間の半径 $r$ とすると

$a = 4R/\sqrt{2} = 2R + 2r$ $\therefore r = 0.52$ Å

BCC 構造では最大の隙間は $\left[\dfrac{1}{2}, 0, \dfrac{3}{4}\right]$ の位置にある.

$(r + R)^2 = \left[\dfrac{1}{2}a\right]^2 + \left[\dfrac{1}{4}a\right]^2$, $a = \dfrac{4R}{\sqrt{3}}$ $\therefore r = 0.36$ Å

(2) 原子充填率 (atom packing factor: APF) は単位格子中に占める原子の体積の割合

BCC の APF $= 0.68$

FCC の APF $= 0.74$

**7.2** 共析フェライト＝パーライト×パーライト中のフェライト分率

$0.10 = \dfrac{x - 0.02}{0.77 - 0.02} \times \dfrac{6.67 - 0.77}{6.67 - 0.02}$ $\therefore x = 0.10\%$

**7.3** (1) フェライト＋マルテンサイト二相組織

(2) 二相域焼入れ・焼戻し材は降伏点 (降伏比) が低く, 伸びが大きい. また, 低温靭性が良い.

**7.4** Ni 当量 $= 12.5\%$ であり, シェフラー組織線図よりオーステナイト単相になるためには, Cr 当量は $16 \sim 19\%$.

**7.5** (1) 低温靭性の良い 9% Ni 鋼，SUS 304

(2) 高強度の鋼線，強度 40〜80 kgf/mm² 級の溶接性の良い炭素鋼や溶接高張力鋼

(3) 耐摩耗性の良い高炭素鋼

(4) 強度を必要とするので，中・高炭素鋼（0.35〜0.55% C），鋳物．V などを添加した非調質鋼，高周波焼入れする場合には中炭素鋼以上，浸炭や窒化を行う場合は肌焼鋼

(5) 中心部は靭性の良い低 C 肌焼鋼（SMn 420, SCr 420, SCM 420 など）

(6) 耐摩耗性，耐熱き裂性の良い鋳鉄

(7) 耐摩耗性が必要で高硬度の軸受鋼（SUJ 2, SUS 440 C など）

**7.6** (1) マルテンサイト系ステンレス（SUS 420, 440：高硬度）

(2) フェライト系ステンレス（SUS 436：耐食性，経済性）

(3) フェライト系ステンレス（SUS 409, SUS 436：高温強度，耐高温酸化，低熱膨張率）

(4) オーステナイト系ステンレス（SUS 304, 316：耐食性）

(5) フェライト系ステンレス（SUS 444 や二相系ステンレス SUS 329：耐海水性）

(6) フェライト系ステンレス，オーステナイト系ステンレス（SUS 304, 316, 321, 347：クリープ強度，耐高温酸化）

**7.7** (1) 1.8% の C を含むオーステナイト＝65%，セメンタイト（$Fe_3C$）＝35%

(2) セメンタイト中の C 量＝セメンタイト量×セメンタイト中の C 分率＝2.34%

**7.8** 焼入れ組織：Cr-Mo 鋼はマルテンサイト変態，Al 合金は $\kappa$ 相単体のまま．
焼戻し時の強度：Cr-Mo 鋼は強度低下，延性と靭性は向上．Al 合金は析出強化する．過時効により強度は低下する．

**7.9** (1) 10% Al-90% Mg：溶体化＋時効強化（$Al_{12}Mg_{17}$ 析出），冷間加工強化

(2) 30% Al-70% Mg：共晶による強化

(3) 90% Al-10% Mg：溶体化＋時効強化（$Al_3Mg_2$ 析出），冷間加工強化

**7.10** (1) Be 青銅は強度が 1000 MPa 以上であり，7/3 黄銅（引張強さ 350 MPa）よりへたり性，耐摩耗性に優れる．

(2) 電気伝導率（純銅 100%，Be 青銅 30%，黄銅 23%），熱膨張率（純銅 18×$10^{-6}$/℃，Be 青銅 17×$10^{-6}$/℃，黄銅 20×$10^{-6}$/℃）

**7.11** 耐海水性に優れ，加工性，強靭性も良い．

**7.12** Al 合金の密度＝2.70 g/cm³，Ti 合金の密度＝4.51 g/cm³，比強度＝耐力/密度を同じにするには Al 合金の耐力として 550 MPa が必要．候補材料は 7075 合金（Al-Zn-Mg-Cu 系の溶体化＋時効）

**7.13** 高強度であり，比強度も大きい．航行中の摩擦による温度上昇に対しても耐クリープ性に優れる．その他，疲労強度や破壊靱性も良い．

## 第8章

**8.1** 荷重 $P$ と伸び $\Delta l$ の試験結果は試験片の形状に依存する．たとえば，試験片の断面積が $a$ 倍になれば $P$ の結果はすべて $a$ 倍になり，標点距離が $b$ 倍になれば $\Delta l$ の結果はすべて $b$ 倍になる．つまり設計では，$P$ と $\Delta l$ を直接使えない．一方，公称応力 $\sigma_n$ と公称ひずみ $\varepsilon_n$ は試験片形状に依存しない．すなわち，$\sigma_n$-$\varepsilon_n$ 線図こそが材料の強度と変形の特性を表している．したがって，$\sigma_n$-$\varepsilon_n$ 線図は $P$-$\Delta l$ 線図よりも重要で，$\sigma_n$ と $\varepsilon_n$ に注目して設計を行うのが常識である．

**8.2** 荷重 $P$ は真応力 $\sigma_t$ と真の断面積 $A$ の積（$P = \sigma_t A$）であるので，加工硬化による $\sigma_t$ の増大と引張り変形にともなう $A$ の減少の競合によって $P$ が決まる．最初は $\sigma_t$ の増大の効果が勝って，塑性変形した場所は強化されて同じ応力レベルではそれ以上変形しない．引張り変形の進行につれてほかの場所にも同様の現象が生じるので局所的な変形の集中は起こらず，一様塑性変形をする．しかし $A$ の減少の効果が勝ると，$P$ は低下しはじめ（これが図 8.5 の $D$ 点）不均一塑性変形（局部収縮）が起こる．ちなみに，もし加工硬化がなければ，最初に降伏した場所はほかの場所に先行して断面積が減少し，同じ応力でその場所の伸びだけで引張り変形が進行する．その結果，降伏直後から不均一塑性変形を起こして破断まで $P$ は下がり続ける．

**8.3** 最高荷重点を過ぎると，塑性変形は標点間の局部収縮によってのみ進行し，荷重 $P$ の低下によってほかの場所の塑性変形は進まなくなる．直径に比較して初期の標点距離 $l_0$ が大きくなるほど，標点距離 $l$ に占める局部収縮した部分の伸びの割合は相対的に小さくなるので $\delta$ は小さくなる．極端に $l_0$ が長い場合は，$\sigma_n$-$\varepsilon_n$ 線図は最大荷重点までは同じで，そこから破断までほぼ真下に下がる．局部収縮を生じない材料では上述のことは起こらない．

**8.4** 試験部に微小な標点距離を想定すれば，初期の値 $dl_0$ と変形後の値 $dl$ に対して $A_0 \cdot dl_0 = A \cdot dl$（体積一定）を仮定することができるので，たとえ不均一塑性変形をしても，試験部の場所によらず $\varepsilon_t = \ln(dl/dl_0) = \ln(A_0/A)$ が成立する．

**8.5** （1）初期の断面積は $A_0 = [\pi (10\ \text{mm})^2/4] = 78.5\ \text{mm}^2$ である．応力 $\sigma_n (\text{MPa}) = $ 荷重 $P(\text{N})/A_0(\text{mm}^2)$，ひずみ $\varepsilon_n = (l-l_0)/l_0$ を計算して，$\sigma_n$-$\varepsilon_n$ 線図は図 A.8.1 (a) のように得られる．

（2）図 A.8.1(b) から，弾性係数 $E = \sigma_n/\varepsilon_n = 1250\ \text{MPa}/0.007 = 1.79 \times 10^5\ \text{MPa}$ $= 179\ \text{GPa}$；図 A.8.1(b) のようにオフセット法に基づき図から読みとり，0.2%耐力 $\sigma_{0.2} = 1520\ \text{MPa}$；引張強さ $\sigma_B = 175 \times 10^3\ \text{N}/78.5\ \text{mm}^2 = 2230$ MPa；試験後に測定した標点距離が問題に与えられていないので，破断時の全ひずみ（0.071）から弾性ひずみを差し引いて，破断伸び $\delta = \varepsilon_t - \sigma/E =$

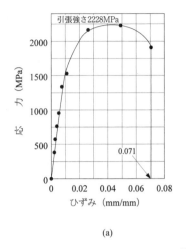

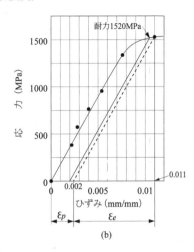

(a)　　　　　　　　　　　(b)

図 A.8.1

$0.071-[(150\times10^3\ \text{N}/78.5\ \text{mm}^2)\ \text{MPa}]/(1.79\times10^5\ \text{MPa})\times100=(0.071$
$-0.011)\times100=6.0\%$；絞り $\varphi=(A_0-A_\text{F})/A_0\times100=[1-(d_\text{F}/d_0)^2]\times100$
$=[1-(6.94\ \text{mm}/10.00\ \text{mm})^2]\times100=51.8\%$.

**8.6** $\sigma_\text{n}=1528\ \text{MPa}$，$\varepsilon_\text{e}=\sigma_\text{n}/E=1528\ \text{MPa}/(1.79\times10^5\ \text{MPa})=0.0085$，$\varepsilon_\text{p}=\varepsilon_\text{t}-\varepsilon_\text{e}$
$=0.011-0.0085=0.003$，除荷後の標点距離 $l=l_0(1+\varepsilon_\text{p})=50.00\ \text{mm}\times(1+$
$0.003)=50.15\ \text{mm}$

**8.7** 極低炭素鋼は $n=0.29$，$A=516\ \text{MPa}$，17Cr ステンレス鋼は $n=0.22$，$A=952$
MPa.

**8.8** 引張強さ $\sigma_\text{B}$ は試験片を機械加工により準備して引張試験を行わなければならず，
時間・費用・技術を要する．硬さ試験は非破壊的で短時間で簡単に誰でも測定でき
るので，ある程度の誤差を許せば（8.17）式は工業有用性が高い．したがって硬さ
試験は，材料強度の品質管理や試験片が採取できない小さな試料の強度の評価ある
いは破損解析（破壊事故の原因究明）などに幅広く用いられている．

## 第9章

**9.1** 曲げは軸方向に垂直（90°），ねじりは軸方向から 45° の方向に破面ができる．
**[解説]** 脆性破壊は，最大引張応力にほぼ垂直な方向へのき裂の進展によって起こ
る．材料力学の教科書で，曲げとねじりにおける丸棒表面の最大主応力の方向を調
べてみよ．チョークを手で曲げたりねじったりすれば簡単に実験ができる．

**9.2** 疲労破面の形成過程で応力振幅の変動が大きい場合は，破面上に図 9.5 のような貝
殻模様が現れることがある．この場合は，き裂前縁の形状の変化が年輪のようにな

って残っているので起点がわかる．応力振幅の変動が小さい場合は，き裂成長にともない進展速度は加速するので破面の粗さは次第に粗くなる．最も平坦な部分の近くに起点がある．疲労ストライエーション（図 9.6）が得られれば，しま模様の間隔から 1 サイクル当たりに進展した距離（進展速度）がわかる．

**9.3** 応力集中係数 $K_t$ だけでは応力場の強さを表せない．最大応力は $K_t$ と公称応力の 2 つで決まり，またその値はある一点の最大応力の値だけである．これに対して応力拡大係数 $K_I$ が決まれば，（9.14）式から，き裂先端近傍の応力場（応力分布）が決まる．名前と記号が似ているのではじめは混同しがちである．

**9.4** 5.4 ton

[**解説**] 図 9.11 から，応力集中係数 $K_t$ は約 2.23 である．円孔縁の最大応力が降伏応力を超えない限界の荷重を計算する．

**9.5** 27 kgf/mm², $\sqrt{2}$ 倍

[**解説**] （9.13）式と（9.15）式を用いて計算する．また，応力拡大係数が一定のとき，（9.13）式から応力はき裂長さの平方根に反比例する．

## 第 10 章

**10.1** イオン結合や共有結合が転位の運動に対して大きな抵抗を示し，本質的に塑性変形しにくい材料であることによる．この種の材料は，き裂や微小欠陥の応力集中を塑性変形によって緩和できないため，小さな欠陥からもき裂が発生しやすく，いったん発生したき裂は，き裂先端の高い応力集中によって急速に拡大して脆性破壊を起こす．

**10.2** 組織内の小さな応力集中源にも敏感に反応して脆性破壊しやすく，衝撃荷重に弱く，熱衝撃抵抗が低く，強度のばらつきが大きいため，予想外に低い強度を示すことがある．したがって，よく制御して製造された強度の信頼性が高い材料を採用したり，統計的手法を用いて慎重に安全率の設定を行うなどの注意が必要である．

**10.3** セラミック材料を引張ると組織内の孔やき裂などの微小な欠陥が応力集中源となり，脆性破壊（分離破壊）する．すべりに対しては大きな抵抗を示すので圧縮強度は高い．

**10.4** 熱伝導率 $k$ が小さいほど材料内に大きな温度勾配が発生する．弾性係数 $E$ と線膨張係数 $\alpha$ が大きいほど，温度勾配によって大きな引張応力（熱応力）が発生する．引張強さ $\sigma_B$ が小さいほど小さな引張応力で破壊する．

## 第 11 章

**11.1** 自動車の軽量化，防錆化，高機能化を目的として，金属からプラスチックへの代替が行われ，プラスチックの使用率は年々増大している．ステアリングホイール

（ポリプロピレン），インスツルメントパネル（塩化ビニル樹脂，強化ポリプロピレン），マット（低密度ポリエチレン）．

**11.2** バンパー（ポリプロピレン，エラストマー），ホイールキャップ（ナイロン，ポリプロピレン），ガソリンタンク（高密度ポリエチレン）．

**11.3** 電気絶縁性，耐食性，耐薬品性を利用したものが多い．ICパッケージ，摺動フィルム（ポリエチレン），プリント基板（エポキシ樹脂），半導体キャリア（フッ素樹脂）．

**11.4** 軽量，成形性，耐絶縁性を利用した函体に多く用いられている．テレビ，ワープロ，洗濯機脱水槽，冷蔵庫ラック，炊飯器，電子レンジなどにポリプロピレン，フィーダの被覆，乾電池の部品に各種ポリエチレンが用いられている．

**11.5** 炭素繊維補強エポキシ樹脂がゴルフ，スキー，テニス，釣り具に，クーラーボックス，レジャーシートはポリプロピレン，ゴルフボール，野球ボール，靴底にはエラストマーなどが用いられている．

## 第12章

**12.1** 2つ以上の異なる材料要素を組み合わせて，個々の材料要素にはない特性を生み出した人工の材料と定義されている．繊維としては，ガラス，炭素，ボロン，アラミド，アルミナなど，プラスチックはポリエーテルエーテルケトン，ポリアミドイミド，エポキシ，ポリアミド，ポリイミドなど．

**12.2** ゴルフシャフト，釣り竿，航空機の胴体の一部，バスタブ，ボートなど．（表12.3参照）

**12.3** 重量含有率は繊維では

$$\frac{0.65 \times 1.8}{0.65 \times 1.8 + 0.35 \times 1.2} = 0.74$$

エポキシは

$$\frac{0.35 \times 1.2}{0.65 \times 1.8 + 0.35 \times 1.2} = 0.26$$

それぞれ74%，26%である．平均密度は $0.65 \times 1.8 + 0.35 \times 1.2 = 1.59$ g/cm$^3$

**12.4** 本文12.6節a，12.6節b，12.6節c，12.6節d項を参照．

# 索　引

## 著者略歴

**平川賢爾**（ひらかわけんじ）

| | |
|---|---|
| 1936 年 | 大分県に生まれる |
| 1963 年 | 京都大学大学院工学研究科修士課程修了 |
| 現 在 | 九州職業能力開発大学校・名誉学校長<br>工学博士 |

**遠藤正浩**（えんどうまさひろ）

| | |
|---|---|
| 1955 年 | 福岡県に生まれる |
| 1984 年 | 九州大学大学院工学研究科博士課程修了 |
| 現 在 | 福岡大学工学部機械工学科・教授<br>工学博士 |

**駒崎慎一**（こまざきしんいち）

| | |
|---|---|
| 1967 年 | 埼玉県に生まれる |
| 1998 年 | 東北大学大学院工学研究科博士課程修了 |
| 現 在 | 鹿児島大学学術研究院理工学域工学系・教授<br>博士（工学） |

**松永久生**（まつながひさお）

| | |
|---|---|
| 1974 年 | 福岡県に生まれる |
| 2002 年 | 九州大学大学院工学研究科博士後期課程修了 |
| 現 在 | 九州大学大学院工学研究院機械工学部門・教授<br>博士（工学） |

**山辺純一郎**（やまべじゅんいちろう）

| | |
|---|---|
| 1973 年 | 千葉県に生まれる |
| 2005 年 | 九州大学大学院工学府博士後期課程修了 |
| 現 在 | 福岡大学工学部機械工学科・教授<br>博士（工学） |

機械材料学　第 2 版　　　　　　　　定価はカバーに表示

| 1999 年 3 月 15 日 | 初　版第 1 刷 |
| 2017 年 3 月 10 日 | 　　第 17 刷 |
| 2018 年 10 月 25 日 | 第 2 版第 1 刷 |
| 2025 年 1 月 25 日 | 　　第 4 刷 |

著　者　　平　川　賢　爾

遠　藤　正　浩

駒　崎　慎　一

松　永　久　生

山　辺　純一郎

発行者　　朝　倉　誠　造

発行所　　株式会社　朝　倉　書　店

東京都新宿区新小川町 6-29
郵便番号　162-8707
電　話　03(3260)0141
FAX　03(3260)0180
https://www.asakura.co.jp

〈検印省略〉

© 2018 〈無断複写・転載を禁ず〉　　　　　Printed in Korea

ISBN 978-4-254-23146-5　C 3053

| 前名大 坂　公恭著 | 「状態図」とは，材料系の研究・開発において最も基幹となるチャートである。本書はこの状態図を理解し，自身でも使いこなすことができるよう熱力学の基本事項から2元状態図，3元状態図へと，豊富な図解とともに解説した教科書である。 |
|---|---|
| **材料系の 状 態 図 入 門** | |
| 20147-5 C3050　　　　B 5 判 152頁 本体3300円 | |

| 芝浦工大 大倉典子編著 | 諸領域の学生および製品開発に携わる・興味のある一般読者向けの感性工学の入門書。〔内容〕文化的背景／「かわいい」人工物の系統的計測・評価方法／「かわいい」感の生体信号による計測と分類／「かわいい」研究の応用／他 |
|---|---|
| **「 か わ い い 」 工 学** | |
| 20163-5 C3050　　　　A 5 判 184頁 本体2500円 | |

| 岐阜高専 柴田良一著 | 著者らによって開発されたオープンソースのシステムを用いて構造解析を学ぶ建築・機械系学生向け教科書。企業の構造解析担当者にも有益。〔内容〕構造解析の基礎理論／システムの構築／基本例題演習（弾性応力解析・弾塑性応力解析） |
|---|---|
| **オープンCAE<br>で 学 ぶ 構 造 解 析 入 門**<br>—DEXCS-WinXistrの活用— | |
| 20164-2 C3050　　　　A 5 判 192頁 本体3000円 | |

| 東北大 高　偉・東北大 清水裕樹・東北大 羽根一博・東北大 祖山　均・東北大 足立幸志著<br>Bilingual edition | 計測工学の基礎を日本語と英語で記述。〔内容〕計測の概念／計測システムの構成と特性／計測の不確かさ／信号の変換／データ処理／変位と変形／速度と加速度／力とトルク／材料物性値／流体／温度と湿度／光／電気磁気／計測回路 |
|---|---|
| **計測工学 Measurement and Instrumentation** | |
| 20165-9 C3050　　　　A 5 判 200頁 本体2800円 | |

| 前横国大 荻野俊郎著 | 理工系全体向けに書かれた物性論の教科書。〔内容〕原子を結びつける力／固体の原子構造／格子振動と比熱／金属の自由電子論／エネルギーバンド理論／半導体／接合論／半導体デバイス／誘電体／光物性／磁性／ナノテクノロジー |
|---|---|
| **エッセンシャル 応 用 物 性 論** | |
| 21043-9 C3050　　　　A 5 判 208頁 本体3200円 | |

| 東北大 成田史生・島根大 森本卓也・山形大 村澤　剛著 | 機械・材料・電気系学生のための易しい材料力学の教科書。理解を助けるための図・イラストや歴史的背景も収録。〔内容〕応力とひずみ／棒の引張・圧縮／はりの曲げ／軸のねじり／柱の座屈／組み合わせ応力／エネルギー法 |
|---|---|
| **楽しく学ぶ 材 料 力 学** | |
| 23144-1 C3053　　　　A 5 判 152頁 本体2300円 | |

| 東洋大 窪田佳寛・東洋大 吉野　隆・東洋大 望月　修著 | 機械工学の教科書。情報科学・計測工学・最適化も含み，広く学べる。〔内容〕運動／エネルギー・仕事／熱／風と水流／物体周りの流れ／微小世界での運動／流れの力を制御／ネットワーク／情報の活用／構造体の強さ／工場の流れ，等 |
|---|---|
| **きづく！つながる！ 機 械 工 学** | |
| 23145-8 C3053　　　　A 5 判 164頁 本体2500円 | |

| 中井善一編著　三村耕司・阪上隆英・多田直哉・岩本　剛・田中　拓著<br>機械工学基礎課程 | 機械工学初学者のためのテキスト。〔内容〕応力とひずみ／軸力／ねじり／曲げ／はり／曲げによるたわみ／多軸応力と応力集中／エネルギー法／座屈／骨組対称問題（トラスとラーメン）／完全弾性体／Maximaの使い方 |
|---|---|
| **材 料 力 学** | |
| 23792-4 C3353　　　　A 5 判 208頁 本体3000円 | |

| 神戸大 中井善一・摂南大 久保司郎著<br>機械工学基礎課程 | 破壊力学をわかりやすく解説する教科書。〔内容〕き裂の弾性解析／線形破壊力学／弾塑性破壊力学／破壊力学パラメータの数値解析／破壊靱性／疲労き裂伝ぱ／クリープ・高温疲労き裂伝ぱ／応力腐食割れ・腐食疲労き裂伝ぱ／実験法 |
|---|---|
| **破 壊 力 学** | |
| 23793-1 C3353　　　　A 5 判 196頁 本体3400円 | |

| 池田裕子・加藤　淳・粷谷信三・高橋征司・中島幸雄著 | 最も基本的なソフトマテリアルの一つ，ゴムについて科学的見地から解説。一冊でゴムの総合的な知識が得られるゴム科学の入門書。〔目次〕ゴムの歴史とその現代的課題／ゴムの基礎科学／エラストマー技術の新展開／ニューマチックタイヤ／他 |
|---|---|
| **ゴ ム 科 学**<br>—その現代的アプローチ— | |
| 25039-8 C3058　　　　A 5 判 216頁 本体3500円 | |

| 族 周期 | 1 | 2 | 3 | 4 | 5 | 6 | 7 | 8 | 9 |
|---|---|---|---|---|---|---|---|---|---|
| 1 | ₁ H 水素 h 1.008 | | | | | | | | |
| 2 | ₃ Li リチウム b 6.941 | ₄ Be ベリリウム h 9.012 | | | | | | | |
| 3 | ₁₁ Na ナトリウム b 22.99 | ₁₂ Mg マグネシウム h 24.31 | | | | | | | |
| 4 | ₁₉ K カリウム b 39.10 | ₂₀ Ca カルシウム b 40.08 | ₂₁ Sc スカンジウム h 44.96 | ₂₂ Ti チタン h 47.87 | ₂₃ V バナジウム b 50.94 | ₂₄ Cr クロム b 52.00 | ₂₅ Mn マンガン c 54.94 | ₂₆ Fe 鉄 b 55.85 | ₂₇ C コバ h 58.9 |
| 5 | ₃₇ Rb ルビジウム b 85.47 | ₃₈ Sr ストロンチウム f 87.62 | ₃₉ Y イットリウム h 88.91 | ₄₀ Zr ジルコニウム h 91.22 | ₄₁ Nb ニオブ b 92.91 | ₄₂ Mo モリブデン b 95.96 | ₄₃ Tc テクネチウム h (99) | ₄₄ Ru ルテニウム h 101.1 | ₄₅ R ロジ f 102 |
| 6 | ₅₅ Cs セシウム b 132.9 | ₅₆ Ba バリウム b 137.3 | 57~71 ランタノイド | ₇₂ Hf ハフニウム h 178.5 | ₇₃ Ta タンタル b 180.9 | ₇₄ W タングステン b 183.8 | ₇₅ Re レニウム h 186.2 | ₇₆ Os オスミウム h 190.2 | ₇₇ I イリジ h 192 |
| 7 | ₈₇ Fr フランシウム b (223) | ₈₈ Ra ラジウム (226) | 89~103 アクチノイド | ₁₀₄ Rf ラザホージウム (267) | ₁₀₅ Db ドブニウム (268) | ₁₀₆ Sg シーボーギウム (271) | | | |

原子番号 ― ₃ Li ― 元素記号
元素名 ― リチウム
結晶構造 ― b 6.941 ― 原子量

▲ 固体
◢ 液体
△ 気体

（常温・常圧における単体の状態）

遷移金属 ⟵

| 57~71 ランタノイド | ₅₇ La ランタン h 138.9 | ₅₈ Ce セリウム f 140.1 | ₅₉ Pr プラセオジム h 140.9 | ₆₀ Nd ネオジム h 144.2 | ₆₁ Pm プロメチウム h (145) | ₆₂ Sm サマリウム h 150.4 | ₆₃ E ユウロ b 152 |
|---|---|---|---|---|---|---|---|
| 89~103 アクチノイド | ₈₉ Ac アクチニウム f (227) | ₉₀ Th トリウム f 232.0 | ₉₁ Pa プロトアクチニウム t 231.0 | ₉₂ U ウラン o 238.0 | ₉₃ Np ネプツニウム o (237) | ₉₄ Pu プルトニウム m (239) | ₉₅ A アメリ f (24 |

c : 立方晶　　f : 面心立方晶　　b : 体心立方晶
d : ダイアモンド立方晶　　h : 六方晶　　m : 単斜晶
t : 正方晶　　o : 斜方晶　　r : 菱面体

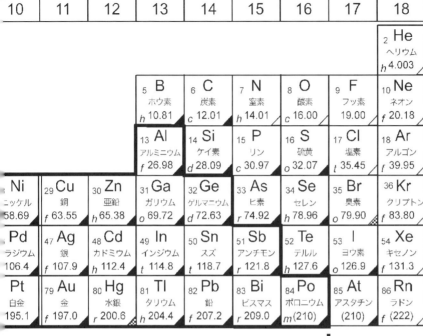

| 10 | 11 | 12 | 13 | 14 | 15 | 16 | 17 | 18 |
|---|---|---|---|---|---|---|---|---|
| | | | | | | | | $_2$ He ヘリウム $_h$ 4.003 |
| | | | $_5$ B ホウ素 $_h$ 10.81 | $_6$ C 炭素 $_c$ 12.01 | $_7$ N 窒素 $_h$ 14.01 | $_8$ O 酸素 $_c$ 16.00 | $_9$ F フッ素 19.00 | $_{10}$ Ne ネオン $_f$ 20.18 |
| | | | $_{13}$ Al アルミニウム $_f$ 26.98 | $_{14}$ Si ケイ素 $_d$ 28.09 | $_{15}$ P リン $_c$ 30.97 | $_{16}$ S 硫黄 $_o$ 32.07 | $_{17}$ Cl 塩素 $_t$ 35.45 | $_{18}$ Ar アルゴン $_f$ 39.95 |
| Ni ニッケル 58.69 | $_{29}$ Cu 銅 $_f$ 63.55 | $_{30}$ Zn 亜鉛 $_h$ 65.38 | $_{31}$ Ga ガリウム $_o$ 69.72 | $_{32}$ Ge ゲルマニウム $_d$ 72.63 | $_{33}$ As ヒ素 $_r$ 74.92 | $_{34}$ Se セレン $_h$ 78.96 | $_{35}$ Br 臭素 $_o$ 79.90 | $_{36}$ Kr クリプトン $_f$ 83.80 |
| Pd ラジウム 106.4 | $_{47}$ Ag 銀 $_f$ 107.9 | $_{48}$ Cd カドミウム $_h$ 112.4 | $_{49}$ In インジウム $_t$ 114.8 | $_{50}$ Sn スズ $_t$ 118.7 | $_{51}$ Sb アンチモン $_r$ 121.8 | $_{52}$ Te テルル $_h$ 127.6 | $_{53}$ I ヨウ素 $_o$ 126.9 | $_{54}$ Xe キセノン $_f$ 131.3 |
| Pt 白金 195.1 | $_{79}$ Au 金 $_f$ 197.0 | $_{80}$ Hg 水銀 $_r$ 200.6 | $_{81}$ Tl タリウム $_h$ 204.4 | $_{82}$ Pb 鉛 $_f$ 207.2 | $_{83}$ Bi ビスマス $_r$ 209.0 | $_{84}$ Po ポロニウム $_m$ (210) | $_{85}$ At アスタチン (210) | $_{86}$ Rn ラドン $_f$ (222) |

金属 ←

| Gd ガドリニウム 157.3 | $_{65}$ Tb テルビウム $_h$ 158.9 | $_{66}$ Dy ジスプロシウム $_h$ 162.5 | $_{67}$ Ho ホルミウム $_h$ 164.9 | $_{68}$ Er エルビウム $_h$ 167.3 | $_{69}$ Tm ツリウム $_h$ 168.9 | $_{70}$ Yb イッテルビウム $_f$ 173.1 | $_{71}$ Lu ルテチウム $_h$ 175.0 |
|---|---|---|---|---|---|---|---|
| Cm キュリウム (247) | $_{97}$ Bk バークリウム (247) | $_{98}$ Cf カリホルニウム (252) | $_{99}$ Es アインスタイニウム (252) | $_{100}$ Fm フェルミウム (257) | $_{101}$ Md メンデレビウム (258) | $_{102}$ No ノーベリウム (259) | $_{103}$ Lr ローレンシウム (262) |